湛庐CHEERS

与最聪明的人共同进化

HERE COMES EVERYBODY

# 无尽之形最美

[美]肖恩·B. 卡罗尔 著
Sean B. Carroll

# Endless Forms Most Beautiful

王尔山 魏闻骐 译

浙江教育出版社·杭州

# 你了解物种进化的奥秘吗?

扫码加入书架
领取阅读激励

扫码获取全部
测试题及答案,
测一测你是否了解
物种进化的奥秘

- 面对种类繁多的动物,博物学家研究的第一步是将它们分门别类吗?

  A. 是

  B. 否

- 脊椎动物包括:

  A. 鱼类

  B. 两栖动物

  C. 鸟类和哺乳动物

  D. 以上都是

- 各种脊椎动物都是由非常相似的部件构造而成的吗?

  A. 是

  B. 否

扫描左侧二维码查看本书更多测试题

SEAN B. CARROLL
肖恩·B. 卡罗尔
美国国家科学院院士、美国艺术与科学院院士
富兰克林生命科学奖获得者、威斯康星大学分子生物学和遗传学教授

# 威斯康星大学分子生物学和遗传学教授

1960年，肖恩·B. 卡罗尔出生于美国俄亥俄州托莱多。他很小的时候就喜欢翻动石头去寻找蛇的踪迹，10多岁就开始养蛇。这些童年时期的活动，让卡罗尔注意到了蛇身上的图案，并且想知道这些图案是如何形成的。

卡罗尔在圣路易斯华盛顿大学获得生物学学士学位，在塔夫茨大学获得免疫学博士学位，并在科罗拉多大学波尔多分校做博士后研究工作。1987年，卡罗尔在威斯康星大学麦迪逊分校建立了实验室，专门研究基因如何以各种各样的方式使生物产生了我们所看到的多样性。

卡罗尔目前是威斯康星大学分子生物学和遗传学教授。他带领的研究团队以果蝇作为模式动物，发表了一系列论文，解释了果蝇基因在胚胎期的激活机制及其如何控制翅膀的发育，并一直在寻找蝴蝶身上的对应基因。

2009年9月至2013年3月，他持续为《纽约时报》撰写“非凡的生物”（Remarkable Creatures）专栏文章，介绍动物进化研究中的一些新发现。

# 霍华德·休斯医学研究所副所长兼制片人

2010年，卡罗尔被任命为霍华德·休斯医学研究所副所长。2011年，霍华德·休斯医学研究所发布了将耗资6 000万美元的“科学电影拍摄计划”，致力于把关于科学和科学家的故事讲给普通观众和课堂里的学生听。卡罗尔是这一计划的总设计师。

为了纪念《物种起源》出版150周年和达尔文诞辰200周年，卡罗尔曾根据自己的《无尽之形最美》（*Endless Forms Most Beautiful*）和《造就适者》（*The Making of the Fittest*）两部著作，拍摄了纪录片《达尔文所不知道的事》（*What Darwin Never Knew*），探讨了进化科学的最新发展。

为了向大众普及科学知识，霍华德·休斯医学研究所成立了自己的制片公司Tangled Bank Studios，卡罗尔是执行制片人。2014年，卡罗尔根据尼尔·舒宾的名作《你是怎么来的》（*Your Inner Fish*），拍摄了三集同名科学影片。2017年，他拍摄了纪录片《亚马孙冒险》（*Amazon Adventure*）。

卡罗尔的工作给成千上万在校学生带来了福音，因为他的那些科学短片和教育素材都是免费的。

# 获奖无数的两院院士

卡罗尔不仅是美国国家科学院院士和美国艺术与科学院院士，他还是美国科学促进会会士。

1989年，他获得了大密尔沃基基金会（Greater Milwaukee Foundation）的“肖科学家奖”（Shaw Scientist Award）。

2010年，他获得了进化研究学会的史蒂芬·杰伊·古尔德奖。

2012年，卡罗尔获得了富兰克林生命科学奖。他提出并证明了：动物生命的多样性和多重性主要源于相同基因的不同调节方式，而非基因自身的突变。

2016年，卡罗尔获得了洛克菲勒大学的刘易斯·托马斯科学写作奖。曾获得这一奖项的科学作家还有爱德华·威尔逊、奥利弗·萨克斯、贾雷德·戴蒙德和理查德·道金斯等。

**肖恩·B. 卡罗尔著作**

《生命的法则》
《进化的偶然》
《非凡的生物》
《无尽之形最美》

献 给

杰米、威尔、帕特里克、克里斯和乔希

For Jamie, Will, Patrick, Chris and Josh

前　言

# 生物学领域的三次革命

你说你要一场革命
是吧，你知道我们都想改天换地
你告诉我这是进化
是吧，你知道我们都想改天换地
……
你说你真拿到了秘籍
好吧，你知道我们都想看个仔细
……

——约翰·列侬（John Lennon）与保罗·麦卡特尼（Paul McCartney），
披头士乐队成员，《革命 1 号》（*Revolution 1*）

物理学家、诺贝尔奖得主让·佩兰（Jean Perrin）①说过，科学上的通关秘籍在于掌握“用不可见的简单规则去解释可见的复杂形态”的能力。生物学历

①法国物理学家，因研究液体中悬浮微粒的布朗运动证实了物质的原子性而获1926年诺贝尔物理学奖。——译者注

史上最伟大的两次革命分别发生在进化与遗传学领域，全是由这一深刻见解促成的。达尔文将定格在化石记录里的物种与现生有机体的多样性，解释为它们是自然选择在漫长岁月长河里的产物。分子生物学解释了所有物种的遗传基础怎样被编码在仅由 4 种基本成分组成的 DNA 分子之中。尽管这些理论可以就复杂可见的形态起源给出强有力的解释，从古代三叶虫的身体一直到加拉帕戈斯（Galapagos）雀族鸣鸟的喙，但还不够完美。无论是自然选择理论还是分子生物学都没有直接解答每一种形态具体是怎样形成或进化出来的。

理解形态的关键在于理解发育，区区一个受精卵正是经由这一进程变成一个复杂的、拥有数十亿个细胞的动物体。这一惊人的奇观在生物学的重大未解之谜榜单上停留了近两个世纪之久。发育跟进化密切相关，因为正是胚胎的发育导致了形态的进化。在过去的 20 多年里[①]，一场新的革命正在生物学领域展开。关于基因和一些简单规则是如何塑造动物的形态及其进化过程的，发育生物学和进化发育生物学（evolutionary developmental biology，简称 Evo Devo）这两个领域取得的进展揭示出非常丰富的内容，其中有很多都令人惊叹且出人意料，深刻重塑了我们对进化之路的理解。例如，没有一个生物学家曾经预料到，控制昆虫身体与器官发育的基因也在人类身上发挥着同样的作用。

本书讲述的就是这场新革命的故事以及由它带来的关于动物进化历程的深刻见解。我的目标是要描绘一系列生动画面：大自然创造动物的进程以及在这个过程中发生的各种变化是怎样塑造我们今天认识的各种现生动物以及化石记录里的动物的。

我写这本书的时候主要考虑了以下几类读者的喜好和需求。第一类是对自然界和自然史感兴趣的读者，他们往往喜欢观赏雨林、暗礁、热带稀树草原或化石

---

①本书英文版于2005年出版，本书中所提时间均以英文版出版时间为参照基准。——编者注

群里的动物，本书用了很大的篇幅介绍过去和现在最令人着迷的一些动物是怎样被大自然创造出来的，后来又是怎样进化的；第二类是物理学家、工程师、计算机科学家和其他对复杂性理论感兴趣的读者，本书讲了一个通过组合少量常见成分创造出丰富多样性的故事；第三类是学生和教育工作者，我坚信书中提供的进化发育生物学新见解能让进化过程变得生动起来，带来比通常讲授和讨论更具吸引力和启发性的“进化大片”；第四类是可能会琢磨“我来自何方”这个问题的读者，本书讲的也是人类的历史，不仅有我们从受精卵发育为成年人的进程，也有从动物起源到人类物种出现的漫长征途。

ENDLESS FORMS MOST BEAUTIFUL

# 目 录

ENDLESS FORMS
MOST BEAUTIFUL

引 言

# 蝴蝶与斑马，动物形态变化的奥秘

**蝴蝶与斑马**

资料来源：Christopher Herr.

看她在云端穿行，
脑子里转个不停，
蝴蝶与斑马，
月光与童话，
这些令她如此着迷。

——吉米·亨德里克斯（Jimi Hendrix），音乐人
《小翅膀》（*Little Wing*）

不久前我去了一趟自己小孩就读的小学，留意到走廊上布置着令人赏心悦目的学生画作。除了风景画和肖像画，还有很多动物画。我很快注意到，虽然有成千上万的物种可供选择，哺乳动物里被画得最多的还是斑马，所有物种里被画得最多的是蝴蝶。我们住在美国威斯康星州，当时正值隆冬时节，这些小朋友画的并不是他们从窗外看到的景物。那么，为什么他们选择的会是蝴蝶与斑马？

我确信这些画作反映出孩子们深为动物的形态所吸引，从外形、图案一直到色彩。与这些孩子一样，我们都曾有这种体会。这就可以解释我们为什么要去动物园看充满异域情调的动物、涌向蝴蝶馆一睹美丽的蝴蝶、前往水族馆欣赏里面的珍稀鱼类，还在我们的动物小伙伴身上一掷千金，这些小伙伴可能是狗、猫、鸟，甚至是鱼。说到选择自己最喜爱的动物品种或物种，最普遍的依据就是美感。但不那么常见的动物形态也会使我们目眩神迷，有时还被吓个半死，比如身型巨大的鱿鱼、吃肉的恐龙以及吃小鸟的蜘蛛。

千百年来，正是源于被动物形态吸引及对它的痴迷，最伟大的博物学家不断冒险前行。在前维多利亚时代①寒冷、阴暗、潮湿的英格兰，年轻的查尔斯·达尔文看了亚历山大·冯·洪堡（Alexander von Humboldt）的《旅行记》（*Personal Narrative*），洪堡将自己坐船前往南美洲并在周边地区游历的故事写成了这部 2 000 页的皇皇巨著。达尔文看得如痴如醉，后来甚至声称他在那段时间所想、所说、所梦的全是怎样才能看到洪堡描述的热带景致。1832 年，以博物学者的身份随“贝格尔号”（Beagle）出航的机会一露头，他立刻将它抓在手里。达尔文后来在给洪堡的信中写道：“我因年轻时有机会读到并且反复阅读这部《旅行记》而开启了人生的新篇章。”当时还有两位英国人，分别是 22 岁的办公室文员兼狂热的昆虫收藏家亨利·沃尔特·贝茨（Henry Walter Bates），以及他的朋友、自学成才的博物学家阿尔弗雷德·拉塞尔·华莱士（Alfred Russel Wallace），他们也在梦想着有朝一日可以出国收集新物种。1848 年，看完一位美国人写的巴西游记，贝茨和华莱士当即决定也要到巴西去。达尔文在“贝格尔号”上的航行持续了 5 年，贝茨在热带地区一待就是 11 年，华莱士的旅行分两次，前后共计 14 年。接着，这几位梦想家就基于他们看见和收集的成千上万个物种，掀起了生物学领域的第一次革命。

可能是北方的气候或是别的什么激发了当地人对热带地区的向往。我是在俄亥俄州的托莱多（Toledo）长大的，城市公园和农田环绕四周，不远处是不那么富饶的伊利湖（Erie Lake）岸。我向往的乐园是由相关杂志内容和电视节目《动物王国》②中所呈现的场景构造而成的。几十年后，我也有幸在非洲的稀树草原、中美洲的丛林、澳大利亚与伯利兹（Belize）形同屏障一般的暗礁里看到各种动物，但只是作为观光客而不是勇敢的探险者。它们比我曾经想象的更令人敬畏。

---

①英国历史上的维多利亚时代主要指1837—1901年维多利亚女王在位期间。——译者注

②博物学家比尔·伯鲁德（Bill Burrud）主持的专题系列节目，后改名《动物世界》，从1968年一直播到1976年。——译者注

在肯尼亚一望无际的草原上，一群群斑马和大象在吃草，喜欢独来独往的鸵鸟和猎豹在附近漫步。披了一身黑白条纹的马，鼻子近两米长的巨型灰色哺乳动物，以及可以跑赢一辆美国吉普车的斑点猫，如果这些动物不是真实存在的，说到它们估计会让人感到难以置信。

来到雨林，多样性在小一点的动物身上也普遍可见。在阳光照耀形成的斑驳树影下，色彩鲜艳的各种蝴蝶，比如黄条袖蝶或是闪烁着金属光泽的蓝色大闪蝶翩翩起舞。再看地面的落叶丛中，带有鲜艳红色与绿松石色斑点的箭毒蛙①在唱歌，醒目的绿色切叶蚁②在为它们的巨大收割项目奔忙。大型捕食者在夜间出没。我曾在伯利兹丛林一片漆黑死寂之地遇见一条近两米长、俗称矛头蝮的致命毒蛇，并且那里也是美洲虎的领地，虽然我们看到的只不过是它新鲜的足迹，但这些经历让我终生难忘。

大海中还有更古怪、更神奇的动物形态。在澳大利亚，随便跳进一个珊瑚岛的浅水区，各种鱼类、珊瑚和贝类生物会扑面而来，一点都不夸张。霓虹灯般闪烁的色彩，大小和形态各异的躯体，精彩的几何图案，简直无处不在，偶尔还能看到巨大的海龟、章鱼或鲨鱼一闪而过。

不同动物在身体的大小、外形、组织与色彩等方面呈现出来的多样性引发了有关动物形态起源的深入探讨。这每一种独特形态都是从哪里来的？千变万化的形态经历过怎样的进化？这些生物学问题可以说是达尔文、华莱士、贝茨乃至更早期的生物学家一直在思考的，但直到最近才有了深入的答案，其中一些内容令人感到无比惊奇与深奥，几乎彻底改变了我们对以下这两件事的看法：大自然创造动物的进程，以及我们在这一进程中的位置。本书最初的灵感来自动物形态对

①可能是外表最美丽的青蛙，也是地球上毒性最强的物种之一。——译者注

②切叶蚁从树木或其他植物上切下叶子，然后用来培养真菌供幼虫食用。——译者注

于我们的吸引力，但我的目标是要将欣赏动物形态的神奇与魅力扩展到分析它如何产生，阐述关于动物设计里负责形成图案及其多样性的生物进程的全新认识。动物形态有很多可见的元素，这些元素的出现背后都有了不起的进程提供支撑，这些进程本身就很美妙，不仅将那么小的一个细胞转变为一个大型、复杂、组织严密、带有花色图案的生物，而且随着时间推移创造出整个包含数百万种个体设计的动物王国。

## 发育与进化

博物学家应对种类繁多的动物的第一步就是将它们分门别类，比如分为脊椎动物（包括鱼类、两栖动物、鸟类和哺乳动物等）和节肢动物（包括昆虫、甲壳纲动物、蛛形纲动物等），但在这些群体之间以及这些群体内部同样存在多种差异。是什么让鱼变得跟蝾螈不一样？蜘蛛跟昆虫怎么区分？从更精细的尺度看，很显然豹子就是猫科动物的一员，但它为何变得跟家养的虎斑猫不一样？回到人类这边，是什么使人类与人类的表亲黑猩猩有了区别？

解答这类问题的关键在于，我们必须认识到每一种动物形态都是两种进程的产物，一是从受精卵发育而来，二是从各自的祖先进化而来。要理解种类繁多的动物形态的起源，我们必须先把这两种进程以及二者之间的密切关系弄个水落石出。简单来说，**发育是将受精卵转化为正在成长的胚胎并最终变成成年形态的进程。形态进化由发育进程发生改变而发生。**

这两种进程同样令人惊叹。想想看，一个复杂生物的发育始于区区一个细胞，即受精卵。只是过上短短一天（比如果蝇幼虫）、几周（比如小鼠）或几个月（比如人类），这个细胞就会增长到数百万个、数十亿个，就人类而言也许有10万亿个那么多，这些细胞会形成各种组织、器官以及身体的各个部件。从受精卵到胚胎，再到完整动物体，这些转变使我们从内心深处发出惊叹与敬畏之情，自然界中几乎没有什么现象的奇妙程度能与之匹敌。整个生物学界最伟大的学者之一、达尔文的亲密盟友托马斯·赫胥黎（Thomas H. Huxley）在《警句与思考》（*Aphorisms and Reflections*）中说过：

> 作为大自然的学生，我们越熟悉大自然的运作，就会感到越好奇、越震惊；不过，在大自然展现给我们的所有奇迹里，也许最值得钦佩的要数一棵植物或一只动物从一个胚胎发育成形。

发育和进化之间的密切联系在生物学上早就得到重视。达尔文的著作《物种起源》和《人类的由来》（*The Descent of Man*）以及托马斯·赫胥黎的短篇杰作《人类在自然界的位置》（*Man's Place in Nature*），就非常倚重胚胎学领域确认的事实（截至19世纪中叶），从而将人与动物界联系起来，为进化现象的存在提供无可争议的证据。达尔文要求他的读者思考，在发育进程的不同时间节点发生的身体不同部位的微小变化，是怎样在持续成千上百万代、跨越数万到几百万年之后，使生物形成适应不同环境且拥有独特功能的不同形态的。简而言之，这就是进化。

在托马斯·赫胥黎看来，这场论证的要点说起来很简单：虽然从受精卵变成成年生物的过程可能会让我们感到惊叹，但我们把它视为日常事物接纳了它。我们缺的只是想象力，因此难以理解在这一进程中发生的变化怎样经过漫长的时间（远超人类这一物种经历的时间长度），并在这期间渐渐融合，从而塑造了生命的多样性。进化跟发育一样自然。

> 作为一种自然进程，一棵树从它的种子里萌发出来与一只家禽从它的蛋里孵化出来，性质是一样的。进化现象的发现，排除了生物起源于神创或其他所有类型的超自然干预。

达尔文和托马斯·赫胥黎将发育视为进化的关键固然是正确的，但在他们的主要著作发表后的100多年里，人们在理解发育的奥秘方面几乎没有取得任何进展。一个简单的受精卵怎么就能发育成一个完整的生物个体，这是生物学领域最难以解答的谜题之一。许多人认为发育这件事复杂到让人无计可施，而且对不同类型的动物有完全不同的解释。胚胎学、遗传学和进化论这三方面的研究一度变得特别令人沮丧，一个世纪前它们曾在生物学思想的核心位置交融在一起，此刻随着各自试图定义自己的原则而分裂为不同的领域。

由于胚胎学的发展长期停滞不前，在20世纪30年代和40年代出现的被称为现代综合论（Modern Synthesis）的进化思想没有发挥任何作用。在达尔文提出进化论之后的几十年里，生物学家一直在尝试搞清楚进化的机制。《物种起源》发表之际，性状的遗传机制还不为人所知。奥地利遗传学家格雷戈尔·孟德尔（Gregor Mendel）的研究成果又等了几十年才被重新发现[①]，遗传学直到20世纪初才迎来蓬勃发展。不同的生物学家以各种截然不同的尺度来处理进化问题。古生物学家专注于最大的时间尺度、化石记录以及高等分类群的进化；系统论者关注物种的性质和物种形成的过程；遗传学家通常只研究少数一些物种的性状变异。当时的科学家认为这些学科是互不相干的，有时还会为了“哪个学科为进化生物学提供了最有价值的见解”这一问题针锋相对。但得益于一些学者对不同层次的进化观点的整合，争论逐渐趋向了缓和。英国生物学家朱利安·赫胥黎（Julian Huxley）的著作《进化：现代综合》（*Evolution: The Modern Synthesis*）的面世标志着两种主要思想达成融合并得到普遍接受。首先，渐进式进化可以用小的遗传变化来解释，在这些变化影响下所产生的变体受自然选择影响；其次，在更高的生物分类水平和更大规模上发生的进化，可以用渐进式进化在更长的时间里持续进行来解释。

现代综合进化论在很大程度上为过去60多年来进化生物学的讨论与教授奠定了基础。然而，尽管顶着“现代”与“综合”这样的名号，但它并不完整。从它出现之初一直到最近，我们都认同形态确实会改变，并且自然选择是一种力

---

①孟德尔在1865年发表《植物杂交的实验》，但当时这篇文章未引起科学界的重视。——编者注

量，但形态到底是怎样进化的，比如从化石记录里看到的极富有戏剧性的物种形态变化到底是怎样发生的，我们说不出一点儿门道。现代综合进化论将胚胎学视为“黑匣子”，大自然以某种看不见的方式将基因携带的遗传信息转变为活生生的三维动物。

这一停滞局面持续了几十年。在这期间胚胎学家埋头研究少数几个物种身上有可能通过操纵卵细胞和胚胎来研究的现象，进化框架渐渐淡出胚胎学家的视野。进化生物学家研究的则是种群内的遗传变异，对基因与形态之间的关系一无所知。实际情况可能更糟：有些圈子认为进化生物学已经被尘封在博物馆里了。

20 世纪 70 年代的大背景就是这样，也是在这时人们开始听到关于胚胎学和进化生物学应该重聚的呼声。最引人注目的发言来自斯蒂芬·杰伊·古尔德（Stephen Jay Gould）[①]，他的著作《个体发育与系统发育》（*Ontogeny and Phylogeny*）激发了关于发育上的改变可能通过某种方式影响进化的讨论。古尔德还与奈尔斯·埃尔德雷奇（Niles Eldredge）一起用全新视角审视留在化石记录里的不同模式，提出“间断平衡”（punctuated equilibria）的概念，认为进化的特点就是短暂的快速变化（间断）打断了长时间的静止（平衡），这使进化生物学波澜又起。古尔德这部著作以及随后发表的论著重新审视了进化生物学的“大局”，并着重说明了尚未解决的主要问题。他将种子播撒在很多敏感的年轻科学家心头，包括我在内。

我和其他早已习惯看到分子生物学在解释基因如何起作用这方面取得成功的人一样，认为胚胎学和进化生物学当时的情况并不能让人感到满意，但这种状况同时带来了巨大的潜在机会。因为我们对胚胎学知识匮缺，进化生物学中关于形

---

①美国古生物学家、科学史学家、进化论研究者，1972年提出“间断平衡”进化理论，认为在生物进化过程里存在新物种大量出现突变的现象。——译者注

态进化的大部分讨论看上去变成了各种徒劳的猜测。如果不能先就形态发生之道达成科学的理解，我们怎么可能在涉及形态进化的问题上取得进展？群体遗传学已经成功确立了进化源于基因发生改变的原理，但这是一个没有任何实例的原理。没有任何一个影响动物形态与进化的基因得到确认或是特征得到描述。关于进化的新见解必须有胚胎学领域的突破作为前提。

## 进化发育生物学革命

大家都知道基因肯定是发育和进化这两大谜题的主角。斑马之所以是斑马、蝴蝶之所以是蝴蝶，以及我们之所以是我们，都是由各自携带的基因决定的。问题在于，到底有哪些基因对所有动物的发育都很关键，我们在这方面几乎毫无头绪。

胚胎学的漫长停滞期最终由一小群了不起的遗传学家率先打破，他们一边研究果蝇（果蝇在过去 80 年来一直是遗传学研究的主要对象），一边设计出一些方案用于寻找调控果蝇发育进程的基因。找到这些基因以及 20 世纪 80 年代对这些基因做的研究带来了令人兴奋的发育新发现，揭示出动物形态形成过程背后的逻辑与秩序。

在确定第一组果蝇基因之后没多久，一次意外事件在进化生物学领域引发了新的革命。一个多世纪以来，生物学家一直假定不同类型的动物在基因层面是完全不同的。两种动物的形态差异越大，其发育在基因层面拥有的共同点就越少。比如现代综合进化论的提出者之一恩斯特·迈尔（Ernst Mayr）①这样写过："除非是亲缘关系非常接近的物种，否则，要在不同物种身上寻找同源基因是徒

①美国生物学家，现代综合进化论提出者，其著作《恩斯特·迈尔讲进化》中文简体字版已由湛庐引进，由浙江教育出版社于2023年出版。——编者注

劳的。”但是，跟所有生物学家的预期相反，大多数最早确定的调控果蝇身体组织方式的主要基因，很快就在大多数动物，包括人类身上匹配到了精确的对应基因，并且后者也在执行同样的功能。另一个发现接踵而来：不同动物身体的多种部件，比如眼睛、四肢和心脏等，往往具有大不相同的结构，因此我们长久以来一直认为这些部件以各自截然不同的方式进化，此刻却发现它们也是由不同动物带有的相同基因控制的。**比对不同物种间发育基因的工作催生了一门新的胚胎学与进化生物学的交叉学科，这一学科被称为“进化发育生物学”。**

进化发育生物学革命打响的第一枪显示，所有的复杂动物尽管在外观和生理上存在天壤之别，比如果蝇与专门吃飞虫的鹟科鸟类、恐龙与三叶虫，乃至蝴蝶、斑马与人类，但它们全都携带一套几乎一模一样的“主控”基因“工具包”，以调控身体与身体各部件的具体构成与生长模式。我会在本书第 3 章详细介绍人们发现这套工具包的过程以及其中基因的显著特性。这套工具包的发现打破了我们以前对动物之间的关系以及差异成因的看法，为探索进化进程开辟了新的路径。

今天，我们通过对物种的全部 DNA（即基因组）进行测序已经看到，不仅果蝇和人类拥有一系列相似的与发育相关的基因，而且小鼠和人类各自拥有的大约 25 000 个基因高度相似，黑猩猩和人类在基因组层面上的相似度接近 99%。对那些企图将人类凌驾于动物世界之上而不是源于动物世界的一个进化部分的人，这些事实和数据应该可以让他们学会谦卑一点。单口喜剧演员刘易斯 · 布莱克（Lewis Black）曾说，他甚至不会和进化论的批评者争论，因为“我们拿到了化石。我们赢了”。我希望这一观点得到更广泛的认同，但我们可以倚重的证据远不止化石。

的确，由胚胎学和进化发育生物学带来的全新事实与见解，击溃了反进化论的陈腐残余思想，后者涉及中间形态的效用或进化出复杂结构的概率。我们现在已经搞清楚从一个单一细胞变成一个完整动物的过程。我们可以借助一套强有力的新方法研究发育上的改造如何提高复杂性与扩大多样性。而发现古老基因工具包等于提供了无可辩驳的证据，证明包括人类在内的动物全都起源于一个简单的共同祖先而后经历过大自然的改造。进化发育生物学可以追溯动物结构的漫长进化历程：鱼鳍经过改造而变为陆生脊椎动物的四肢，一个简单的管状步行足经过连续多轮创新与改造而变成口器、毒爪、用于游泳与猎食的附肢、鳃和翅，以及一组光敏细胞逐渐构造出多种眼睛。进化发育生物学提供了大量的新数据，生动展现出动物形态是怎样形成和进化的。

## 工具包悖论与多样性起源

人类不仅和其他动物带有同样的身体构造基因，而且人类的基因组与其他动物的基因组存在相似性，这一事实慢慢得到更广泛的认同。但大家似乎普遍没有忽视的是，这种通用工具包以及不同物种基因组之间存在巨大的相似性其实指向了一个明显的悖论：如果各种动物的基因组具有这么高的相似度，那么动物之间的差异从何而来？我要讲的这个故事，其核心就是这一悖论的破解及其意义。关于不同物种之间基因极大相似性的悖论经由两个关键想法破解，我会在本书中反复提及并拓展这两个想法。这些概念对理解以下两件事至关重要：一是决定物种特异性的基因怎样编码在这一物种的 DNA 里，二是形态从何而来、怎样进化。这些想法的实质内容很少得到综合媒体关注，但这些想法对我们理解生命史上的重大事件具有深远的影响，例如寒武纪生命大爆发，诸如蝴蝶、甲虫或雀鸟等类群内的多样性进化，以及人类从与黑猩猩、大猩猩的共同祖先那里进化而来。

第一个想法跟多样性有关。多样性与其说与每种动物的基因工具包里都有哪些基因有关，不如说是歌手埃里克·克拉普顿（Eric Clapton）所唱的："这是使用方式问题。"[①]形态发育是通过在发育过程中的不同时间节点及位置打开和关

①出自1986年美国电影《金钱本色》（*The Color of Money*）的插曲。——译者注

闭基因表达实现的。一旦基因表达的位置和时间节点发生了变化，形态就会出现差异，尤其在涉及影响某种身体结构的数量、外形或大小的基因时表现得特别明显。我们将会看到，可以改变基因表达方式的办法很多，而这也可使动物的身体设计以及各种具体结构的生长模式千差万别。

第二个想法跟在基因组的什么位置可以找到形态进化的“确凿证据”有关。事实表明，答案并不是过去40年里我们花最多时间研究的位置。我们早就知道基因是由长长的DNA链组成的，这些DNA经由一套通用进程就能解码以合成蛋白质，再由蛋白质在动物的细胞和体内完成各种实际工作。蛋白质的遗传密码是一份“只有20多个单词的词汇表”，这一点我们在40年前就已经知道了，很容易就可以将DNA序列解码为蛋白质序列。人类的DNA里面不那么为人熟悉的只有很小的一部分，1.5%左右，参与编码我们体内大约25 000种蛋白质。那么，在我们数量巨大的DNA里还藏着什么？其中约有3%承担调控功能，总共约1亿个独立位点。这类DNA负责确定基因的产物将在什么时间、什么位置、以多少数量出现。我会介绍这些承担调控功能的DNA怎样组成各种奇妙的小装置，然后整合有关胚胎位置与发育时间节点的信息。这些小装置的输出结果最终会转化为构造动物形态的解剖结构片段。这类调控DNA包含用于构造解剖结构的指令，正是在这些调控DNA内部发生的变化带来了形态多样性。

要想系统介绍调控DNA在进化过程中的作用和意义，我必须先做一些铺垫。首先，我们必须了解动物是怎样构造的，基因又在胚胎的发育进程中起了什么作用。这构成了本书第一部分的主要内容，其中包含许多令人愉悦的研究成果。我会归纳有关动物结构的一些一般特征，还有不同动物群体之间共有的身体设计进化趋势（详见第1章）。我还会介绍一些惊人的突变形态，正是这些形态将生物学家引向了负责调控发育进程的主控基因工具包的研究之路（详见第2章和第3章）。我们会看到这些基因怎样起作用，以及它们怎样体现出构造动物身体与复杂图案必须遵循的逻辑和秩序（详见第4章）。我们还会认识基因组里的一些小片段，它们带有构造动物身体相关的指令（详见第5章）。

其次，在本书的第二部分，我会把目前已知跟动物多样性形成过程有关的化石、基因和胚胎方面的内容相互联系起来。我将重点介绍动物进化历程中一些最重要、最有趣或最引人注目的情节，这些情节生动展现了大自然怎样用少量的“积木”就构造出大量独特的生物形态。我会检视寒武纪生命大爆发在基因和发育这两方面的基础，我们今天认识的许多动物的基本类型和身体部件就是从这场大爆发中产生的（详见第 6 章和第 7 章）。我会探讨蝴蝶翅膀图案的起源，把它作为一个绝佳的例子，解释大自然怎样使古老的基因发生变异而推动生物产生新的性状（详见第 8 章）。我会讲一些故事，主题是岛屿鸟类的羽毛和哺乳动物的毛色各有怎样的进化历程（详见第 9 章）。这些故事个个精彩，蕴含着有关进化历程的深刻见解。但这些关键的案例研究还有更直接的影响——揭示出人类起源的进程。我会在本书最后几章介绍智人这一物种的形成历史，其中最值得注意的当然是我们独特的“美丽心智”，这一远超身体其他任何性状的特性如何出现（详见第 10 章）。我将一路回溯到 600 万年前与类人猿很像的人类祖先生活时期，锁定最终导致智人出现、发生在身体和心智上的重要变化。我会讨论在人类的进化之路上发生的基因改变的范围与类型，以及其中有哪些最有可能推动了与人类产生最密切相关的性状的进化。

## 进化论的三幕戏剧

“进化”作为一个持续进行的故事，也许可以看作一出至少包含三幕的戏剧。在大约 150 年前上演的第一幕里，达尔文在他那堪称生物学史上最重要著作的结尾，敦促读者也要看到他从观察大自然的新视野中看到的壮观场景：“始于那么简单的一个开端，无尽的最美之形已经并继续在进化。”接着是第二幕，现代综合进化论的缔造者将至少 3 个学科统一起来，形成一套恢宏而壮观的体系。现在来到第三幕，胚胎学和进化发育生物学就动物形态与多样性形成之道提供的观点同样呈现一种特别的景象，其中有一部分是视觉上的，因为我们现在有能力看见不同动物的无尽之形实际上是怎样形成的。

但科学上的美并不会停留在表面。最好的科学是我们的情感与智慧两方面的综合产物，是我们通常所说的“左”脑和“右”脑这两个大脑半球的作用成果。科学上最伟大的茅塞顿开时刻往往伴随着感官美学与概念洞察力。钢琴家兼物理学家维克托·韦斯科普夫（Victor Weisskopf）说过：“科学上的美跟贝多芬作品的美是一样的。就像你的心中有一团迷雾，里面有许多事件，突然你看出了它们之间的一种联系。那些早已深藏在你心中的相关事物，此刻以前所未有的方式连成一体。”

简单来说，最好的科学理论提供了足以媲美最好的书或电影的体验。谜团或戏剧吸引了我们，如果我们把其中的事物联系弄清楚，从中将会得到一些启发，若是赶上最理想的情况，我们会把眼下这个世界看得更清楚，对其形成更深入的理解。科学家讲故事的主要限制是不能脱离真相范围。那么，非虚构的科学世界能像想象出来的虚构世界一样激励我们并使我们感到愉悦吗？

100 多年前，英国小说家鲁德亚德·吉卜林（Rudyard Kipling）发表了他的经典作品《原来如此的故事》（*Just So Stories*），这是他从旅居印度的经历中得到启发而创作的儿童故事集。吉卜林的迷人故事从“豹子如何得到它的斑点”以及“骆驼如何得到它的驼峰”一直讲到“跺脚的蝴蝶”，编织出充满幻想的童话，介绍了关于我们最喜欢、最不寻常的生物怎样获得各自最突出的特征。《原来如此的故事》围绕斑点、条纹、驼峰和角之类特征的来历所做的解释令人感到愉悦，但我相信我们从生物学角度也可以讲述蝴蝶、斑马和豹子的故事，并且这些故事跟吉卜林的童话一样引人入胜。更重要的是，我们这个版本蕴含一些简明、优雅的真理，加深了我们对包括自己在内所有动物的形态的认识。

# 第一部分

# 动物是如何构造而来的

ENDLESS FORMS
MOST BEAUTIFUL

# 第1章

# 动物构造的现代形态与古老设计

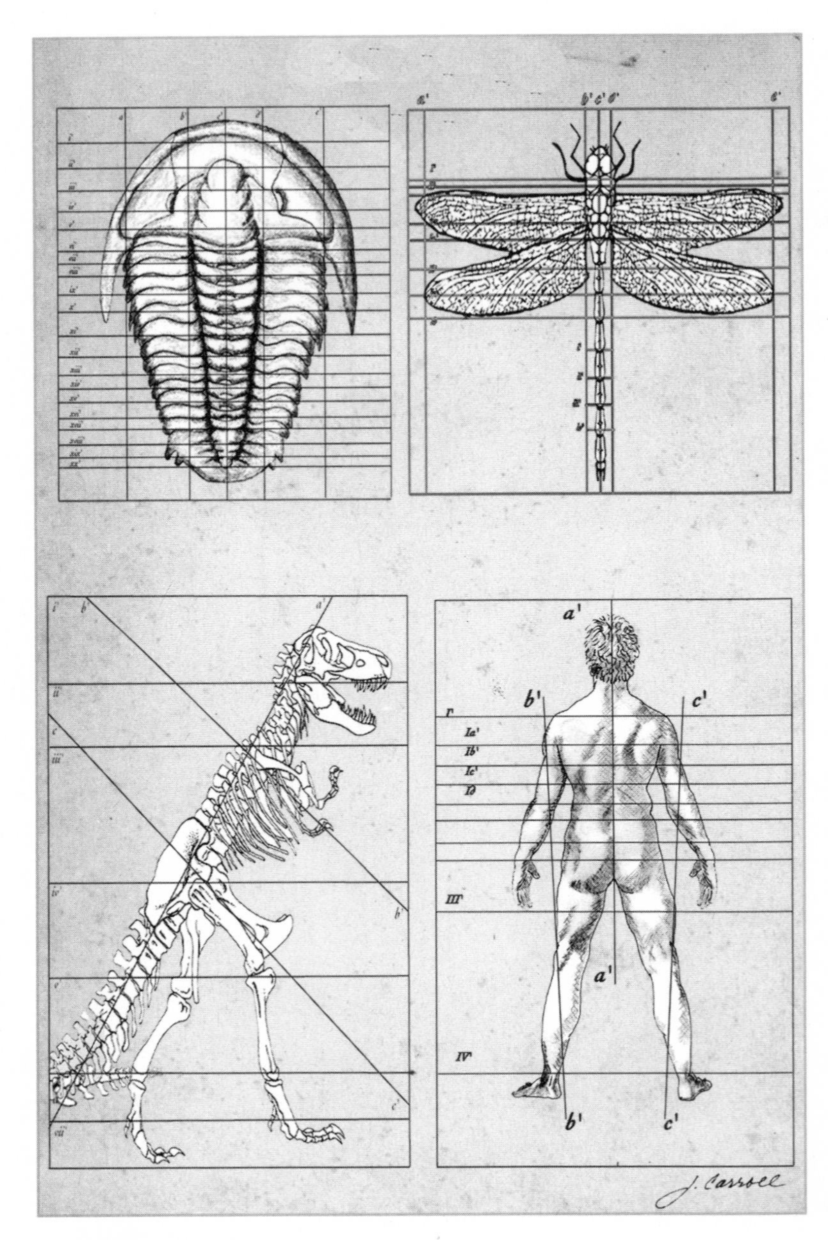


**古今部分动物构造实例**

资料来源：Jamie Carroll.

正是生物形态的神秘与美，给我们设下了难题。

——罗斯·哈里森（Ross Harrison），胚胎学家

动物形态的多样性丰富到令人眼花缭乱，而且不仅仅出现在人类目力所及的陆地上或海洋中。在地面以下，从区区几厘米厚的沙土，一直到深达上千米的岩石中，埋藏着长达 6 亿年的动物史故事，从加拿大页岩层封印的远古动物谜样形态，到美国西部丘壑之间隐现的庞大恐龙身影，再到东非大裂谷人类的双足类祖先留下的头骨碎片与牙齿，应有尽有。而且，如果把目前活跃在地面上的各类现生物种也考虑在内的话，对比之下，地底下的生物遗迹可谓相当震撼。

关于这一点，我最近才在佛罗里达州有了亲身体验。对，就是那个度假与退休人员喜欢跑去晒太阳、找乐子以及放松身心的地方。那儿不仅棕榈树遍布，海滩沙质松软，不时有优雅的鹈鹕与鹗（又称鱼鹰）、温顺的海牛与海豚，以及穿格子裤的智人来来往往……还有近 2 米长的犰狳、长着长长獠牙的乳齿象、长达 18 米的鲨鱼、骆驼、犀牛、美洲虎和剑齿虎。

真的，千真万确。好吧，具体取决于你朝哪儿看。

若向内陆方向走，来到一条流经沙质土壤的河边，往河床上挖上那么一铲子，里面的砾石很可能包含鲨鱼的牙齿，这些牙齿可能来自 10 种不同鲨鱼，从弯曲的、带有精细锯齿纹的断齿到早已灭绝的巨齿鲨锋利如剁肉刀般、长达十几厘米的吓人巨齿都有可能出现（见图 1-1）。并且，就在这同一铲里可能还会有较晚近地质时期留在佛罗里达的其他一些动物的骨骼遗骸，比如貘、树懒、骆驼、马、雕齿兽、乳齿象、儒艮，以及一些现在已经消失的物种的。

**图 1-1　从佛罗里达州一处河床找到的化石**

注：里面富含猛犸象骨、龟壳碎片和鲨鱼牙齿等。它们的外观与大小呈现出多样性。那颗最大的牙齿来自体型巨大的巨齿鲨。
资料来源：Patrick Carroll.

仅从这么一小块地方即可见的动物组织或化石在形态上呈现的多样性引出了

眼前的两大谜题：个体形态是怎么形成的？还有，这么多的不同形态又是怎么一一进化出来的？

乍看上去，这丰富多样的动物形态可能让人感到无从下手。但动物设计其实存在一些普遍的、长期的趋势，我们完全有能力搞明白。在这一章里我们先探讨动物构造与进化的一些普遍性，这有助于我们从让人眼花缭乱的多样性中归纳出一些一直存在的基本主题。

## 像搭积木一样构造动物

当我们试图分辨佛罗里达州的河边那一铲子砾石里到底都有哪些骨头或牙齿时，“动物设计”的一个基本主题就会变得显而易见。挑战的关键在于怎样才能将某块化石跟一个物种挂上钩，还得确定它具体属于这种动物的哪一个部位。这怎么就成了难点？这展示了动物设计相关的第一个基本事实：**有亲缘关系的动物，比如各种脊椎动物，都是由非常相似的部件构造而成的。**

假如在专家的协助下，我们分辨出其中一块骨头来自儒艮（某种早已灭绝的海牛）。接下来的问题就变成，如果这是一根肋骨，具体是哪一根？又或者，如果这是一块趾骨，来自一种早已灭绝的马，到底是哪一趾？单有一块骨头还真不好确定。至于为什么会这样，到底难在什么地方，答案凸显了动物设计的第二个基本事实：**每种动物都是由许多相同类型的部件组成的，这就像搭积木一样。**

这些部件有的比较小，比如单个趾骨；有的相当大，比如某些脊椎动物的脊柱（椎骨）。这些基本部件不仅古已有之，而且不管动物体形相互之间怎样千差万别，这些部件在其各自身体中总是保持固定的比例。从同属侏罗纪时期（距今超过 1.5 亿年）的巨型蜥脚类恐龙和娇小精致的蝾螈就可以看到脊椎动物在身体构造上共有的、重复出现的、模块化的结构特点（见图 1-2）。

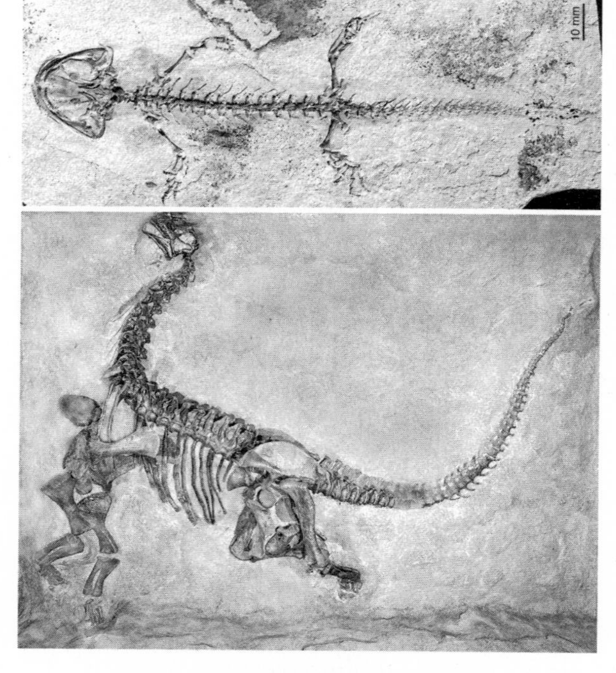


**图 1-2　脊椎动物的模块化设计**

注：上图，侏罗纪时期的一种蝾螈，体长约 10 厘米。下图，圆顶龙，同在侏罗纪时期的一种蜥脚类恐龙，体长近 6 米。

资料来源：Neil Shubin, University of Chicago; Carnegie Museum of Natural History.

模块化设计反复出现的情况，并不仅仅见于脊椎动物。比如加拿大落基山脉著名的伯吉斯页岩层化石群，就是 5 亿多年前活跃在寒武纪海洋中的首批大型复杂动物的一些成员，从它们的化石中就能看到它们模块化身体部件的各种变体版本（见图 1-3），可见它们的部件跟它们的现生后代的都十分多样。这些化石的吸引力是多层面的。当然了，目睹并亲手触摸到这些生活在早就消失的远古世界的猛兽，必然会激发出人们由衷的敬畏与惊叹之情。但同时我们也被它们的形态打动。这些化石证明了，借用拟人化的说法，“进化”在设计各种动物之际不仅重复使用了一些部件，而且使许多结构都具有模块化特点。

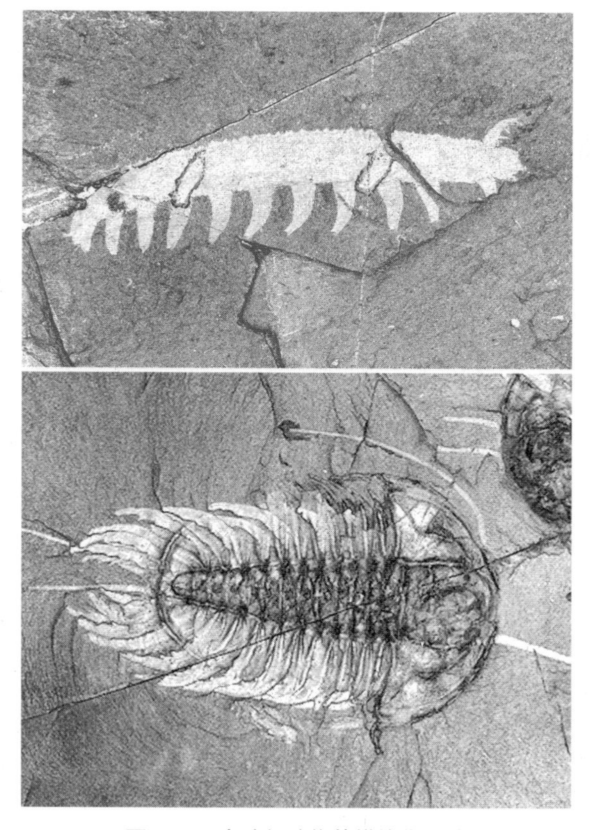

**图 1-3　寒武纪动物的模块化设计**

注：上图，叶足动物埃谢栉蚕。下图，锯形拟油栉虫。二者均具有多个相似结构以及模块化身体形态。

资料来源：Chip Clark, Smithsonian Institution.

比较不同的身体部位也能看到模块化设计的情况反复出现。比如人类四肢就采用了相似的模块化设计，每一肢都包含好几个部分（如大腿、小腿、脚踝或上臂、前臂、手腕），手和脚各有 5 个相似的指或趾（见图 1-4）。这种出现在四足脊椎动物每一肢上的模块化设计也有非常悠久的历史，从侏罗纪时期的化石中就能清楚看到。

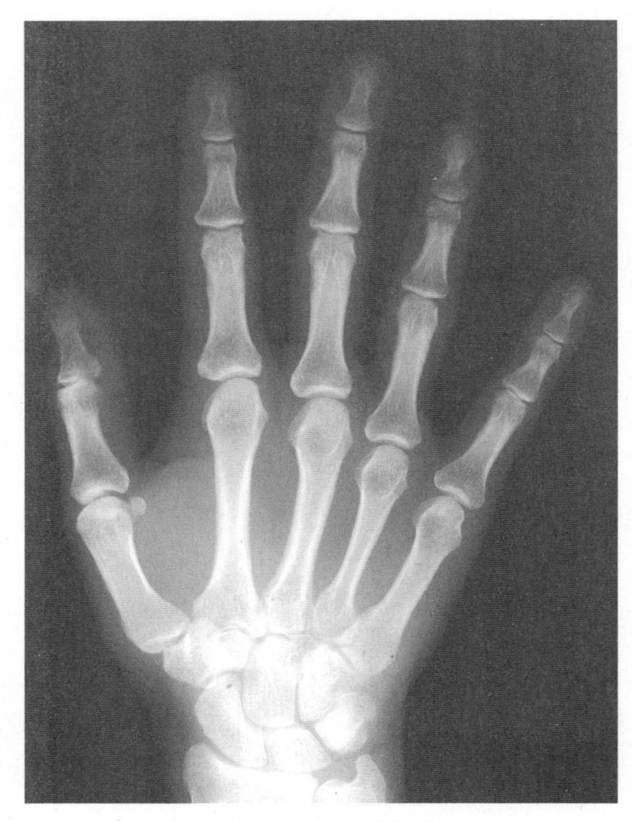

**图 1-4　人手的模块化设计**

注：在 X 光片上可以看到指骨具有连续重复构造。
资料来源：Jamie Carroll.

有时，某个结构的模块化设计可能不是那么显而易见。就像蝴蝶翅上复杂的图案，好像杂乱无章，但只要再看仔细一点，还是可以看出整个图案也是由多种基本图案元素反复出现而形成的。比如蓝色大闪蝶翅下部就有由反复出现的带状条纹、波浪线和眼斑组成的图案，同种元素之间又由翅脉形成区隔（见图 1-5）。这表明蝴蝶翅上由翅脉包围的每个区就是一个单元。整个图案就是这些模块化单元重复出现而形成的产物，每个单元包含的带状条纹、波浪线和眼斑在大小和外形上都有一点变化。

**图 1-5　蝴蝶翅上的连续重复设计**

注：这是一种闪蝶，从翅下部可以看到，每个翅都由连续重复的次级单元组成，每个次级单元均由两道翅脉加上翅缘包围着，里面包含相同元素的不同变体，这些元素分别是眼斑、带状条纹与波浪线。

资料来源：Nipam Patel, Jamie Carroll.

动物身体结构上这种反复出现同种元素的模式也存在于非常精细的细节层面，有些几乎超出了我们肉眼分辨能力的范围。比如许多蝴蝶翅上非常漂亮的图案，实际上是由分布在翅上的无数个微小鳞片组成的。每个鳞片本身是许许多多的单个细胞在翅上排成一行一行而形成的投影。每个鳞片都有自己特定的颜色，于是，就像点彩画法的笔触，大自然只要将千百万个鳞片组合在一起，就能创造出令人赞叹的整体图案。诸如鱼、蛇、蜥蜴等动物身上的斑纹也是由鳞片排列而成的有规则的几何图案，但这些鳞片跟蝴蝶翅上的鳞片不同。至于鳞片对光线的具体反射或折射特性就要从研究对象更精细的细胞组织学中找答案了，这种特性决定每个鳞片将要反射或折射哪些波长的光线（见图 1-6）。

仅仅是上面这么几段描述，就能让我们初步体会到发育是一项多么艰巨的任务：要从那微小的、有且只有一个的细胞开始，构造一个大型的复杂动物。这其中包含了数以百万计的各种细节，并且细节决定成败。只要在发育前期某个进程发生哪怕一点小小的偏差，就可能引发一连串的后期影响。那么问题来了：具体都有哪些进程，不仅可以发育成一头巨大的恐龙，也能在一只蝴蝶的翅上描绘出一个眼斑的精致细节？

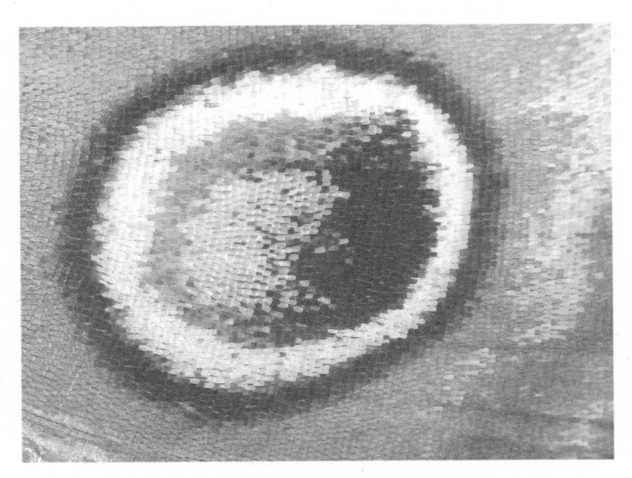

图 1-6　一个精致鳞片上的重复构造

注：蝴蝶翅上的鳞片就像点彩画派的笔触，每个特定颜色的鳞片就像其中的一笔，汇聚成体表图案元素。

资料来源：Steve Paddock.

考虑到各种动物不仅个头天差地别，外观形态也多种多样，因此，“发育”这项任务的细节看上去就像分子生物学家冈瑟·斯滕特（Gunther Stent）在几十年前所说，是“近乎无限数目的特例，必须逐一进行分析”。不过，生物学家已经惊喜地发现，我们有能力从这万千“特例”中总结出一些共性，而且很幸运，这些共性涉及从动物的外观到发育的遗传机制等多方面。我打算从外观的相似性讲起，在后面两章逐步介绍促使这些共性形成的具体基因。

## 以改变数目与类型的方式进化

动物设计的模块化与重复性反映出动物形态的形成遵循一定之规。解剖学家早就意识到，不管各种动物的外表如何迥异，它们的身体及其各部件其实都是按照某些可感知的，也是反复出现的基本部件去构造的。早在一个多世纪前，英国生物学家威廉·贝特森（William Bateson）就正式定义了其中一些结构。他的观点后来被证明是一套非常有用的框架，有助于我们思考动物设计的逻辑，分析这些基本部件的不同变奏可能是怎样形成的。

贝特森还认识到，很多大型动物都是由重复的部件组成的，并且很多身体部件本身也是由重复单元组成的。想想特定的动物群体，就会发现同一群体各成员之间最明显的区别，往往在于重复结构的数目与类型这两方面。例如，所有的脊椎动物顾名思义都有一根相似的脊柱，即由一块接一块的椎骨组成的脊柱，但不同脊椎动物的椎骨在数目和类型上则不尽相同。只要从头到尾数下来就会发现，从少到青蛙的不足 10 块到人类的 33 块，再到蛇的几百块，不同脊椎动物的椎骨数目可以说是天差地别（见图 1-7）。与此同时，椎骨本身也分好几个类型，比如颈椎（脖子）、胸椎、腰椎、骶椎以及尾椎（尾巴）。这几个类型之间的区别，不管具体在哪种动物身上，都主要表现在大小、形状以及是否存在与它们相连的其他结构（比如肋骨）这几方面。在不同的脊椎动物之间，每个类型的椎骨在数目上也有很大的差异。

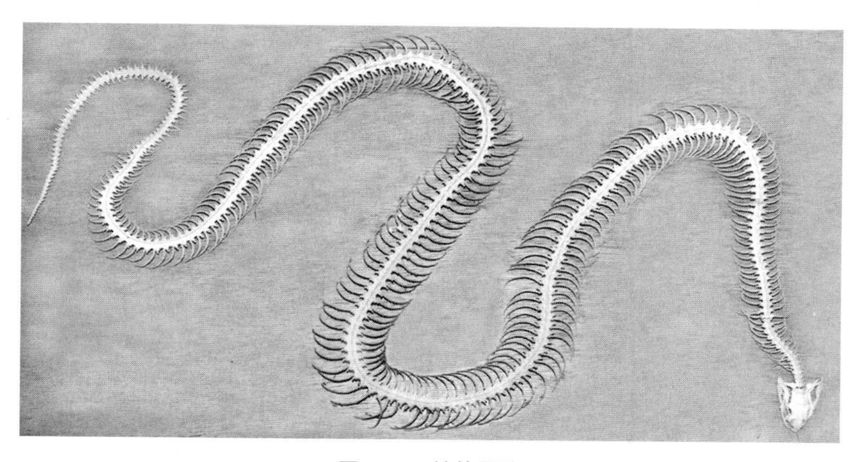

**图 1-7　蛇的骨骼**

注：数百节椎骨和肋骨重复出现，共同构成蛇的躯干形态。
资料来源：Dr. Kurt Sladky, University of Wisconsin.

从节肢动物的形态和多样性中也能看到类似的模式 。节肢动物的身体由反复出现的节段组成，这些节段排列于身体主干即头部往后的位置，节段数目在不同的物种中也有细微的区别，从昆虫的区区 11 节到蜈蚣和马陆的好几十节，也是参差不一。这些节段还能根据大小、外形，尤其是从它们那儿延伸出来的不同附肢等各种特点继续分组，比如昆虫的胸节与腹节，区别就在于每个胸节都带一对足，但腹节并不带。

节肢动物与脊椎动物这两大类动物全都成功地适应了地球上的每一种环境，即水域、陆地、天空，它们无论从解剖学还是行为学角度看都属于最复杂的动物。它们都由多个相似部件构造而成。那么，在动物设计的模块化（modularity，又称构件性）与动物进化的多样性大获成功这两件事之间是否存在某种联系？我当然认为答案是肯定的。一直以来，生物学家面对的挑战就是要搞清楚这些动物怎样从单单一个细胞构造起来，动物身体设计上呈现的各种形态变异又是怎样一一进化出来的。脊椎动物与节肢动物的模块化设计，以及不同动物在这些模块的数目与类型上的变异，为其中涉及的进程提供了重要的线索。

如前所述，通常具有模块化特征且由相似单元构造的身体部件，其在不同物种之间的区别往往体现在“数目”与“类型”这两个方面。以拥有四肢的脊椎动物（tetrapod，学名四足动物）为例，每种动物身上的每一肢通常都有 1 ～ 5 根手指或脚趾。我们从自己的手上就能看出 5 种不同类型的单元（比如大拇指、食指等），脚上也一样。手指或脚趾之间的相似性非常明显，它们之间的差异主要体现在大小与形状上。各种四足动物的四肢进化出如此众多的版本，目的就是要胜任多到难以计数的不同功能，其中，基础版本的五指形态已经存在了超过 3.5 亿年之久，虽然在这期间具体的指 / 趾的数目发生过广泛的演变，从 1 ～ 5 根的各种情形都能找到实例（比如骆驼的双趾、犀牛的三趾等）。四足动物肢体的变异版本简直可以说层出不穷，其多样性只要看一眼几种脊椎动物的 X 光照片（见图 1-8）就能体会 。有一点很有意思：即使是存在密切亲缘关系的一些物种，它们之间也可能存在很大的差异，有些物种甚至进化出很多分支，后者各有不同数目的指 / 趾头。

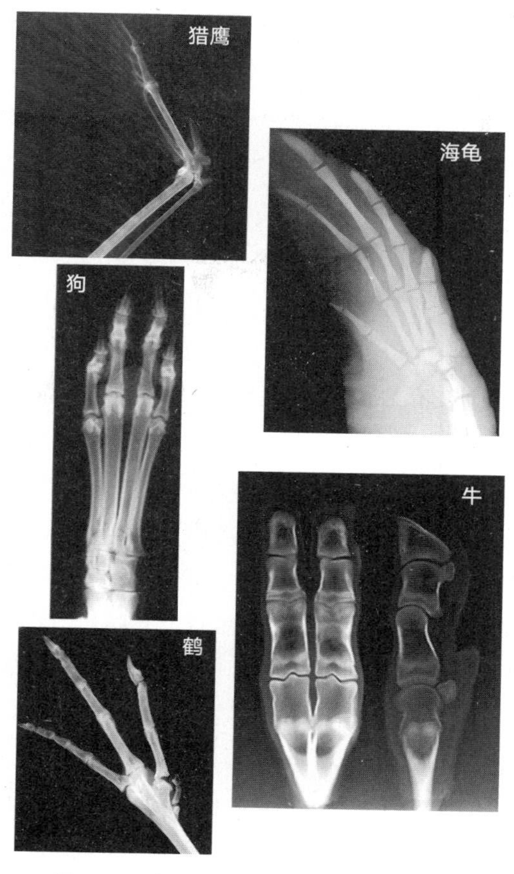


**图 1-8　脊椎动物肢体的形态多样性**

注：所有脊椎动物的肢体都是同一种设计的不同变形，区别在于各种部件（比如指 / 趾）的数目、大小与外形。

资料来源：Dr. Kurt Sladky, University of Wisconsin.

## 同源性、系列同源性与威利斯顿定律

说到对比不同物种的身体部件，关键要知道比较的是可能以不同方式发生改变的同一身体部件，还是长在不同动物身上的同一个系列的部件，后者的一一对应关系可能不那么容易看清楚。比如蝾螈、蜥脚类动物和小鼠的前肢，以及我们人类的手臂，全都属于同源物。这就意味着它们原本拥有同一套结构，但在不同的物种身上以不同的方式经历过改造。它们起源于同一套远古版本的前肢。再说后肢，我们的腿脚与其他四足脊椎动物的后腿也是同源物。前肢与后肢则互为系列同源物[①]，这类结构作为重复系列一再出现，在不同的动物身上发生不同程度的分化。椎骨与它们关联的结构（比如肋骨），四足动物的前肢与后肢，指骨与趾骨，各种牙齿，节肢动物的口器、触角与步行足，还有昆虫的前翅与后翅，也是系列同源物。

系列同源物在数目与类型上发生变化一直是动物进化的一个重要主题。我先把这一点讲透，就拿我们熟悉的几个结构举例。如果你爱吃海鲜，那么你多半已经解剖过龙虾。回想你拆解面前那只龙虾的情形，你可能已经留意到它的模块化设计，对它携带的各种各样的附肢深表喜爱（见图 1-9）。龙虾的构造在好几个方面反映了动物构造中普遍存在的基本主题——“模块化”与“系列同源性”。首先，龙虾全身是由一个头部（长了眼睛和口器）、一个胸部（长了步行足）和一个长尾（好吃！）组成的；其次，龙虾的身体在不同的部位有一些不同的特定附肢，如触角、螯钳、步行足、游泳足；再次，每个附肢本身也是分节的，不同种类的附肢拥有不同的节段数，比如螯钳和步行足。如果你一时有了兴致，想要解剖一只昆虫或一只螃蟹，你也会从它们的身体组织、节段划分和附肢等细节中看到一些普遍的相似之处，但是，当然了，系列同源结构在具体的数目和种类上也存在差异。

系列同源部件的第二个例子就是你准备用来撕咬和咀嚼那只龙虾的牙齿。我们嘴里长了好几种牙齿，比如犬齿、前臼齿、门齿、臼齿等。同样，各种脊椎动物之间的明显区别之一就是牙齿的数目与类型各不相同。原始爬行动物，比如一些大型的海洋生物，满嘴长的是大致相同的牙齿，但较晚出现的物种就渐渐进化

---

①作者在书中所述的“系列同源物”指同一生物体上有相同来源的不同结构。——编者注

出不同类型的牙齿，分别擅长切断、撕碎或研磨食物。不同的牙齿类型反映出不同物种在饮食习惯上的差异，比如食肉动物会有门齿与犬齿，食草动物以臼齿为主（见图 1-10）。人类与其灵长目近亲（见图 1-11）也有不相同的牙齿。你大概也知道，牙齿往往可以形成坚硬的化石，发现这些化石对揭秘我们祖先的身份与生活习性具有举足轻重的作用。

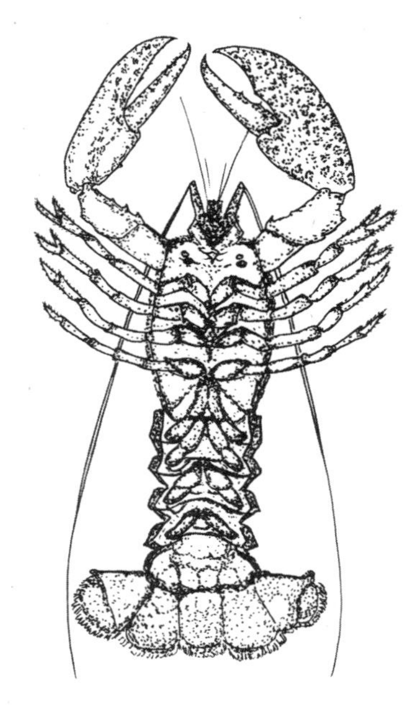

**图 1-9　一只龙虾附肢的多样性及其结构部件的重复性**

注：龙虾的触角、螯钳、游泳足和尾部均属同一种附肢设计的不同变形。
资料来源：Jamie Carroll.

这样多次出现的重复结构在数目与种类这两方面进化的趋势是那么明显，古生物学家塞缪尔·威利斯顿（Samuel Williston）早在 1914 年就宣称："还有一个进化定律是生物身上的部件数目总是趋向减少，留下较少的部件进行深入的功能特化。"那时威利斯顿正在研究古代海洋爬行动物。他发现，在进化的过程中，较早期出现的物种往往带有大量相似的连续重复部件，但在较晚近出现的物种中，这些部件不仅在数目上有所减少，而且形态也发生了特化。与此同时，已发生特化的部件似乎很少再变回早前普通版本的形态。一个有趣的案例是四足动物刚刚进化出指 / 趾的时候，最多时每只脚上一度有 8 个趾。但这 8 个趾的具体类型却不会超过 5 种，并且这个 8 趾版本在后来的物种身上进化为经过特化的 5 趾版本，或进一步减少到更小的数目。

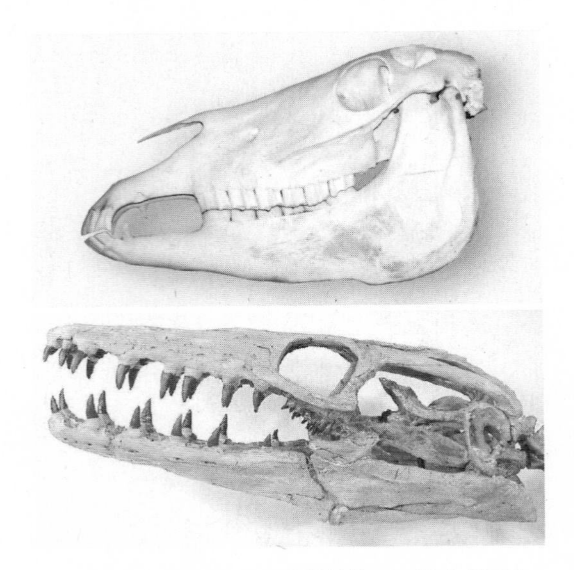

**图 1-10　一种原始脊椎动物——沧龙的牙齿**

注：沧龙所有的牙齿看起来几乎一模一样，在它之后出现的脊椎动物则拥有不同类型的牙齿。

资料来源：Mike Everhart, Oceans of Kansas Paleontology.

在生物学领域，定律可谓寥若晨星，因为生物学家鼓起勇气提出的定律几乎都会被后来发现的某些奇怪生物打破。但“威利斯顿定律”是一个很有用的定律，看上去并不仅仅跟威利斯顿当时研究的古代海洋爬行动物进化趋势有关。这个趋势是：一旦数目出现增加，系列同源物似乎就会发生功能特化而导致数目开始回落。事实上，以脊椎动物的椎骨、牙齿与指 / 趾形态，以及节肢动物的足与翅为例，这些重复结构的特化进程普遍伴随着数目减少的现象。看来威利斯顿和贝特森捕捉到了关于动物设计与进化的一些简单真理，使我们有机会从一些最庞大、变化最多的物种的浩瀚历史与多样性中归纳出一些普遍规律。

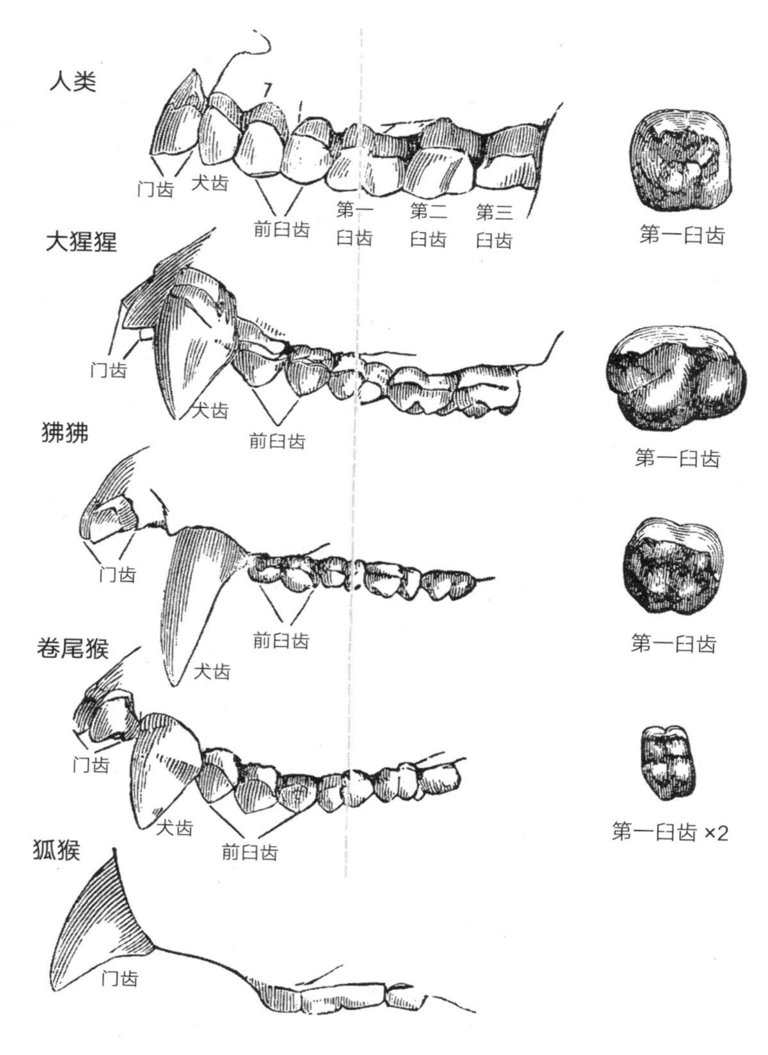


**图 1-11　灵长目动物牙齿的多样性**

注：不同的灵长目动物在犬齿、前臼齿与臼齿的数量与外形上均有区别。

资料来源：T.H.Huxley, *Man's Place in Nature* (1863).

## 对称性与极性

除了模块化部件重复出现，动物身体与身体部件通常还表现出另外两个特点，分别是对称性（symmetry）与极性（polarity）。我们熟悉的绝大多数动物都是两侧对称的，也就是说具有相互对称的左侧与右侧。这一设计也使动物有了前、后之分，得以进化出多种有效的运动模式。有些动物带有不一样的对称性，例如呈五辐射对称（辐射对称类型之一，呈五角星形）的棘皮动物，包含球海胆、海钱，还有种类繁多的其他物种（见图 1–12）。动物身上的对称轴提示了它们的身体到底是怎么构造起来的。

**图 1–12　呈辐射状对称的动物形态**

注：诸如海胆（左）、海钱（中）以及海星（右）等棘皮动物都呈辐射状对称。
资料来源：Jamie Carroll.

动物及其部件的极性也一样。大多数动物都有三个极轴，分别是头尾轴、上下轴（在我们自己身上就是前后轴，因为我们会站起来）以及从身体出发的远近轴。远近轴用于描述从身体主干延伸出去的各种结构，比如某一肢的各部件就是与身体主干呈一定角度组织起来的。单个的结构也有极性。以手为例，手就有三个轴，分别是拇指 – 小指轴、手背 – 掌心轴和手腕 – 指尖轴。

## 将不同形态编码进基因组

模块化、对称性与极性是动物设计近乎共有的特征，在诸如蝴蝶和斑马这样更大、更复杂的动物身上已是显而易见。这些由威利斯顿和贝特森发现的特征与进化趋势表明动物结构有规律、有逻辑。这就显示了在丰富的动物形态多样性里应该可以发现有关动物构造与进化之道的一些普遍“规则”。

本书主要聚焦以下 4 个问题：

- 动物形态生成的一些主要“规则”是什么？
- 怎样编码构造一种特定动物所需的信息？
- 多样性是怎样演变的？
- 怎样解释动物进化过程中出现的大规模趋势，比如重复部件的数目与功能改变？

我们该上哪儿去找这些规则与操作指令？答案是：它们就在 DNA 里。在每个物种的基因组里存有用于构造这种物种的信息。制造 5 根手指、2 个眼斑、6 条腿或是黑白条纹要用到的操作指令，都以某种形式编码在具备这些特征的物种的基因组里。这是不是意味着手指、斑纹或条纹等各有对应的基因？在本书的第一部分，我先重点解释解剖学信息在基因组里是怎样编码的。

我会在本书第二部分讨论进化多样性。不同的物种如果存在诸如 3 指与 4 指、2 个眼斑与 7 个眼斑、6 条腿与 8 条腿这些区别，那么，在它们的 DNA 里一定有通过某种方式编码的不一样的操作指令。因此，形态进化说到底属于遗传学问题。但要弄明白基因具体怎样雕琢出所有这一切令人叹为观止的动物之美，我们还得先从怪物身上找一些至关重要的线索。

ENDLESS FORMS
MOST BEAUTIFUL

第2章

# 突变体与主控基因

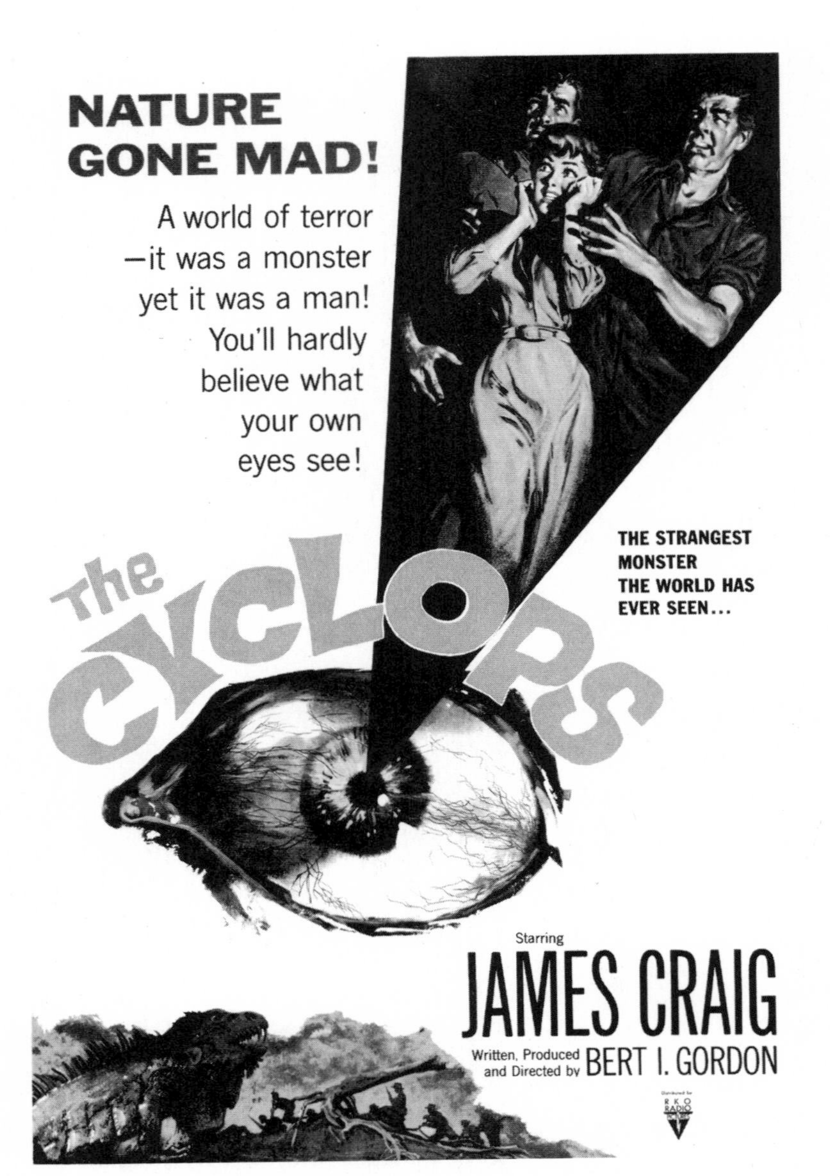


**电影《独眼巨人》海报（1957 年）**

注：这是一部由伯特 · I. 戈登执导、詹姆斯 · 克雷格主演的恐怖电影，讲述了一位妻子深入墨西哥无人之境，寻找她失踪丈夫的故事。

资料来源：B&H Productions Inc..

“你知道吗，我还一直以为独角兽只是传说里才有的怪物。我还从没见过活体呢！”

“那既然现在我们互相见过了，”独角兽说，“如果你能相信我的存在，我也愿意相信你的存在。这交易很划算吧？”

——刘易斯·卡罗尔（Lewis Carroll），儿童文学家

《镜中世界》（*Through the Looking Glass*）

在我小的时候，《生物的特征》（*The Creature Feature*）堪称每周六下午最重磅的电视节目，里面讲的是哥斯拉、吸血鬼德拉古拉、木乃伊甚至更可怕的怪物。我的死党戴夫同学对这个节目沉迷到难以自拔。他会躲进他家地下室，拉上窗帘，关灯，身边放好棒球棒，还在门窗上安装各种小机关，以防剧中某个怪物在节目演到一半时突然找上门来。他可以目不转睛一连看上好几个小时，他的能量可能来自他一整天当零食吃的 4 千克桶装爆米花与贝蒂妙厨牌糖霜。过后戴夫会跟我们复述剧情，探讨它们之间到底谁更有实力以及所有这些怪物具有的独门绝技。受他那活跃的想象力驱使，那些怪物在他看来就跟真的一样。

人类对怪物既迷恋又恐惧，这种情绪不仅相当普遍，而且年深日久。从希腊神话到美国低成本制作的影片，无数作家、编剧接连不断想象出各种各样的巨人、杂合怪，还有丧尸型的生物。我虽然不像戴夫那样沉迷于怪物电影以及糖霜，但不得不承认这些怪物在推动胚胎学向前发展这件正事上发挥了重要作用。

要搞清楚动物的形态是怎样沿着正确的路径发育的，其中一个最成功的方法就是研究这些不同寻常的怪物，它们身上的部件要么数目不对，要么位置不对。这些形态有的属于人为创造，有的必须归咎于母体妊娠期间发生意外或受伤，余下的就是大自然里罕见突变事件的后果。通过汇集和分析研究这些不同类型怪物得到的见解，研究人员揭示了自然界所有动物之身体及其部件的基本的发育机制。

## 独眼巨人的传说与现实

以下传说我是从来不信的：死而复生，从人变形为蝙蝠或苍蝇，像摩天大楼那么大的大猩猩，一半由人而另一半由马、羊、蛇、鱼或你自选的物种组成的生物，喷火兽，隐形人，等等。我把这些全都归类为暗黑童话里的内容。我曾经也将那些只在脑门中央长了一只眼睛的怪物归入这一类，但现在看来如此否定一种生物的存在恐怕有点过于草率。

回想当年我刚对独眼巨人神话一知半解的时候，我并不知道，只有一只眼睛且长在面孔中央的生物在科学界早已是广为人知的存在。事实上，美国犹他州就一度出现 5% ～ 7% 的新生绵羊患有独眼畸形的现象，独眼畸形是一种致命缺陷，病羊在脸的中央只长了一只眼睛，缺失大部分的鼻与颌结构，并且大脑半球发育不完全（见图 2-1）。这种疾患的正式术语叫“全前脑畸形”（holoprosencephaly，又称前脑无裂畸形），意思是患病动物只有单一的一个前脑，关键缺陷在于前脑和眼睛未能顺利分裂发育为两个对称结构。

至于当时羊群里独眼畸形现象高发的原因，最终发现跟当地的一种植物有关，这种植物叫作“加州藜芦”（Veratrum californicum），恰好长在这些羊妈妈们吃草的牧场里。羊在妊娠期的其中一个阶段（第 14 天左右）摄入这种植物是造成新生羊独眼畸形的最关键因素。后来发现，这种植物会合成一种化学物质，叫作“环巴胺”（cyclopamine），环巴胺在胚胎的发育过程中有致畸（teratogenic，源于希腊语 teras，意为怪物）作用。

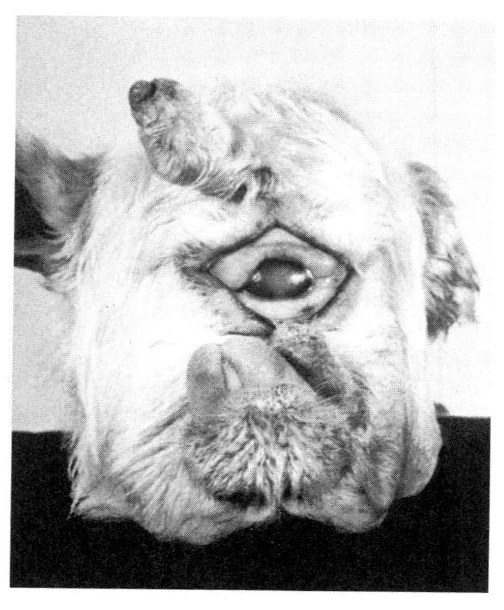

图 2-1　独眼羊

注：该羊发生畸变是因为母羊在孕期关键阶段接触了含有环巴胺毒素的加州藜芦。
资料来源：Dr. Lynne James, Poisonous Plant Research Center, Logan, Utah.

环巴胺只是多种已知致畸因子之一。还有很多其他化学物质会对胚胎发育造成不利影响。比如原本用于治疗妊娠期恶心反胃的药物“沙利度胺”（thalidomide），可能是最臭名昭著的致畸因子，曾在20世纪50年代后期到60年代初期造成成千上万例人类新生儿先天性畸形。尽管我们知道这些分子已有好几十年时间，但对它们的作用机制的研究迟迟没有取得进展，这种局面直到近年来胚胎学与分子生物学渐渐融合才有所改观。这些成果源于越来越多的更具体实验，尤以胚胎与基因的操纵实验为主。

## 蝾螈唇与鸡翅膀

回顾过去的一个世纪，生物学家用手术刀、针、镊子以及各种其他工具对实验动物胚胎进行多种实验操作，希望从中发现构造动物的某些规则。胚胎学先驱者全靠直接动手的物理方法来移动或移除细胞，然后观察胚胎发生的异常情况。一些夸张的怪物就是因这种粗暴的操作而产生的，这些怪物的显著特征揭示了支配动物发育组织的几个核心原则。

这些先驱者当中的佼佼者包括汉斯·斯佩曼（Hans Spemann），他不仅是首位，也是长达 60 多年时间里唯一一位获得诺贝尔生理学或医学奖的胚胎学家，但近年来胚胎学家已经奋起直追。在他做过的实验里，最具启发性的一项，就是设法检验蝾螈的受精卵第一次分裂得到的两个细胞是否具有相似的特性。斯佩曼用一根取自他女儿婴儿时期的纤细的头发，套在蝾螈胚胎上打了一个结，将胚胎分成两半，每一半各有一个细胞。结果，这两个细胞均能各自发育为正常的蝾螈幼体，这证明两栖动物胚胎如果在早期一分为二，有可能继续发育为两个一模一样的成体。

接着，斯佩曼改变做法，切分方向与上次不同，沿垂直于胚胎内两个细胞间缝的方向将一个受精卵分为两半，使切面两侧各有这两个细胞的一半，得出的结果却完全不同：只有一侧发育为一只正常的蝾螈幼体，另一侧变成一团杂乱的腹部组织。他由此继续研究下去，最终发现胚胎里面有一个区域叫“胚孔背唇”，这一区域直接关系到胚胎能否顺利形成正常组织。假如从实验动物胚胎里移除这一区域，胚胎就只能变成一团组织，这个动物的顶（背）部在正常情况下会形成的结构将缺失。

更令人惊叹的是，背唇区如果移植到另一个正在发育的胚胎上，置于正常预计要形成腹部的位置，它居然还能组织起第二个胚轴，最终导致两个连在一起的胚胎形成（见图 2-2）！斯佩曼将这个区域称为“组织者”，因为他推断，正是它将胚胎的背部逐渐组织成为神经结构，而且有可能启动另一个胚轴的发育。

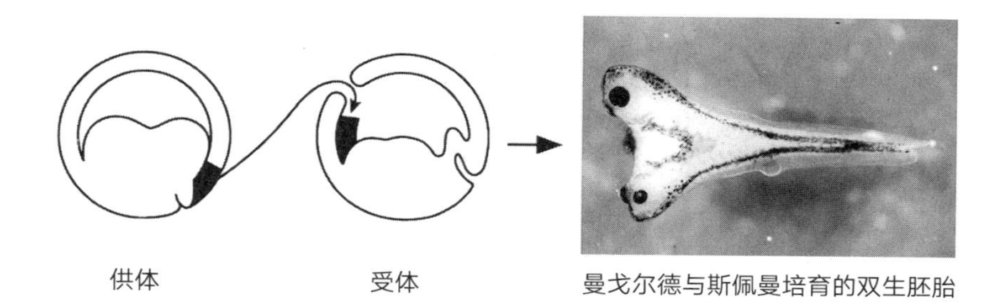


**图 2-2 在蝾螈身上诱导形成的第二个胚轴和胚胎**

注：将供体所在的组织移植到受体中就能诱导形成一个相连的胚胎。
资料来源：Hiroki Kuroda and Eddy de Robertis, UCLA.

“斯佩曼组织者”这一神奇效应表明，探究胚胎发育规则的有效做法之一就是利用胚胎不同部件之间的相互影响。目前已经发现其他一些具有非同寻常特性的组织者，显示“组织者效应”在发育的多种尺度上都起作用，其作用范围可从整个胚胎到未来某个身体部件内部，一直到复杂精细的图案细节。接下来我将再举两个组织者的例子，解释这种富有戏剧性的作用。

肢的形成过程一直是胚胎学家好奇的内容。发育早期胚胎侧面的小突起经历多个阶段才出现肢的形态。以一个三日龄的小鸡胚胎为例，这种小突起在萌芽初期长宽各只有约 1 毫米，在小鸡终于破壳而出之际已经长大了超过 1 000 倍。

在此期间，这一点点看上去像小肉垫的组织会向四周扩展、变长，同时依次发育出骨、软骨、肌肉、韧带、指骨和羽毛等，完美展示了整个发育过程是多么协调有序。这其中最引人注目的可能就是软骨的有序形成及其被骨骼取代的过程。软骨由细胞沉积凝聚而成，从身体主干由近及远依次从肩膀到手腕再到指骨一路排布（详见第 4 章）。研究人员只要加一点点特殊的着色剂就能清晰看到整个过程（见图 2-3）。在肢的发育过程中发生的事件顺序和指 / 趾极性都表明胚胎中肯定存在某种系统，提示了每个细胞最终将要变成什么。

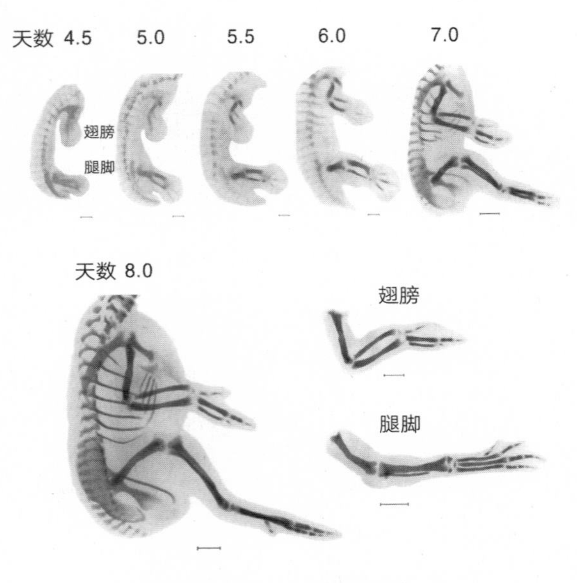


**图 2-3　小鸡的肢形成**

注：代表未来翅膀与腿脚的小芽在胚胎发育的短短几天里就有明显的生长。借助一种特殊的着色剂，可以清晰看到软骨形成及其变成骨的过程，发展方向全是从肢的根部到指 / 趾端。翅膀和腿脚在解剖学细节上存在细微差别。

资料来源：Joseph J. Lancman and John Fallon, Department of Anatomy, University of Wisconsin.

也是在几十年前，有一位名叫约翰·桑德斯（John Saunders）的胚胎学家，在小鸡胚胎的翅芽里发现了一种极性组织者。正常情况下一个鸡翅上有 3 个指，我们可以根据指的大小和形状，从翅的前端向后端为其编号，分别辨识出第 2 指、第 3 指、第 4 指（第 1 指和第 5 指并不在翅上形成）。桑德斯从一个正在生长的翅芽的后部，靠近日后第 4 指长出来的位置，取出一团组织，移植到翅芽的前部（正常情况下第 2 指将从这个位置长出来），导致最终长成的翅膀多了几个指。所有指以第 2 指所在位置为轴，互为镜像：原本鸡翅上指的排法应为“2-3-4”，现在排成“4-3-2-3-4”（见图 2-4）。鸡翅膀的这种镜像式极性表明，翅芽后部区域的细胞负责组织指的排序（“4-3-2”），因此，一旦这部分细胞被移植到其他地方，就会在那个地方诱导出以镜像模式排布的指。

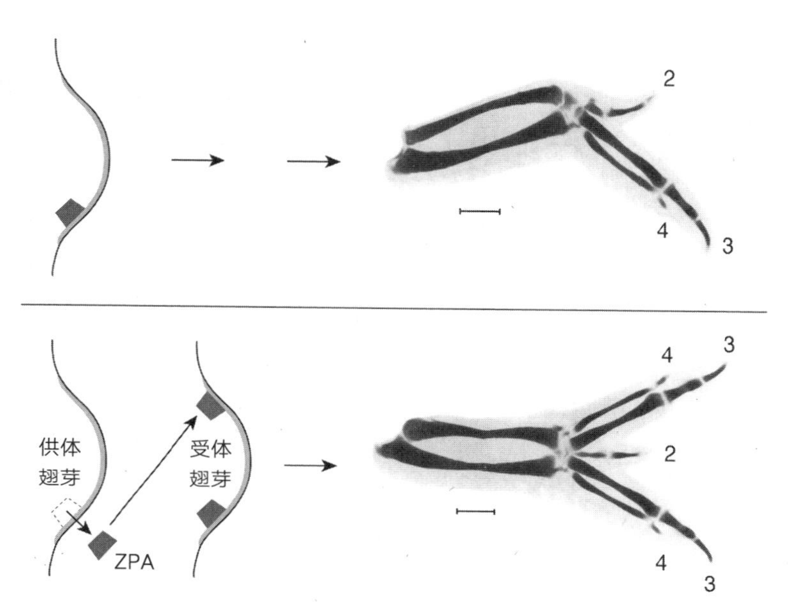


**图 2-4　在小鸡翅上诱导多指症**

注：研究者将正在发育的翅芽的极性活性区（ZPA）从原本较为靠后的位置移植到一个靠前的新位置，就会诱导该位置形成额外的指，这些额外形成的指的极性与正常指相反。

资料来源：Joseph J. Lancman and John Fallon, Department of Anatomy University of Wisconsin.

鸡翅膀上的斯佩曼组织者与“极性活性区”（zone of polarizing activity，简称 ZPA）的作用范围相当大，可影响到整个胚胎或一个大型身体部件的发育。但后来也发现了作用于更精细范围的其他组织者。1980 年，杜克大学的弗雷德·尼胡特（Fred Nijhout）证明了蝴蝶翅上的眼斑图案也是由组织者诱导形成的。尼胡特发现，只要除掉那本来要构成眼斑中心的一小团细胞，蝴蝶就形成不了眼斑。更有趣的是，他还发现，如果在蝴蝶进入蛹期的第一天就从正在发育的蝴蝶翅上取出这一小团细胞，再移植到蝴蝶翅的另一个位置，则接受移植处会形成一个新的眼斑（见图 2-5）；并且只有位于正常情况下即将出现眼斑的正中央位置的细胞才有这一特性。尼胡特因此给这种组织者起了一个名字——“焦点”。

**图 2-5　在蝴蝶翅上诱导眼斑形成**

注：将正在发育的眼斑正中的细胞移植到翅的其他位置，就会在这些位置形成眼斑。
资料来源：Dr. H. Frederik Nijhout, Duke University from *The Development and Evolution of Butterfly Wing Patterns* (1991), used by permission of Smithsonian Institution Press.

所有这些组织者都拥有一种特性，即有能力影响各种组织或细胞的特征形成或形态发生（morphogenesis，又称形态建成）过程。对这种特性的基本解释是组织者的细胞会分泌一些物质，这些物质会影响其他细胞的发育。这类物质现在被命名为“形态发生素”（morphogen）。至于组织者的影响有多大，具体取决于它离细胞有多近：组织者周边的细胞受它们影响最为显著，其他细胞，比如位于蝾螈胚胎、肢芽或蝴蝶翅上的细胞，由于离组织者较远，就不受影响或受影响较小。长期以来，我们一直认为形态发生素会从一个部位向四周扩散，自其源头一路向外形成从高到低的浓度梯度。由此可推测，源头周围的细胞也会根据自己接触到的形态发生素的量做出相应反应。例如，靠近 ZPA 的细胞发育出了后部类型的指（第 4 指），相对远离 ZPA 的细胞就按距离由近及远发育为前部类型的指（分别为第 3 指、第 2 指、第 1 指）。另外，关于蝴蝶眼斑这个案例，目前认为那些呈环状排布的不同颜色的鳞片，是鳞片对不同浓度的形态发生素做出不同反应的结果。

影响组织者活性的形态发生素是胚胎学界争先恐后探究的“圣杯”级别的谜题之一。阻挠我们取得进展的最大阻力在于，组织者的活性是多种细胞共同作用产生的特性。任何细胞都能产生成千上万种物质，组织者的活性很可能不止由一种物质决定。尽管“移植”是一个功能强大的工具，胚胎学家还需要找到某种方法，从复杂的细胞产物里找出形态发生素。他们这一找就是数十年。

## 满怀希望的怪物

由斯佩曼、桑德斯和尼胡特等人创造出来的动物都是人造怪物，它们或是带有复制出来的对称轴，或是额外多长了几个指，又或是翅上的眼斑出现在不寻常的位置。但这样的异常现象也不是没在大自然中出现过。事实上，贝特森在 1894 年出版的专著《用于研究变异的物质材料》（*Materials for the Study of Variation*）中，对遍布动物界的各式“怪物”做过编目和描述，它们身上往往多长、少长又或是长歪了某个部件。贝特森在欧洲各地的博物馆、收藏家处和解剖院系经过一番精挑细选，拼凑出一群古怪的动物，包括在本该长出左触角的位置长出腿的一只叶蜂和一只熊蜂、多长了几根输卵管的小龙虾、丢失了眼斑或多长了眼斑的蝴蝶、多长了椎骨或各种椎骨发生变形的青蛙等（见图 2-6）。

贝特森将这些异常情况分为两大基本类型：一类是重复部件的数目发生了改变，另一类是某个身体部件发生变形，变得像另一个身体部件。他把后一类叫作“同源异形”（homeotic，源自希腊语 homeos，意为相同或相似的），这是一个重要的术语，值得记住。贝特森搜集这些奇怪生物的目的是要说明生物形态剧变完全有可能自然发生，因此有可能成为进化的基础。但我必须做出补充说明的是，尽管贝特森这一推理乍看上去很直观、很吸引人，但生物学家通常都有非常充分的理由认为，要在区区一代的时间跨度内完成这么大幅度的形态变化，可能性微乎其微。仅仅找到这样一些物种变异的实例并不意味着这些变异就能成为一个新类型或新物种的起源。恰恰相反，就我们目前所知，这些怪物几乎全都适应不了环境，很快就会被自然选择的力量彻底淘汰，并没有机会将它们的奇怪特征遗传下去。但是关于“满怀希望的怪物”在短短一代时间就能产生全新形态的观点已经根深蒂固，在一些广受欢迎的科学媒体那儿尤为明显，比如英国广播公司早些年甚至还以“满怀希望的怪物”这个短语为标题做过一期节目，哪怕我反复向制片人恳切陈词，跟他说这个观点根本不足为信，也无济于事。那是一个诱人的想法，但毫无价值。我们从本书就能看到，没有任何事实支持“满怀希望的怪物担当了进化的动因或使然者”这一观点。

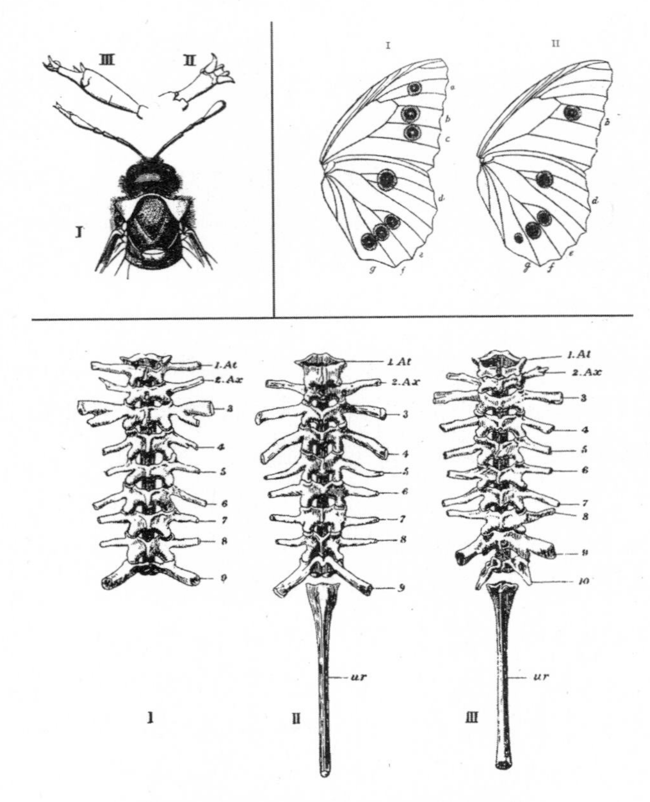


**图 2-6 贝特森收集的一部分奇怪生物**

注：左上图，叶蜂的同源异形突变体，原应长出一根触角的位置长出了一条腿。右上图，蝴蝶翅上本该有的眼斑不见了。下图，蝾螈在椎骨及其延伸部分发生变异。

资料来源：W. Bateson, *Materials for the Study of Variation* (1894).

从贝特森的怪物目录体现出来的最明显的局限性，可能是大多数样本仅是身上成对结构中的一个出现了异样。听上去可能令人十分郁闷，但事实上这些绝无仅有的藏品不仅每一件都很罕见，而且成因至今未明。重点是要搞清楚，例如，一些形态能否遗传，是否属于胚胎在发育过程中受到某种物理伤害的产物。事实证明，贝特森收藏的各种怪物传递了丰富的信息，尽管没能为我们揭晓进化的真正原因，却让我们有机会一窥跟生物进化有关的因素。美国已故古生物学家斯蒂芬·杰伊·古尔德写过一篇论文，是我最喜欢的篇目，甚至在我接受学术训练之初影响了我的研究方向。他在文中就预言，贝特森那些怪物将对科学“大有帮助”，但对于促进物种进化毫无价值。

## 多指的人类

贝特森的怪物目录也包括一些人类案例，比如有人长了额外的肋骨，有的男人只有一个或多长了两个乳头，有一个惊人案例是有人左手长出如镜像对称分布的 8 根手指，还有人的单手或双手都多长了手指，不一而足（见图 2-7）。具体到最后这两例，正式术语叫“多指畸形”（polydactyly，常被称作“多指”），其实并不那么罕见，大概每 10 000 个婴儿中就会出现 5 ～ 17 例。

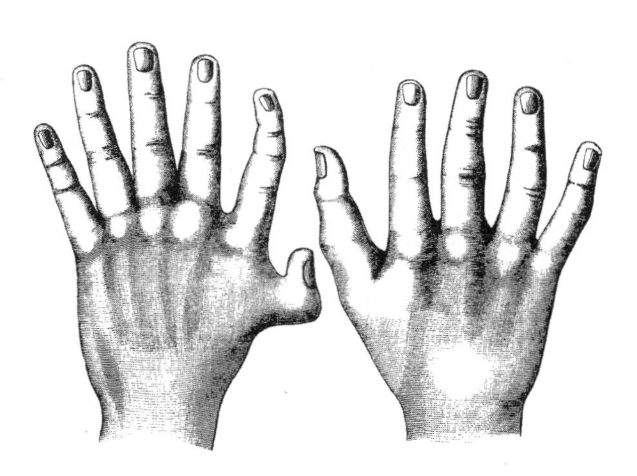

**图 2-7　多指的手**

资料来源：W. Bateson, *Materials for the study of Variation* (1894).

多指的类型有很多种，有的患者可能只不过是在拇指或小指旁边多长了一小片皮瓣或芽，有的可能多长了一片指甲、一根指骨，甚至多长了完整的一根手指。多出来的指可能是独立的，也可能跟其他手指融为一体，后者也称“并多指”（synpolydactyly，简称 SPD）。有些案例还可能是多长的手指在双手和双脚上以两侧对称方式出现（见图 2-8）。

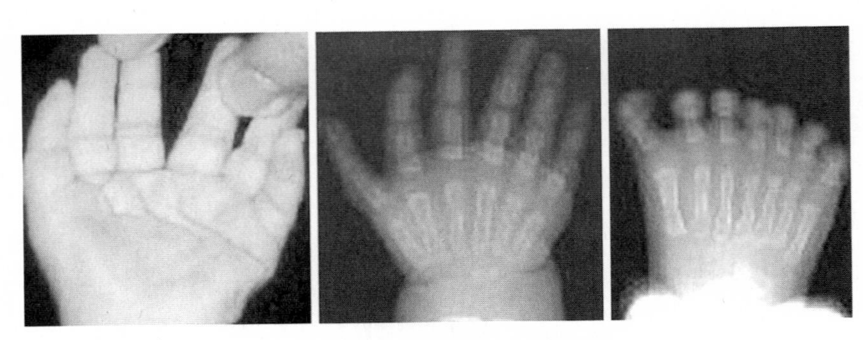

图 2-8　双手双脚均出现多指 / 趾的情形

注：该患者每只手有 6 根手指、每只脚有 7 个脚趾。

资料来源：Dr. Robert Hill,MRC Human Genetics Unit, Edinburgh, UK; *from Proc. Nat'l Acad. Sci. USA* 99:7548 (2002).

长有多指 / 趾的人类也能生活得很好。历史上有过一些著名的多指案例，其中包括英格兰国王亨利八世（Henry Ⅷ）的第二位妻子安妮·博林（Anne Boleyn），她的一只手上多长了一片指甲。有报道称，法国国王查尔斯八世（Charles Ⅷ）以及英国前首相温斯顿·丘吉尔（Winston Churchill）可能也多长了手指。2003 年美国职业棒球大联盟世界大赛冠军球队、佛罗里达马林鱼队（Florida Marlins，现已改名为迈阿密马林鱼队）有一名候补投手叫安东尼奥·阿方塞卡（Antonio Alfonseca），他的双手和双脚都是六指 / 趾。这多出来的手指好像并没有影响他投球时对球的握持，自然也妨碍不了他在棒球场上取得佳绩。这个手指反而给他带来一点点心理上的优势，因为对方击球手遇到他的时候往往会说“要对阵那个六指怪客”。

多指往往会遗传，所以多指通常是家族性的，这也变得广为人知。的确，记录显示，在土耳其古城以弗所（Ephesus）附近，有个地方叫阿特艾帕马克（Altiparmak），这个单词就是“六指者”的意思，当地有些家族用这个词作为姓氏。

多指广泛出现在脊椎动物中，尤以猫、小鼠和鸡最常见。令人感到吃惊的是，相似的指模式可以出现在不同的动物身上，包括人类，可以通过实验操纵诱导发生，也可以遗传。这就意味着可能存在某些机制，让人类多长手指，让小鸡多长脚趾。但关于指 / 趾的数目与模式形成机制的研究迟迟没有进展，直到我们对一种既没手指也没脚趾的动物——不起眼的果蝇的奇特突变的研究取得突破。

## 突变的果蝇

要想从怪物身上发现更多的发育规律，我们先要找到可以持续获得的不正常生物，一些能在实验室里纯育[①]出带有同样性状后代的怪物。1915 年，卡尔文·布里奇斯（Calvin Bridges）在一种黑腹果蝇身上获得第一种能纯育的同源异形突变体（homeotic mutant），那时黑腹果蝇才跻身基因研究主要物种的行列没多久。布里奇斯分离出一种自发突变体，该突变体能导致黑腹果蝇本应较小的后翅长得跟较大的前翅一样。他将其命名为“双胸同源异形突变体”。之后，他又在黑腹果蝇身上发现了另外几种同源异形突变体。其中一种相当惊人，被命名为“触角足同源异形突变体”，其头上原本应该长触角的位置却突兀地长出粗壮的足来（见图 2-9）。

同源异形突变体怎么就能如此彻底地将一种结构转换为另一种结构，这可真是不可思议。毕竟，这不是发育受阻或发育失败，而是一整套结构的“命运”遭

①指子代性状与亲代性状完全相同的遗传方式。——编者注

到了颠覆，导致一个身体部件长在错误的位置，又或是身体部件的数目出了错。重点在于这种改变是将一种系列同源物转换为相似的另一种，比如把触角转换为足、把后翅转换为前翅。这一切是如此难以捉摸，还有一个原因在于其中的每一种改变都是由单一的一个基因发生突变导致的。仍以黑腹果蝇为例，当它们出现同源异形形态时，只有很少数目的“同源异形”基因发生了突变，这就表明，有那么一小群“主控”基因在调控果蝇身上具有系列同源性的部件的分化。

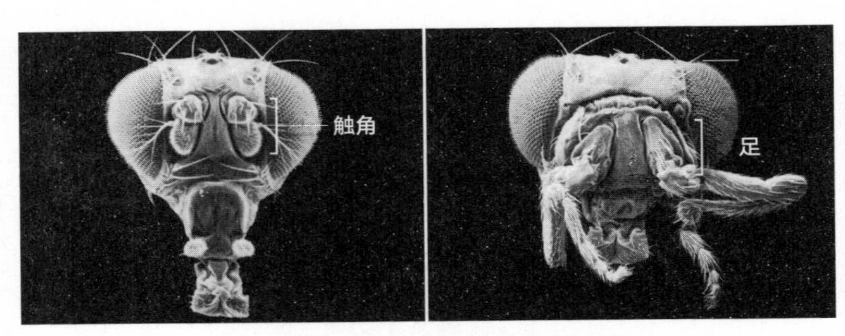


**图 2-9　果蝇的触角足同源异形突变体**

注：左图，带触角的正常蝇头。右图，携带触角足同源异形突变体的果蝇，它的触角长成了足。

资料来源：Dr. Rudy Turner, Indiana University.

同源异形突变体的惊人影响在胚胎学领域引发了一场革命，进而在进化生物学领域掀起另一场革命。但要充分领略同源异形突变体的意义以及它们的作用机制，我们必须进一步钻研，先搞明白这些主控基因到底是怎么起作用的。一种基因是怎么做到影响一整套结构而对另一套结构丝毫无作用的？基因到底编码了什么内容，能在动物身上产生如此巨大的影响？可能你的第一想法还包括：“一只果蝇？我为什么要为区区一只果蝇感到激动？”想要获得以上所有这些问题的答案，就得进一步了解基因的作用方式，在这一路上我们还会收获一些关于不同动物基因组构成的意外发现。

ENDLESS FORMS MOST BEAUTIFUL

# 第3章

# 从大肠杆菌到大象

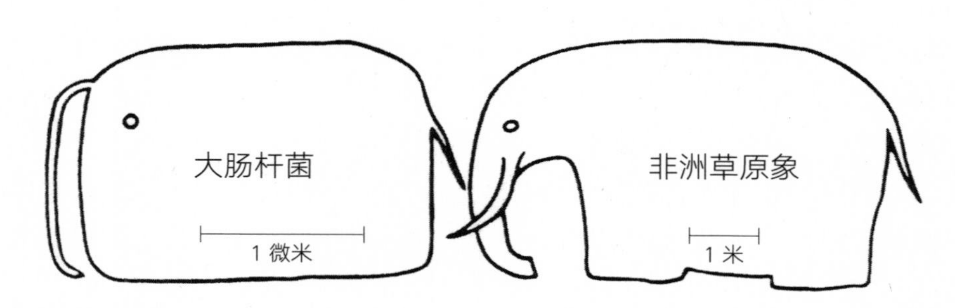


**对莫诺金句一种幽默的展示**

资料来源：Dr. Simon Silver, University of Illinois-Chicago.

只要适用于大肠杆菌，就同样适用于大象。

——雅克·莫诺（Jacques Monod），生物学家

“我们拟提出脱氧核糖核酸（DNA）的一种结构。这种结构的崭新特点具有重要的生物学意义。”以这句话作为开头的詹姆斯·沃森（James Watson）[①]和弗朗西斯·克里克（Francis Crick）在1953年合作发表的论文，宣布他们找到了一个新的，并且是正确的遗传物质模型。DNA是一种重要的遗传物质，在古细菌界、细菌界、原生生物界、真菌界、植物界与动物界的生物中作为遗传基础。之后又过10多年的时间，基因密码也被破解。还有更多的遗传奥秘等待我们去发现。

每个生物界的成员，它们的细胞、组织和器官（如果有）都在一些重要方面有很大的不同。每一生物领域里面也存在丰富的多样性，比如动物界的跨度就从

---

①诺贝尔奖得主沃森与克里克一同发现了DNA双螺旋结构，其著作《双螺旋》全景讲述了DNA双螺旋结构发现的历程，有着好莱坞式的戏剧张力。该书的中文简体字版已由湛庐引进，由浙江教育出版社于2022年出版。——编者注

微小浮游生物一直到“巨无霸”级别的海生与陆生哺乳动物。生物的分类，也是根据相似与不同划分，一直以来主要以形态作为依据。长期作为主流的假设是，两个物种在形态上的差别越大，它们在基因层面的共同之处（如果真有）就越少。

待你读到本章结尾，你就能体会到生物外表可能具有欺骗性。本章将会揭示多个科学家茅塞顿开的时刻，包含数个令人震撼而又美丽的关于发现的故事，这些发现足以塑造和重塑我们对动物进化历程的认识。从中可以看到，不同生物形态之间存在深入而又出人意料的联系。我会从一种小到只能用显微镜观察的细菌带来的一些深刻见解说起，由此揭开基因作用逻辑的基本原理。接下来进阶探讨一些更复杂的生物以及果蝇体内的同源异形基因，再一路拓展到整个动物界。

## 大肠杆菌的酶诱导现象

想想我们体内一些不同类型的细胞，它们都在做什么，各自又是怎么做到的。血液里的红细胞将氧气带给组织，消化器官里的细胞处理我们摄取的食物，神经元携带电脉冲在我们的整个神经系统穿梭，肌肉细胞驱动我们的身体部件。这些细胞类型的特化关键在于它们有选择地合成蛋白质，正是这类物质承担了我们身体内部全部的工作。红细胞合成海量的、能跟氧气结合的血红蛋白，胰腺里的细胞不断分泌胰岛素和其他一些蛋白质，以便将食物分解为可用成分，神经元合成可以形成电势的蛋白质，肌肉细胞合成的蛋白质可以形成长纤维，这些纤维收缩产生力。不过，尽管这些细胞都各有自己的特化①任务，但也同时具备一模一样的基因信息，也就是一模一样的 DNA 分子。看上去就像是通过某种方式，每一类型的细胞都只合成某些蛋白质而不会合成其他蛋白质，由此跟其他细胞形成区分。像这样只在特定位置而不在其他位置、只在特定时间而不在其他时间有选择地合成蛋白质，是细胞顺利构造复杂生物必不可少的条件。

---

①指细胞或组织在离体培养的中性环境中仍按原先被定型的命运自主地进行分化。——编者注

但是在想明白动物体内的各种细胞到底是怎么特化出来的之前，生物学家先要解决一个基本谜题：像大肠杆菌这么简单的一种生物，它们的基因信息怎么存储、复制与解码？大肠杆菌有很多种，有的对我们的身体有益，有的非常凶险。但在分子生物学家看来，大肠杆菌一直是一支绝妙盟军，教给我们很多关于基因与蛋白质的作用机制与逻辑的基本规则。由这种简单细菌引发的深入思考，为人们探寻更复杂生物的发育和进化奠定了具有决定意义的基础。

最早引起生物学家兴趣的，是一种现在被称为“酶诱导”的现象。大肠杆菌十分喜爱葡萄糖这种单糖，但如果找不到葡萄糖，大肠杆菌也能分解其他糖类供自己使用。比如乳糖属于双糖，大肠杆菌用一种叫“β－半乳糖苷酶”（Beta-galactosidase）的物质就能将它分解为葡萄糖和半乳糖。有趣的是，如果研究者用葡萄糖或其他碳源培养大肠杆菌，全程几乎检测不到 β－半乳糖苷酶，大肠杆菌合成这种酶的速度缓慢到近乎难以察觉。显然，这种情况下，大肠杆菌并不准备浪费自己的能量去生产一些它不需要或不能使用的酶。但只要研究者往一团不含葡萄糖的培养菌群中加入乳糖，大肠杆菌生产 β－半乳糖苷酶的速度就会暴增 1 000 倍，研究者只需等待短短 3 分钟就能确定无疑地检出这种酶的存在。这就是说，大肠杆菌以某种方式感觉到了乳糖的出现，并且立刻“意识”到自己现在用得上 β－半乳糖苷酶，于是如受诱导般开始源源不断地合成该酶。问题是，这么简单的一种细菌怎么会“知道”自己应该制造哪一种酶呢？最适用的酶刚好受它“命定”要分解的化合物诱导而合成出来，这又是什么神奇规律？

这些问题的答案由弗朗索瓦·雅各布（François Jacob）和雅克·莫诺率先揭晓，他俩凭这些发现与安德烈·利沃夫（André Lwoff）分享了 1965 年的诺贝尔生理学或医学奖。这三位可不是不问世事的象牙塔中的理论家。第二次世界大战期间莫诺在法国抵抗运动中担当领导人，利沃夫收集过情报，偶尔还在自己的公寓收留不幸被击落的盟军飞行员，雅各布以自由法国医疗兵的身份参加了非洲战役，再后来，1944 年 8 月，他在法国诺曼底战役中受了重伤。第二次世界大战结束之后，雅各布与莫诺就在巴黎的巴斯德研究所（Pasteur Institute）合作。

这就是三位科学家在他们的研究工作开始之际所处的特殊的历史背景，他们的发现对现代生物学具有根本性的重要影响，加上他们三位各具特色的非凡个性，使细菌的酶诱导现象与基因作用逻辑成为现代生物学史上最扣人心弦的故事之一。

我们必须掌握 DNA、RNA 以及蛋白质的结构与功能的基础知识，才能充分理解酶诱导现象的作用原理及其对更复杂生物的意义 。我也知道这些词看上去可能很陌生，甚至令人生畏，但只要我们能分析出这些成分怎样起作用，并理解它们的不同职责与相互影响时，这背后的生物学逻辑就会浮出水面。最重要的是，我们很快就要讲到一些重大发现，至于这些发现能为我们带来什么启发，就取决于我们对构成现生生物的各类不同分子的理解程度。

DNA、RNA 与蛋白质之间的关系，可以归纳为 DNA 是指导合成 RNA 的模板，RNA 又是指导合成蛋白质的模板。于是存储在 DNA 里的遗传信息就可以分两步解码，用于合成在细胞和生物体内发挥实际作用的蛋白质。

我先解释一下染色体、基因与 DNA 这几个名词（见图 3-1）。细胞里每个很长的 DNA 分子构成一条染色体。基因是 DNA 分子上的一个个片段。DNA 由两条核苷酸长链组成，每个核苷酸分子都带有 4 种截然不同的碱基（base）中的 1 种，这些碱基分别简写为 A（Adenine，腺嘌呤）、C（Cytosine，胞嘧啶）、G（Guanine，鸟嘌呤）和 T（Thymine，胸腺嘧啶）。DNA 的两条长链由基于碱基互补配对原则（A-T、G-C）两两配对的每一对核苷酸碱基之间的氢键连接在一起，形成双螺旋结构。

不同生物的染色体数量不同，可能少到只有一条（比如大肠杆菌），也可能更多（比如人类就有 23 对染色体）。DNA 里独一无二的碱基序列（比如 ACGTCGAATT……）正是编码在每个基因里的独特信息。

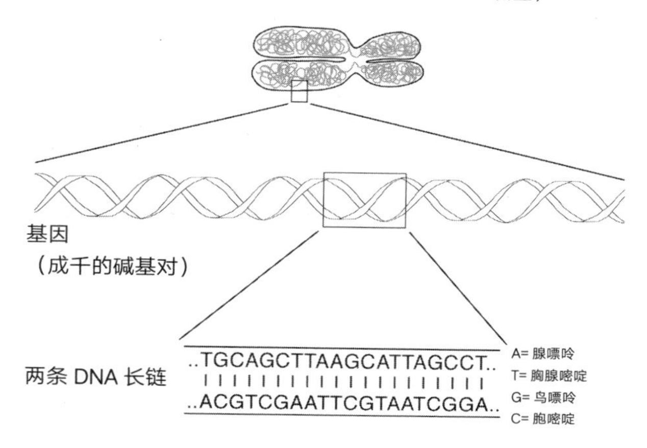


**图 3-1　染色体、基因与 DNA**

注：染色体是主要由 DNA 和蛋白质构成的大分子，编码了上千甚至更多的基因。DNA 由两条核苷酸链缠绕而成，这些核苷酸按所带碱基不同也分为 4 种，两条核苷酸链由对应碱基之间的氢键连接在一起。基因是长短不一的 DNA 片段。

资料来源：Leanne Olds.

现在就来看看 DNA 里的信息是怎样解码的。要解码一个基因的信息，第一步为转录（transcription），这牵涉到要为这个基因合成一段转录副本——单链的信使 RNA（简称 mRNA），mRNA 应与这个基因所在的一段 DNA 单链按照前面提到的碱基互补配对原则形成互补。第二步，细胞通过翻译将这段 mRNA 直接解码为一段氨基酸序列（见图 3-2）。在这个过程中，细胞用通用遗传编码方法，将 RNA 序列翻译为氨基酸序列。蛋白质是由许多氨基酸像搭积木一样连接形成的长链。基因的碱基序列与蛋白质里的氨基酸序列存在直接对应关系。每种蛋白质含有的氨基酸序列决定了这种蛋白质的形状与化学特性，是否携带氧气、形成肌肉纤维或分解乳糖，等等。

回到大肠杆菌里发生的酶诱导现象，理解的难点在于这种细菌怎么做到只在乳糖出现时制造 β-半乳糖苷酶。雅各布与莫诺共同研究发现这种酶的产生由

β-半乳糖苷酶基因上的一个开关控制。如果乳糖不存在，这个开关就处于关闭状态，只要乳糖一出现，开关就仿佛“啪”的一下打开。开关有两个关键部件，其一是一种蛋白质，叫作“乳糖阻遏物”（lac repressor），其二是这段乳糖阻遏物可以结合一小段 DNA 序列，该序列位于 β-半乳糖苷酶基因附近。一旦这种阻遏物跟这段 DNA 序列结合，基因就会关闭，此时不会有任何 RNA 或蛋白质产生。

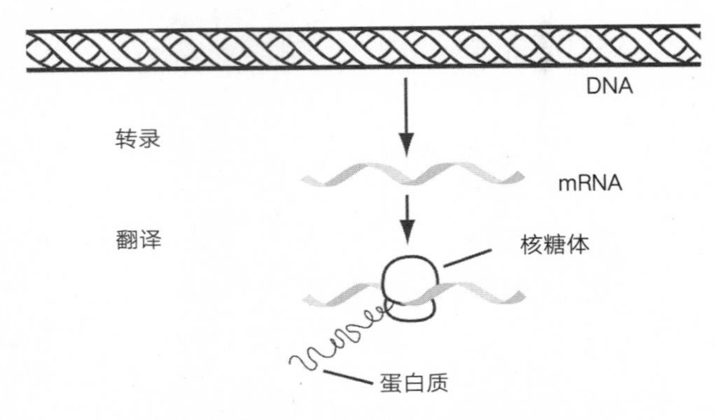


**图 3-2　解码 DNA 里的信息通常分两步进行**

注：第一步是转录形成一个信使 RNA 分子，第二步是将这个信使 RNA 翻译形成一个蛋白质分子。

资料来源：Josh Klaiss.

但只要乳糖出现，这种阻遏物就会从那一小段 DNA 上脱落，RNA 转录与 β-半乳糖苷酶合成进程随即开始（见图 3-3）。借助乳糖阻遏物调控酶的合成进程是基因作用逻辑的经典实例，表明基因只在有需要时才发挥作用。大肠杆菌有 4 288 个基因，但在任意给定时刻只会用到其中一部分。人类有超过 25 000 个基因，但任何一类细胞或器官都只会用到其中很少的一部分。我们将从细菌的基因作用逻辑中看到以下两个特征：

- 基因的调控是通过一段可结合 DNA 的蛋白质实现的；
- 这种可结合 DNA 的蛋白质能识别一个基因附近的一段特定 DNA 序列。

乳糖不存在，阻遏物结合在基因上，开关关闭

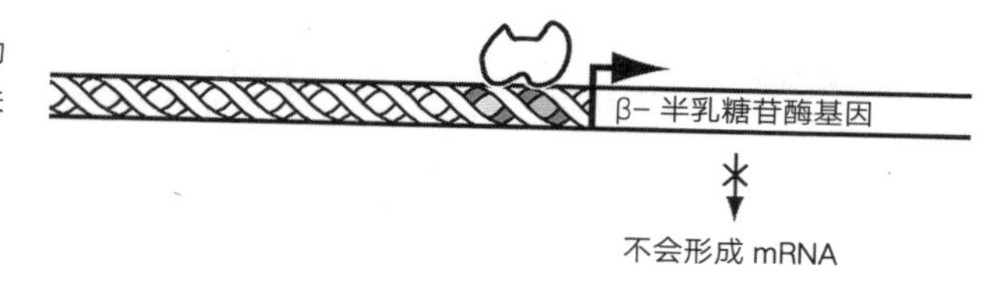


乳糖（标记为 L）存在，阻遏物从 DNA 上脱落，开关开启，酶的合成开始

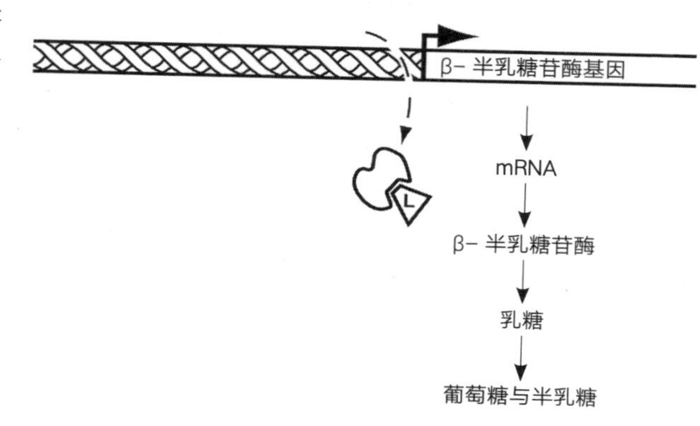


**图 3-3 基因开关在大肠杆菌细胞中控制 β- 半乳糖苷酶形成与乳糖代谢**

注：如果周围没有乳糖，阻遏物就跟这个开关结合，使基因不能进行转录。一旦周围出现乳糖，该阻遏物就从基因开关上脱落，转录与翻译发生，酶的合成开始。

资料来源：Josh Klaiss.

从细菌里发现基因开关带来的观念冲击，怎么强调都不为过。这不仅仅是控制细胞生理学的精巧机制，雅各布和莫诺还立即想到，他们这些发现有助于解开复杂生物体（比如我们自己）调控细胞分化进程的谜团。他们发现，血液、大脑、肌肉等的细胞功能，其特征都是为这些组织制造专用于完成其具体承担任务所需的蛋白质。细菌的酶诱导现象为我们思考动物和器官里的特化细胞功能做了概念上的铺垫。雅各布和莫诺的天赋并不限于遗传学领域——他们全都写得一手好文章，在 20 世纪 60 年代早期发表的科研论文一直属于整个生物学文献里最优美、最明晰、最具说服力的作品。他们的才华在为他们的工作及其意义著书立说之际得到更淋漓尽致的体现。与在生物学界一样，莫诺的《偶然性和必然性》（*Chance and Necessity*）在文学界与哲学界广为人知，雅各布也写了好几部经典著作，包括一部非同凡响的自传。

这些潜在影响是那么深远，人们开始引用莫诺的金句：“只要适用于大肠杆菌，就同样适用于大象。”考虑到当年生物学知识的水平，这可是很大胆的一个主张。

要知道 1965 年那会儿我们离了解大象的生物学机制还很遥远。莫诺说得对吗？在这么微小的一种细菌身上发现的规律真的同样适用于当今陆地上体型最巨大的生物吗？告知我们答案的不是一头大象，而是一只小小的昆虫——果蝇，一系列全然出乎意料的革命性发现即将从这小东西身上喷涌而出。而这一切还得从那些同源异形怪物说起。

## 果蝇的同源异形突变体

果蝇的同源异形突变体一直以来吸引了大批的年轻生物学家。它们有的在头上长出足来，有的多长了一对翅，有的甚至在口器位置长出足来，看上去就像低预算影片拍出来的怪物，这是它们引人注目的一部分原因。更具学术吸引力的是这些惊人怪物出现的原因居然是：单个基因发生突变，从而导致身体部件整个儿变成完全不同的结构。为什么仅仅改变一个基因就能让身体发生如此戏剧性的改变？这些让人大开眼界的基因，它们的“正常”工作到底是什么？

求解这些问题离不开基因克隆技术的发展。随着这些方法得到越来越广泛的应用，果蝇的同源异形基因也吸引了一些勇敢的生物学家加盟研究。他们得到了遗传学多年研究成果的加持，这些研究揭示了这些同源异形基因位于果蝇第 3 号染色体的具体位置（果蝇只有 4 对条染色体）。有趣的是这些基因挨得很近，聚成两簇。一簇命名为双胸复合物，包含 3 个基因，影响果蝇的后背部分；另一簇命名为触角足复合物，包含 5 个基因，影响果蝇的前胸部分。更让人感到十分有趣的是这两个基因簇的相对顺序恰好对上它们要影响的身体部分的相对顺序（见图 3–4）。这些难以捉摸的神秘关系给研究带来了希望，在这些基因复合物里可能就藏着关于身体生长模式总体逻辑的一些重大线索。

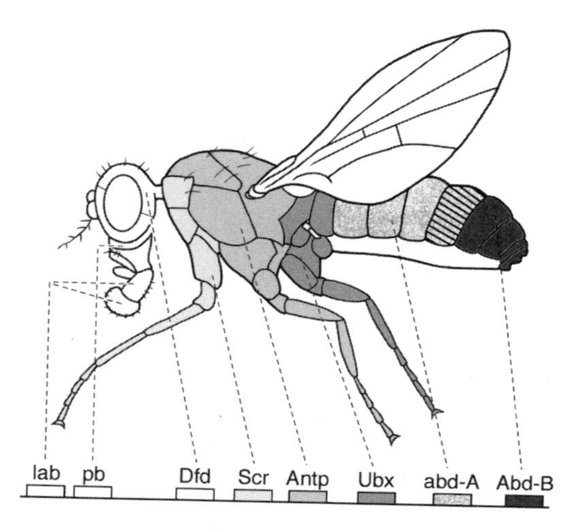


**图 3-4　果蝇一条染色体上的 8 个基因**

注：分布在果蝇一条染色体上的 8 个基因（简称分别为 lab、pb 等），每个基因对应控制果蝇身上沿体轴分布在某一位置的身体部分的发育（由阴影及虚线标记）。
资料来源：Leanne Olds.

到 1983 年，这两个基因复合物的 DNA 已经被分离出来并进行了分析。研究者首要目标之一是搞清楚这总共 8 个同源异形基因编码的蛋白质类型。第一个重大发现是每个不同的同源异形蛋白全都由 1 000 个左右的碱基编码而成，这 8 个基因都有一小段包含大约 180 个碱基对且排序高度相似的部分。这些基因片段在蛋白质层面的体现就是一段包含 60 个氨基酸的结构域，后者可作为每个蛋白质分子的一部分。

这是相当令人激动的发现，因为它提示我们，尽管每个同源异形基因都在特定的身体区域与身体部位发挥特定作用，但这些同源异形蛋白质具有一些相似的功能特性。分子生物学家一直都有给他们在 DNA 上发现的特征命名的传统。因为这些同源异形基因全都带有相似的一套 180 个碱基对序列，这些序列在长长的 DNA 序列里看上去就像一个一个小“方框”，所以这套通用的 DNA 序列就被称作“同源异形框”（homeobox），其编码的对应蛋白质结构域被称为“同源异形结构域”（homeodomain）。带有这些同源异形框的同源异形基因也相应简称 Hox 基因。

同源异形结构域有何功能，它表现出什么样的特性？我在实验室的同事艾伦·拉丰（Allen Laughon）当时就忙于确定触角足复合物里其中一个基因的序列，想知道它到底怎么起作用。一般情况下，生物学家研究未知的事物，其中一种策略就是从分子里找特征，在新发现的分子与已经相当熟悉的分子之间寻找相似之处。于是拉丰开始仔细查看这个同源异形结构域，想知道它跟生物学上已有研究的其他蛋白质有没有相似之处。他认为，如果存在某种相似结构，就能为解开同源异形结构域的功能之谜提供一点线索。他觉得自己好像在哪儿见过一种结构，跟同源异形结构域很像……

那个乳糖阻遏物！并且，不仅仅是那个乳糖阻遏物，还包括整整一类在细菌和酵母菌里负责跟基因开关结合的 DNA 结合蛋白。

答对了。

它们之间存在相似性就意味着同源异形结构域是一种可以跟 DNA 结合的结构域，能折叠成跟那些蛋白质一样的结构。一个顺理成章的推测是同源异形蛋白质可能还负责在动物发育过程中调控那些基因开关，这就是它们会影响整个结构的形成与特征的原因。

这是重磅好消息，但持怀疑态度的人认为，我们充其量就是从研究一种小小的细菌进步到研究一只小小的飞虫罢了。对于人类真正在意的威风凛凛的大型动物，或是人类自身，这小东西又能告诉我们什么呢？

我很熟悉这类抱怨。事实上，在我拿到博士学位之后去研究果蝇那会儿，就有好几位资深科学家跟我说这么做是彻底的不务正业。果蝇？它们能带来关于人类或哺乳动物的什么启示？曾几何时，在研究诸如小鼠、大鼠和其他一些用于人类生物学研究的传统模式动物的生物学家与研究其他“更低级”动物的生物学家之间存在的巨大文化差异。还有动物学本身，过去几十年来一直在强化以下这种观点：哺乳动物跟昆虫或蠕虫在生理学和发育规律上存在天壤之别。这差别大到曾经使一些人相信在果蝇之类身上做研究无关宏旨。

有些大惊喜等着那帮人呢。

## 基因中的同源异形框

比尔·麦金尼斯（Bill McGinnis）和迈克·莱文（Mike Levine）就没有那样的偏见，他们不认为毛茸茸的大型动物就该享有特殊待遇。他俩当时都在瑞士巴塞尔大学（University of Basel）沃尔特·格林（Walter Gehring）教授的实验室工作，也被同源异形突变体迷住了。当他们发现果蝇的每个同源异形基因都有各自的同源异形框时，就迈出了对他们来说相当合乎逻辑的下一步。他们找遍了巴塞尔一带，还从别的实验室讨来各种各样的生物及组织，先提纯DNA，再从中寻找同源异形框，这些物种包括各种小昆虫、蚯蚓、青蛙、奶牛，还有人。

挖到宝了！

他们从这些实验材料找出一大堆同源异形框。他们仔细检测这些同源异形框的序列，结果发现不同物种同源异形框序列之间存在的相似度高得叫人目瞪口呆。以同源异形结构域的60个氨基酸为例，一些小鼠和青蛙的蛋白质编码序列在总共60个位点上有多达59个位点跟果蝇的序列一模一样。这么高的序列相似性简直令人震惊。毕竟，最终分别形成果蝇和小鼠的那两条进化路线早在5亿多年前就已经分开，甚至比著名的寒武纪生命大爆发还要早一点。在这一比对结果出现以前，还从没有生物学家有过哪怕最模糊的概念，想到差异如此巨大的不同动物在基因上可能存在这么高的相似度。这些 Hox 基因是那么重要，以至于它们的序列得以在时间跨度巨大的动物进化历程中一直保持不变、传承至今。

关于这些同源异形框，起初有不同的解释。有人依然怀疑它们的重要性，认为它们编码的可能只是一些普通功能，诸如为相应蛋白质标记它们在细胞里的目的地之类。但事实很快证明，这些同源异形框能为我们带来深远的真知灼见。牛津大学的乔纳森·斯莱克（Jonathan Slack）将发现同源异形框与 1799 年意外在埃及发现罗塞塔石碑（Rosetta Stone）一事相提并论，那次发现让我们最终得以解码古埃及的象形文字。那么，同源异形框是不是破解所有动物发育谜题的密钥呢？

从脊椎动物和其他动物身上发现 Hox 同源异形基因之后又过了大约两年，研究者们有了一个可以说更惊人的发现。搞清楚小鼠身上的 Hox 基因排布后，他们发现这些基因都成簇出现（一共 4 个），跟果蝇身上的情形一样。并且，更神奇的是，每一簇的基因顺序也跟它们在小鼠身上表达的身体区域的顺序相对应。也就是说，不同动物之间的相似性不仅体现在这些基因本身的排序，还体现在这些基因的成簇组织方式以及它们在胚胎里的作用方式（见图 3-5）。

这是不容忽视的。一个又一个 Hox 基因簇塑造了从果蝇到小鼠这样差异巨大的不同动物的发育过程，并且现在我们已经知道该规律几乎适用于动物界的全部物种，包括人类与大象。即使是一直以来最热情支持研究果蝇的人们都没能预计到 Hox 基因的重要性和普遍性。这影响是震撼性的。迥然不同的动物不仅由相同类型的“工具”构造而成，而且，千真万确，“工具”居然就是几乎相同的基因！

但惊喜可不止于 Hox 基因。

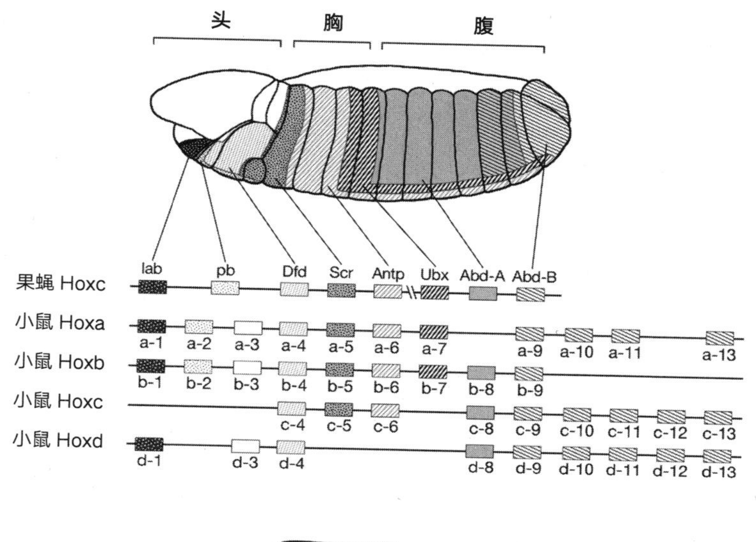


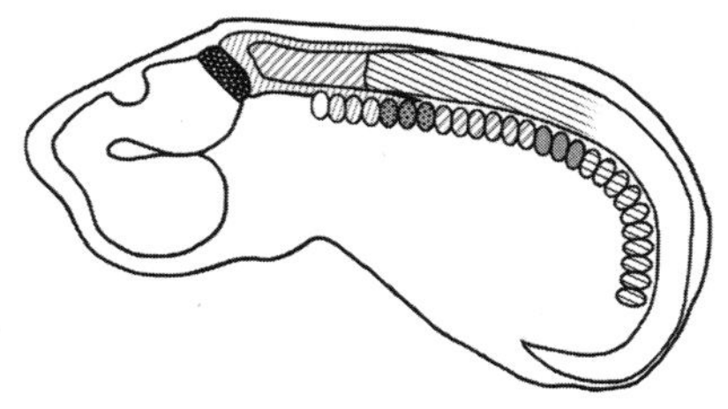

**图 3–5 Hox 基因簇确定不同类型胚胎的基因模式**

注：上图，果蝇一个 Hox 基因簇的基因在果蝇胚胎的不同部位表达；下图，小鼠 4 个 Hox 基因簇的基因在小鼠胚胎的不同部位表达。

资料来源：Leanne Olds.

## 用于构造身体的主控基因

乍看上去，果蝇的身体构造跟我们人类确实没有什么共同之处。我们没长触角和翅，只有一双可以转动的眼睛，眼睛也不像昆虫的复眼有 800 多个面，不能从一个固定位置向外望向各个方向。我们的血液由一个具有四腔室结构的心脏通过由动脉和静脉组成的闭合循环系统有条不紊地泵向全身，果蝇则不然，它们的血液在整个体腔里四处游走；我们走路用的是由结实的骨骼支撑的两条腿，不像果蝇，它们虽然有三对足，却都那么娇小微细。既然人类在解剖结构上跟果蝇存在如此巨大的差别，你大概也不会认为，一只果蝇能就人类的器官与身体各部分发育进程给出哪怕一点有用的信息吧？的确，长期以来的看法就是，在动物进化史上，类似眼睛这样的器官从零开始构造了多达40次，才拥有现在如此繁杂多样的解剖设计与光学特征。

正因如此，研究负责构造果蝇眼睛的基因不会引起太多的关注。但是，等到沃尔特·格林实验室的研究人员将无眼基因（因该基因一旦发生突变就会导致果蝇失去眼睛而得名）分离出来，他们才发现这个基因跟人类身上一个已知基因是相对应的。人类身上的这个基因也有名字，叫无虹膜基因。这名字取自人类身上的一种突变，该突变会导致眼睛的虹膜面积变小，严重情况下甚至导致虹膜缺失。无虹膜基因跟小鼠身上的小眼基因是相同的，后者发生突变会导致小鼠的眼睛变小甚至缺失。这样的发现不仅出人意料，而且引人深思，毕竟我们如相机一般带透镜结构的眼睛跟果蝇的复眼从结构上看有天壤之别，这两种眼睛早就各自适应并正在承担截然不同的功能。为什么截然不同的两种眼睛会在形成过程中用到同一种基因？这仅仅是偶然现象，还是暗示了更深层次的东西？

另外两个实验将这个疑问变成焦点。第一个实验是研究人员借助一些操作手段在果蝇的诸如翅、足或其他身体部位启动这个无眼基因，这些部位就会长出果蝇的眼部组织（见图3-6）。这一现象以及前述无眼突变效应都表明，无眼基因就是负责眼睛发育过程的一种“主控”基因。没有它，眼睛就不会形成，并且，在它起作用的地方会形成眼部组织。第二个实验是将小鼠的小眼基因引入果蝇体内，同时在果蝇的不同部位启动这个基因的表达，你觉得接下来会发生什么事情？

结果跟果蝇基因的实验一样：启动小眼基因表达的果蝇被诱导形成眼部组织。当然，有必要强调指出，那些果蝇形成的是果蝇的眼睛组织，而不是小鼠的眼睛组织。也就是说，尽管这两个基因彼此很相似，并且在各自的物种上也有着相似的作用，但它们最终诱导形成的形态还是由实验所用的受体物种来决定的，而不是基因的供体物种。具体到这个例子，就是小鼠的小眼基因在果蝇身上诱导启动了果蝇眼睛的发育程序。

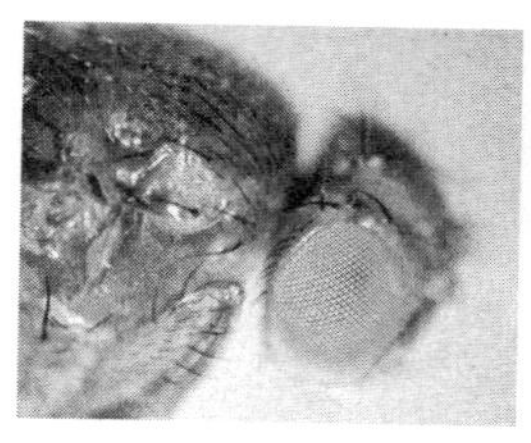
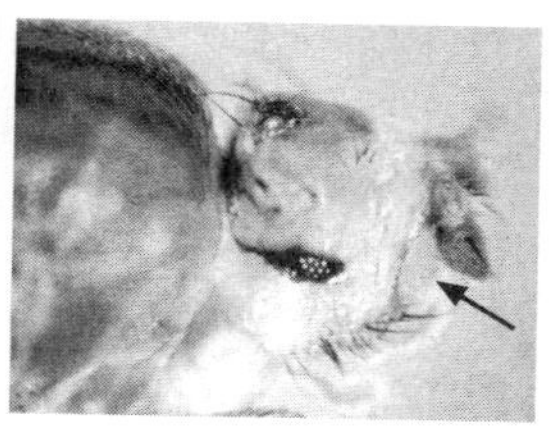
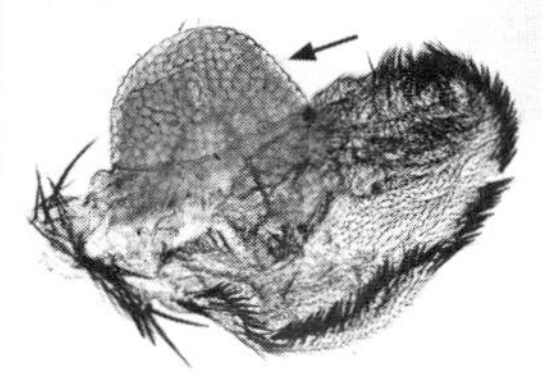

**图 3-6 主导眼部组织形成的主控基因**

注：左图，正常的果蝇头部，长有巨大的复眼。中图，发生无眼突变的果蝇缺了眼部组织。右图，在果蝇翅上诱导无眼基因表达，从而诱导眼部组织在果蝇翅上形成。
资料来源：Georg Halder, M.D. Anderson Cancer Center.

这几个基因包括无眼基因、无虹膜基因以及小眼基因，还有一个远没有这么形象的共同的名称，叫 Pax-6。名字的起源不重要，但 Pax-6 以及它与眼部发育过程的对应关系在整个动物界广泛存在这一事实很重要。目前已经发现 Pax-6 跟不同动物所形成的各种类型的眼睛都有对应关系，既有像扁形动物眼睛那样的简单结构，也有像脊椎动物眼睛那样复杂得多的结构。关于 Pax-6 与眼部发育的对应关系在动物界广泛分布，有两个不同的解释。一个解释是这可能纯属巧合，不同类型的动物的眼睛在很久以前开始进化的时候，不约而同地全都启用了 Pax-6。另一个解释是这一现象可能反映了 Pax-6 担任的角色非常古老，Pax-6 从所有这些动物的远古共同祖先发育某种类型的眼睛之际就已经登场，并且在动物的进化之路上一直担任调控眼睛发育形成的角色，没有中途退场。不过，在我就这两种解释给出意见之前，我还要再讲几个同样出现在动物发育过程中的惊人的相似现象。

在我的实验室里，我们一直对动物附肢的起源与进化非常感兴趣，因为足、翅、鳍等结构对拥有这些部位的动物来说就是它们发生适应性改变的重要“工具”。几年前，我们还在研究远端缺失基因（Distall-less，简称 Dll），顾名思义，这个基因一旦发生突变，蝇足最远处的末端或者说末梢部位就会缺失。让我们感到好奇的是，这个负责构造肢的基因会不会也在其他物种身上起作用。结果，我们欣喜地发现，Dll 基因同样作用于蝴蝶、甲壳纲动物、蜘蛛和蜈蚣等动物各肢的远端末梢部位。也就是说，Dll 基因在各种节肢动物的各肢形成过程中起同样的作用。这也激发了戴夫·巴里（Dave Barry）的灵感，他是一位著名的幽默专栏作家，他决定用我们的论文作为他不吃龙虾的理由之一，因为这篇论文说明龙虾也不过是一种个头很大的虫子而已。这当然不是进化论相关论点里面最具艺术性或最正确的一个，但不管怎样，我们还是感激他关注我们的工作。既然所有这些动物在分类上同属一门，而且共同拥有一种带分节的肢，那么，在所有这些物种身上都看到 Dll 基因在起作用就变得顺理成章。真正出乎我们意料的发现，出现在我们与合作者对非节肢动物近亲的动物的附肢进行考察之际。

我们发现，从动物身体主干延伸出来的各种结构，其形成全都需要 Dll 基因的参与。其中包括小鸡的腿、鱼的鳍、海生蠕虫的疣足、海鞘的壶腹与口器，甚至还有海胆的管状足。跟 Pax-6 一样，这是一个在构造一些具有天壤之别的结构时都会用到的工具包基因，这些结构拥有的唯一共同点是，它们全都从身体主干延伸出去。这些动物又是动物进化树上几个主要分支的典型代表。如此看来，可能适用于 Pax-6 与眼睛进化过程关系的那些解释，同样适用于 Dll 与肢的进化过程的关系。要么这些动物进化这些结构时全都独立地多次用上 Dll，要么它们有一位共同祖先，后者用 Dll 构造过某种突出于身体的部位，之后这一作用在动物进化之路上反复得到利用。

在果蝇和脊椎动物的基因与结构上还发现了很多的相似性。我再举一个例子：果蝇的心脏位于身体上半部，通过不断收缩的方式泵动液体在果蝇体内循环。果蝇体内有一个开放的循环系统，也就是说它们的血液并不是被包裹在血管里运行，而是直接浸润着它们的组织。若用人类的标准来衡量，果蝇的心脏根本就算不上是一颗心脏，但它确实在果蝇体内担负心脏的职责。遗传学家发现了构造果蝇心脏必须用到的一个基因，将它命名为 tinman，这个名称来自童话《绿野仙踪》里面那个没有心脏的角色。

令人惊喜的是，研究人员先后在哺乳动物身上发现了好几个发挥着跟 tinman 一样作用的基因，并且发现这些基因在包括人类的脊椎动物的心脏形成过程中发挥着一种重要作用。但这些基因的名字就没那么奇幻了，直接被命名为 NK2 家族。尽管果蝇跟脊椎动物在心脏解剖结构与循环系统上存在巨大的差异，但两者心脏的构造与生长模式均由同一类型的基因调控。

关于 Pax-6、Dll 以及 tinman 基因家族在果蝇、脊椎动物以及其他动物身上对应的蛋白质，还有一个重要的事实必须补充，即这些蛋白质中的每一种都包含一个同源异形结构域。这就告诉我们，它们全都是可以跟 DNA 结合的蛋白质。这些同源异形结构域与 Hox 蛋白的结构域相似，却不尽相同。或者应该这么说，我们现在知道，可能存在 20 多个同源异形蛋白家族。Hox 蛋白、Pax-6 蛋白、Dll 蛋白以及 tinman 蛋白全都分属不同的家族。不同动物体内的 Pax-6 蛋白，相互之间的相似度要高于它们跟其他同源异形蛋白家族成员的相似度。同样，Hox 蛋白、Dll 蛋白以及 tinman 蛋白也跟各自家族出现在其他动物身上的成员更相似，跟其他同源异形蛋白没那么相似。不同类的同源异形结构域之间的区别也反映在功能特化的区别上，它们负责结合 DNA 上不同的调控序列。它们每个都能结合 DNA，从而对器官或附肢发育产生巨大的影响，我们现在知道它们分别在眼睛、肢或心脏发育之际调控基因，使基因处于打开或关闭的状态。它们会对发育过程具有如此重大的作用，要么是因为它们对数量巨大的基因有调控功能，要么是因为它们从器官构造进程的早期就开始发挥作用，又或者两者皆有。不管属于哪种情况，缺了它们，器官或身体部件就不能正常形成。

## 对动物进化的反思

昆虫、脊椎动物与其他动物身上具有功能相似但设计截然不同的身体区域和身体部件，这些区域和部件的构造与形成过程是由同样的一组基因调控的，这一发现促使我们重新反思动物史、动物身体结构起源与多样性本质。长期以来，比较生物学家和进化生物学家一直以为，被漫长的进化时间分隔开的不同类群的动物是分别经由完全不同的方式构造与进化出来的。在一些类群的成员之间，比如不同的脊椎动物，又或是脊椎动物与其他同样带有脊索的动物，它们之间的关系堪称源远流长。但是，果蝇与人类，又或是扁形动物与海鞘，能有什么关联？关于巨大进化差距这一观点曾是那么盛行，进化生物学家、现代综合进化论的提出者之一恩斯特·迈尔在20世纪60年代给出这样的评述：

> 目前已掌握的基因生理学知识清楚表明，搜寻同源基因恐怕是徒劳的，除非将搜寻范围限定在具有密切亲缘关系的物种之间。如果只存在一种高效解决方案可以满足一种特定的功能需求，那么研究彼此差异很大的基因复合物就适合用这种解决方案，不管具体选了怎样的路线才能找到。"条条大路通罗马"这句俗语，不仅可用于描述日常事件，用来描述物种进化也是同样准确的。

这个观点是完全错误的。斯蒂芬·杰伊·古尔德在他的里程碑式著作《进化论的结构》（*The Structure of Evolutionary Theory*）中已经指出，发现Hox基因簇和常见身体构造基因足以颠覆现代综合进化论的一个主要观点。古尔德写道："我们即将在发育遗传学方面达成的共识，其重要性的核心并不在于单纯发现完全未知事物……而在于这些发现具有出人意料的特性，以及由此导致进化论必须进行修订与拓展。"

同源基因不仅存在（这推翻了迈尔一个可能相对次要的错误预测），而且它们通向"罗马"（比如说一种进化适应）的道路的数目似乎也不像人们曾经以为的那么多。Pax-6基因的故事表明，许多类型的动物眼睛的发育至少全都"走"了调用Pax-6基因这条路。借用拟人说法，"自然选择"并没有完全从零开始构造各种各样的眼睛，而是动物身上存在一种共同的基因，用于构造每一种不同类型的眼睛，就跟构造那么多种不同的附肢和心脏等结构一样。这些共同的基因肯定是很久、很久以前就存在了，久远到还没有出现脊椎动物或节肢动物的时期，甚至可以一直追溯到首先用这些基因构造用于感知事物、摄食或运动的结构的动物。对包括人类在内的绝大多数现生动物来说，前面提到的这些动物就是远古的祖先。关于这些祖先和动物进化的历程，我在第 6 章还有更多的故事要讲；但在那之前我必须再介绍一些基因工具包里其他类型的基因，并揭晓另一组出人意料的神奇关联。

## 基因工具包的组成

Hox 基因以及用来构造眼睛、肢与心脏的基因大概是很多主控基因里最著名的十几种，但它们只不过是组成动物发育所用基因工具包的一部分而已。跟果蝇的结构与生长模式有关的基因林林总总加起来有好几百种，但这数目跟果蝇基因组里发现的总共 13 676 个基因相比差距较大。这里面绝大部分基因都有其他的职责，跟实现果蝇细胞的常规和特化功能有关。

我们了解这个工具包里很多基因的方法跟当初发现第一个构造身体基因的方法是一样的，都是将那些不正常的变异型或突变体分离出来。尤其值得一提的是，从 20 世纪 70 年代后期到 80 年代早期，遗传学家克里斯蒂安娜 · 纽斯林 – 沃尔哈德（Christiane Nüsslein-Volhard）和埃里克 · 威斯乔斯（Eric Wieschaus）着手分辨所有对构造果蝇幼虫来说必不可少的基因。他们找到了果蝇形成正确数目与模式的身体节段必不可少的基因，大概有几十个，还找到果蝇幼虫用以形成它的三个组织层的必备基因，另外还发现许多基因跟果蝇身上精致的外观细节的形成有关。我稍后就会深入介绍这些类型的基因，这里首先强调的重点是纽斯林 – 沃尔哈德和威斯乔斯的研究做得十分系统而彻底，使他俩成功识别出目前已知构造果蝇必备基因中的绝大部分。其次，在脊椎动物和其他动物身上也能找到具备相似功能的基因，而且能找到这些基因在很大程度上也要归功于他俩在果蝇身上做的开创性工作。纽斯林 – 沃尔哈德、威斯乔斯与爱德华 · 刘易斯（Edward Lewis）分享了 1995 年诺贝尔生理学或医学奖，理由是他们的发现给胚胎学以及后来的进化发育生物学的研究和发展提供了更多的新方向。

说到纽斯林－沃尔哈德与威斯乔斯收集的突变体，它们最令人震惊也对研究最有帮助的特征是它们都在胚胎发育与成形过程中存在严重而又独立的缺陷。举例说吧，有些突变体丢失了整整一组基因位点，有些是位点数目只剩下正常的一半。这些突变影响了最基本的解剖结构模块，导致组成昆虫身体的节段不能正常成形。还有第三种突变体，其每个位点的极性在昆虫成形过程中都被打乱了，这就说明这些基因影响昆虫成形过程的组织方式。纵观所有这些不同类别的突变体，其发育过程都未发生“崩盘”的情况，而是只有某个特定进程受到干扰，与此同时其他所有的进程继续正常推进。

现在我们已经深入认识了这个基因工具包里的许多基因。总体而言，这个工具包里的所有基因都是通过在发育过程中影响其他基因启动或关闭的具体方式来影响发育走向的（见图 3-7）。这个工具包有很大一部分由转录因子组成，它们是通过结合 DNA 而直接启动或关闭基因转录的蛋白质。

工具包成员还有一类称为信号通路。细胞之间通过发送信号进行沟通，这些信号之一就是从源头释放的蛋白质。它们会作用于其他细胞，在那儿触发一系列事件，包括改变细胞形状、迁移、让细胞开始或停止增殖、激活或抑制基因的表达，等等。随着组织不断生长，不同细胞群之间的信号传导在很大程度上塑造了发育中结构里的局部模式 。一只果蝇身上的信号通路数目大约为 10 条，并且每一条通路都有多种组分，后者包括信号分子、受体蛋白与各种中间体。这些组分常常带着信号穿行于细胞各区室之间：从细胞膜出发，通过细胞质，进入细胞核。任何一种组分一旦发生突变就会严重影响信号传递并扰乱发育进程。

随着生物学家认识到果蝇发育要用到的基因往往在脊椎动物身上也可以发挥类似作用，于是，每当有人从果蝇身上识别出一种新的工具包基因，大家就会在脊椎动物身上跟着追寻一番。这也引出了很多重大发现，接下来我就用其中最令人震惊的一个发现作为这一章的压轴内容。

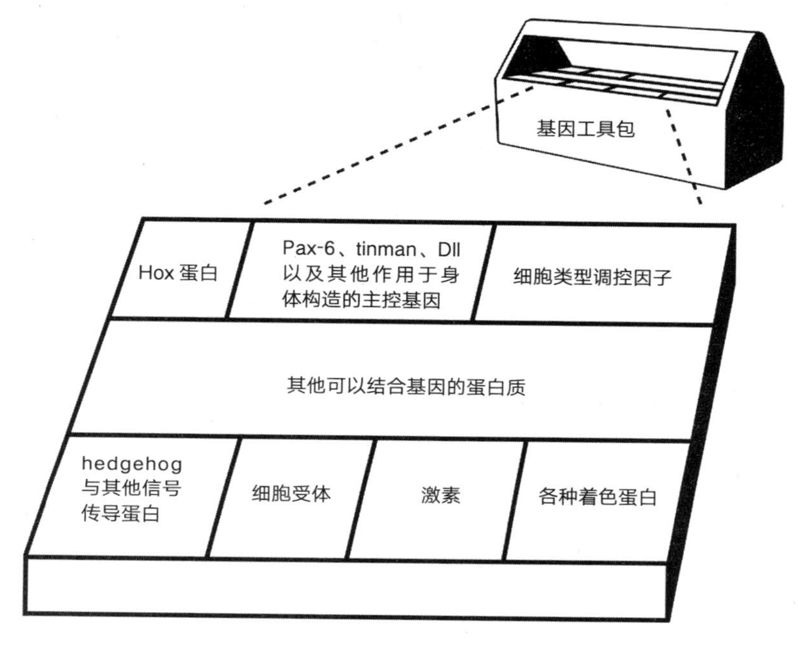


**图 3-7　影响动物发育的基因工具包**

注：动物身体的构造与生长模式就是由基因工具包里的各类基因和分子进行调控的。
资料来源：Josh Klaiss.

## 重要的 hedgehog 基因

纽斯林 - 沃尔哈德和威斯乔斯系统地收集了那些肉眼可见地影响了幼虫生理特征的果蝇突变体，并给这些突变体代表的每个基因都取了一个名字。这些令人印象深刻的描述性名称，为果蝇遗传学领域增添了不少色彩。其中有很多是用德文命名的，因为他俩的工作是在德国图宾根（Tübingen）进行的。于是，基因工具包里就有了诸如 knirps（小男孩）、Krüppel（残疾者）、spitz（尖嘴狗），以及 shavenbaby（剃头宝宝）、buttonhead（纽扣头）、faint little ball（弱弱的小球）等多种基因。其中最受欢迎的是 hedgehog（刺猬），这个名字源于该突变体的幼虫浑身长满细毛，看上去就像刺猬一样（见图 3-8）。hedgehog 是一种对果蝇的生理活动十分重要的基因，但说到真正声名鹊起，还要等好几个研究团队从脊椎动物身上搜寻到 hedgehog 基因之时。

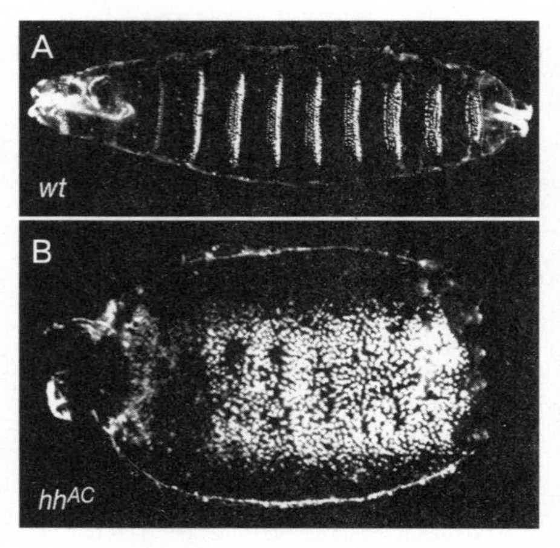


图 3-8　hedgehog 突变

注：正常果蝇幼虫的角质层（A），对比 hedgehog 突变果蝇幼虫的角质层（B）。发生突变的幼虫身上的细毛或者说细齿状突起全都糅在一处，看上去一团凌乱，就像刺猬背上的毛刺，正常幼虫身上分布着间隔均匀的条带。

脊椎动物的体内有 3 个 hedgehog 基因，由于果蝇遗传学圈里的搞怪精神，这 3 个基因被分别命名为索尼克音猬[①]（Sonic hedgehog）、沙漠刺猬（Desert hedgehog）与印度刺猬（Indian hedgehog），后面两种恰好也是现实世界存在的动物。第一个美妙的时刻来了，哈佛大学医学院的克利夫·塔宾（Cliff Tabin）和同事们在观察 Sonic hedgehog 在小鸡一个正在发育的肢上表达时，发现它就在小鸡肢芽后沿处启动。这个位置非常接近桑德斯在几十年前通过移植实验定义的极性活性区，这不让人产生联想是不可能的。Sonic hedgehog 会不会也在 ZPA 发挥了作用？为了检验这一令人瞩目的可能性，研究人员用各种手段在肢芽的其

①以电子游戏人物“音猬小子”命名。——译者注

他部位启动 Sonic hedgehog，获得了跟之前桑德斯实验同样的多指/趾模式，多余的指/趾沿相反的极性形成。这就是说，Sonic hedgehog 并不限于“表达区域是 ZPA 的一部分”这么简单，而是“ZPA 的活性完全源自 Sonic hedgehog 的表达”。还有，Sonic hedgehog 可不仅仅出现在小鸡的故事里。

还记得之前描述的人类的多指吗？现在已经非常清楚，有一类多指是由人类肢发育过程中发生一种影响 Sonic hedgehog 表达的突变造成的。这不仅生动演示了脊椎动物各肢之间的同源性，也是一个极佳的例子，表明果蝇身上的发现可以给人类的医疗遗传学赋能。

还没完呢。

还记得第 2 章提到的独眼绵羊和那种叫环巴胺的致畸物吗？现在我们已经知道环巴胺在哺乳动物身上是 Sonic hedgehog 信号通路的一种抑制剂。它会阻断受体的一部分，使本应对 Sonic hedgehog 做出响应的细胞没有任何响应。在脊椎动物发育过程中，Sonic hedgehog 信号通路对于发育胚胎腹侧中线上的部位也有重要影响。从这些“底板”细胞发送的信号对它们上方组织的生长模式及其进一步分化为眼域和大脑半球左右两侧具有至关重要的意义。若将处于这些事件发生的关键时刻的胚胎暴露在环巴胺之下，正常的分化步骤就会受阻，导致新生羊羔变成独眼。人类胚胎不会暴露在环巴胺之下，但乙醇似乎也能造成类似的影响。比如胎儿酒精综合征是由人类孕期关键阶段发生的酒精中毒造成的，可能导致胎儿前脑无裂畸形。此外，Sonic hedgehog 基因失活或是信号通路的其他组成部件活性的突变也能导致独眼畸形。

先天缺陷是脊椎动物工具包基因步入“歧途”的一个后果，另一个是癌症。一旦细胞挣脱了它们的内外调控制约，肿瘤就开始形成，这可能源于细胞信号的响应出现异常。基底细胞癌就是一个恰当的例子，这是与皮肤相关的最常见癌症，肿瘤细胞尤其容易出现在经常晒太阳的人的脸和脖颈上。这些肿瘤细胞大多携带一种 Sonic hedgehog 信号受体的突变基因，这些突变造成信号通路活性过高。基于这一深刻见解，肿瘤化疗的一个手段就是配合使用信号通路的抑制剂，其中包括环巴胺。从致使羊羔流产到植物毒素，再到用于人类癌症的化疗，环巴胺的科学之路走得可谓异常曲折。一些脑癌和胰腺癌现在也用影响 hedgehog 信号通路的作用因子进行靶向治疗，因为这些癌症也跟该信号通路相关基因的突变有关。

我不认为纽斯林－沃尔哈德和威斯乔斯在 20 世纪 70 年代后期开始研究果蝇幼虫突变体的时候就抱着要搞明白多指、独眼畸形以及癌症来龙去脉的想法。但发现果蝇基因工具包带来的影响是如此之深远，超出了当时所有人的预见。现在，随着这份共同基因“资产”获得越来越广泛的认同，生物学家和医学科学家开始常态化地在果蝇以及其他“低等”物种身上探寻有助于了解人类疾病的线索。

## 基因工具包悖论与多样性起源

发现通用型基因工具包改变了我们对进化多样性的思考方式。我们从很多动物身上学到了关于工具包基因的很多知识。这个工具包里的基因分布告诉我们，这个基因工具包非常古老，在绝大多数种类的动物开始进化以前就已经存在。我们还拥有了果蝇、线虫、鱼、小鼠、人类以及其他一些动物的全基因组序列。通过比对这些基因组可以看到，不仅果蝇跟人类拥有一系列相似的发育相关基因，就连小鼠也跟人类有大约 25 000 个基因高度相似，黑猩猩跟人类的基因组相似度接近 99%。这个通用工具包以及不同物种基因组之间的高度相似性提出了一个显而易见的悖论：既然大量的基因在如此广泛的不同物种中都存在，物种之间的差异又是哪儿来的？比如丰富多彩的节肢动物，同一套 Hox 基因是怎么将其一一雕琢出来的？各种哺乳动物，灵长目动物，抑或类人猿与人类，它们之间的巨大差异又是怎么出现的？要搞清楚同样的基因怎样构造出不同的解剖结构，我们必须先了解动物个体的解剖结构是怎么组装的。这可是一个大篇幅的故事，也是接下来两章的核心。

ENDLESS FORMS
MOST BEAUTIFUL

第 4 章

# 制造新生命，需要组装25 000个基因

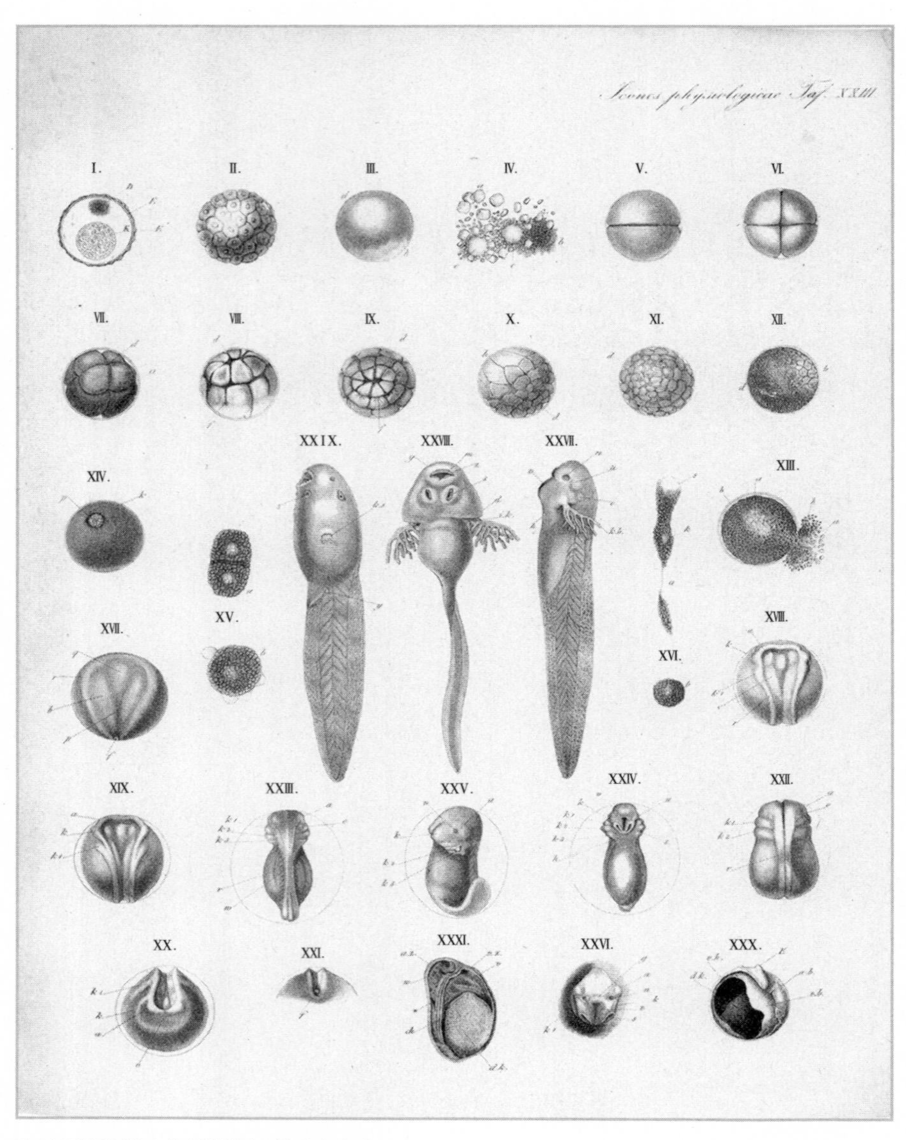


**青蛙受精卵发育为蝌蚪期间的形态变化**

资料来源：A. Ecker, Icones Physiologicae: Erläuterungstafeln, (1851-1859).

百闻不如一见。

——中国谚语

那是美国科罗拉多州的一个春夜，已经很晚了。实验室里一片寂静。我正在实施的是我在过去 18 个月里重复过无数次的一个实验步骤。将几百个微小的白色果蝇胚胎浸入我制备的新一批抗体之后，我的心情也跟着紧张起来。实验室的负责人马特·斯科特（Matt Scott）还不知道，但我知道，这可能是我们的最后一次机会。我再也想不出还有什么方法可以改进这个实验。我已经黔驴技穷，如果这一次又搞砸了，我就会陷入忙了 18 个月却一无所获的境地。胚胎像米粒一样在载玻片上铺展开来，接着，我将它们移入蓝光光束之下。太不可思议了！只见绿色的条纹环绕在那些美丽的小幼虫周围。是时候打电话给斯科特，再跑到酒铺采购一番了。我们的实验成功了！

## 把那只小鸡找回来

前面已经描述过用于发育的基因工具包，以及关于惊人突变体的研究对这一发现过程的推动作用。这些突变体可能长出数目不对的身体部件，或是将某个部件长在错误的位置，甚至造成某些主要结构整体缺失。幸运的是，大多数时候果蝇和人类的宝宝都是一生下来就有正确数量的部件并出现在正确的位置。但这到底是怎么发生的？这些神奇的基因是怎样将一个简单的受精卵变成一个复杂动物的？

“还原论”（reductionism）这个术语在生物学领域指的是生物学家试图在分子水平上理解生命进程，通常的做法就是将这些进程和结构分解，即“还原”到其分子层面。在过去的半个世纪里，这一方法大获成功，揭示了遗传机制，阐明了许多疾病的成因，创造出一个价值 5 千亿美元的新产业，为医学提供了新的治疗和诊断方法。反对还原论者的观点，往往基于许多重要的生物实体是在高于分子的层次上组织起来的，包括细胞、个体、种群与生态群落，这就决定了单凭分子层面的知识并不能解释分子以上层次的特性。打个比方，计算机是由硅、超导金属和塑料组成的，但光是知道这一点并不能让我们了解计算机的结构和性能。现在也一样，即使手握一份基因工具包清单，我们还是不清楚，一个动物体是怎么通过发育这一进程组装起来的。

这让人回想起较早的一个时期，当时胚胎学家先用蛮力分离细胞团，希望了解它们怎样通过发育过程逐步组织起来，变成各种组织和器官。保罗·韦斯（Paul Weiss）有一次这样描述胚胎学家面临的还原论困境：他先展示了一张照片，上面是一个完整的鸡胚胎，接下来一张照片是这个鸡胚胎从搅拌机中出来的情形，最后一张照片是一堆支离破碎的组成部分从离心机中出来的情形。韦斯一针见血地点出还原论者面临的问题：怎么把那只小鸡找回来？

工具包基因只是遗传物质里的一些片段，在果蝇的 13 700 个基因或哺乳动物的 25 000 个基因里只占很小的一个份额。不错，我们已经确定了很多关键片段，但我们怎么才能把那只小鸡找回来？或者，哪怕只是更小的一只果蝇呢？这一挑战应该似曾相识，假如你也曾经购买或直接获赠一套新玩具或家用电器，却发现送来的大箱子里面其实是一袋又一袋的零件，外加一份说明书，上面醒目地写着令人泄气的三个字：“需组装”。在第 3 章，我描述过生物学家因为搞不明白突变动物如何产生而转向寻找影响动物发育的主控基因；在这一章我要关注另一个方向：基因怎样组建动物体。

在这一章，茅塞顿开的时刻发生在制作并最终看见图谱之际。斯蒂芬·霍尔（Stephen Hall）在他的著作《绘制新千年图谱》（*Mapping the Next Millennium*）里解释过，图谱制作过程是怎样成为科学探索历程的首要步骤的。从15世纪和16世纪的伟大航海活动到目前天文学、物理学和海洋学等领域的各种研究项目，科学家一直在孜孜不倦地进行各种测量，希望有朝一日能以信息丰富且引人入胜的方式描述宇宙、地球和海洋。动物胚胎本身就是一个又一个自成一体的小世界，其未来的拓扑结构均由工具包基因的行为描绘出轮廓。霍尔提供了恰当的比喻，将受精卵的“地理学”理解为生物学的一项核心任务，我们要为这项核心任务绘制崭新的图谱。

在所有的探索过程中，我们每一次目睹事物新的特征，都得益于新仪器与新技术发挥的关键作用，从远眺宇宙到窥探生物体内部运作机制，无一例外。说到胚胎学，发现基因工具包的意义可不仅仅限于识别负责构造身体的那些基因这么简单。它为我们提供了一整套看待发育进程的全新方式。通过可视化工具包基因在胚胎内部发挥作用的过程，比如我那天晚上在科罗拉多州第一次看到的绿色条纹，我们就能在各种结构远未真正形成时先看到它们的位置和外形。工具包基因在胚胎中发挥作用的图像构成了成长中的“胚胎的地理学”，不仅生动，而且是动态的，就是这张图谱向我们展示了一个简单的受精卵通过工具包基因的工作而逐步发育成为复杂动物体的秩序和逻辑。

## 细胞命运图谱

发育之奇观，也就是从一个微小的受精卵变成复杂动物体这一过程，堪称令人惊叹的大片。以一只青蛙为例，从受精卵到蝌蚪的旅程只要短短几天时间就走完了，其中重大的事件只要几分钟到一两个小时就能完成（见图4-1）。

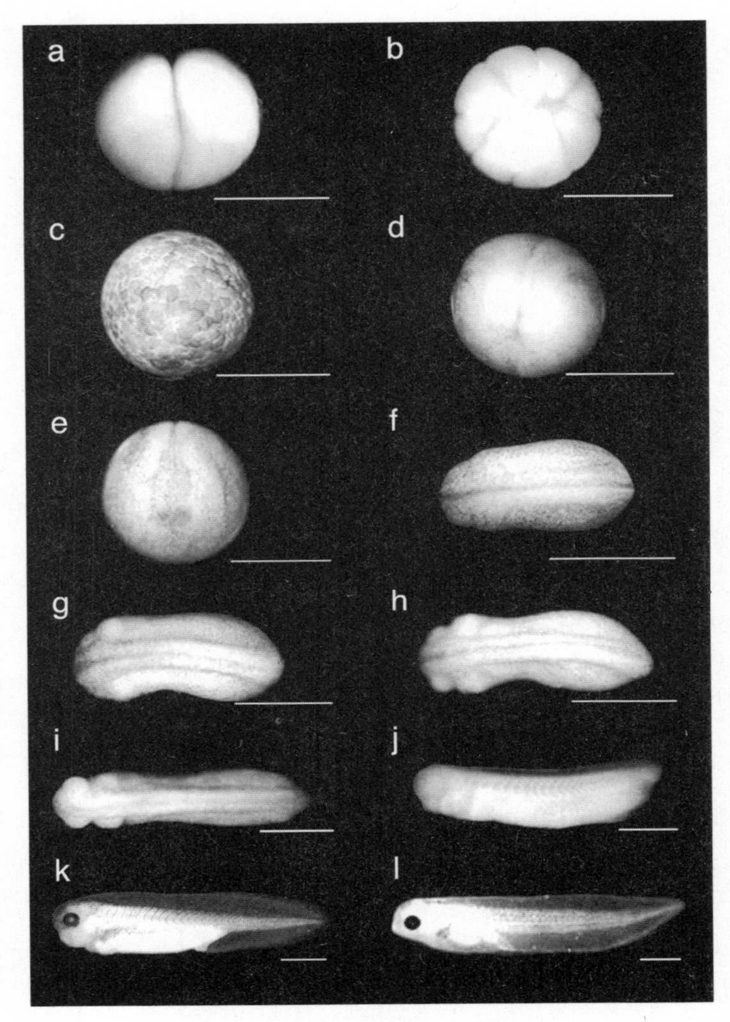


**图 4-1　青蛙受精卵发育成蝌蚪的过程**

注：按发育顺序从早到晚排列，由首次分裂的受精卵（a），到囊胚形成（c）、胚胎内层形成（d，e）、神经系统与体节形成（从 f 到 i），再到眼睛形成与色素沉着（从 h 到 l）。
资料来源：Will Graham and Barbara Lom, Davidson College.

受精后 1 小时左右，那个受精卵（其实就是一个大细胞）会分裂（或卵裂）形成两个细胞。不久发生了第二次卵裂，这一次的方向与第一次垂直，结果是受精卵变成 4 个细胞。卵裂发生得很快，迅速将受精卵进一步分为 8 个、16 个和 32 个细胞，并一路分裂下去，直到形成一个球，所有的细胞都位于这个球体的外侧，其包裹的球体中心有大量富有营养的卵黄。接着，在受精短短 9 小时左右后，一系列戏剧性的运动就开始了，这一过程被称为“原肠胚形成”。经由这一过程，胚胎形成自己的内层（endoderm，内胚层）、中间层（mesoderm，中胚层）与外层（ectoderm，外胚层），这几层再进一步形成各种组织和器官（皮肤、肌肉、肠道等），这些结构将会出现在动物体表及体内各个深浅不同的位置。胚胎通过形成一个“口袋”完成原肠胚形成过程，最初位于胚胎外部的大多数细胞都会通过这个“口袋”移到胚胎里面。在卵子受精后仅半天左右的时间里，胚胎已经分化出 3 个主要的组织层。

接下来是在这些组织层内建立区域。在胚胎的顶部，一系列显著的变化开始发生，神经管将会形成，这是即将出现的大脑和脊髓所在的位置。经过短短一天的发育，密密匝匝的褶皱和凸起陆续标记出即将登场的头部、眼睛和尾巴发育的区域。然后，小蝌蚪的各种器官和附肢开始形成。第二天，背鳍形成，眼睛出现色素沉着，心脏和血管开始系统发育。到第三天一大早，红细胞明显可见。在四肢完成进一步发育之前，游来游去的小蝌蚪将暂时保持完全水栖状态，它的尾巴会被身体吸收，直至最终变为成体形态。

果蝇幼虫的发育也是一个急速的过程（见图 4-2）。形似椭球体的果蝇受精卵从一个细胞开始进行分裂，只用了短短几小时就拥有了 6 000 个细胞，在富含卵黄的内层外面形成一层紧实的薄片。接着，胚胎经历原肠胚形成过程，形成内层、中间层和外层。胚胎的身体主干开始延伸，上面开始形成凹槽，很快就在胚胎上雕刻出一节一节的体节雏形。在这个只有半天大的胚胎里，幼虫的各种器官逐渐形成，而未来成虫结构形成需要用到的细胞也是一套一套准备就绪。在这枚卵子受精后只过了一天时间，一只饿坏了的幼虫就会蠕动着孵化出来。这家伙长得很快，中间蜕皮两次，形成一个蛹，大约 9 天后以果蝇的成体姿态出现。

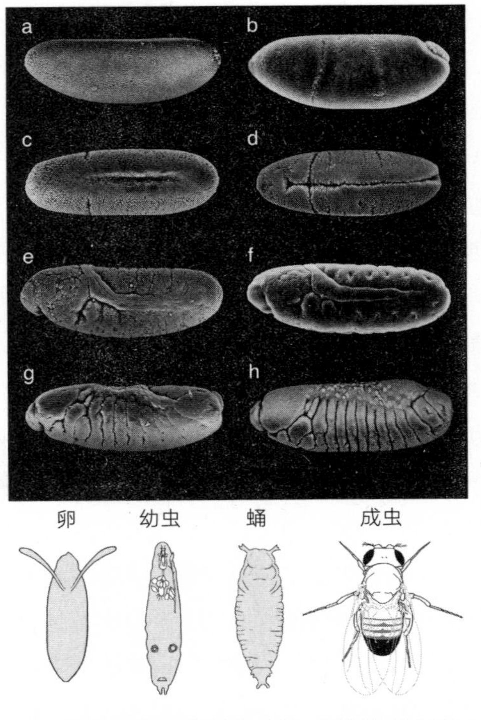


**图 4-2　果蝇胚胎发育过程与果蝇生命周期**

注：上图，果蝇胚胎发育各个阶段的电子显微镜照片（从 a 到 h），包括胚胎内层形成（从 a 到 d）与身体各个节段形成（从 e 到 h）。从 a 到 h 所展示的胚胎发育过程不到 12 小时就已完成。下图，从胚胎孵化出来的幼虫还要继续长大，经历几次蜕皮之后才会形成蛹，几天后成虫就会破茧而出。

资料来源：Rudy Turner, Indiana University; drawings by Leanne Olds.

青蛙和果蝇一样，它们的胚胎和幼体在捕食者面前简直不堪一击。因此，尽快完成发育冲刺是保住小命的一项前提条件，与此同时，尽管每个雌性个体都能产生数百枚卵子，但其中只有很小一部分能安然发育为成体。人类另有一套不同的发育规律，人类的发育是在最大程度的安全保障下进行的，并且，至少在最初阶段是以相对慢得多的速度展开。人类受精卵的分裂一开始大约每 20 小时才发生一次，因此，人类胚胎分裂出 32 个细胞要花的时间足够一只蝌蚪发育成形。人类的原肠胚要到第 13 天左右才会形成，明显的头部区域需要大约 3 周才能形成。成对的节段突起开始沿背部形成，这是脊椎动物的主要特征，这些体节将变成椎骨及其周围的肌肉和皮肤。此时人类胚胎的长度约为 2.5 毫米，还要过漫长的 8 个月才能出生。

观察这些动物的胚胎发育时，我们会很自然地想到这么几个问题：胚胎怎么知道哪个部分应该变成头部，哪个部分应该变成尾部？抑或是，哪个部分应该在顶部，哪个部分应该是底部？它怎么判断应该将眼睛、腿脚或翅膀放在什么位置？如果我们再稍微多想想最初那个受精卵具有的巨大潜力，一个小小的受精卵居然会逐步形成肌肉、神经、血液、骨骼、皮肤、肝脏等，我们可能忍不住要问，所有这一切是怎么从潜力一一变成现实的？具体在胚胎发育的哪个阶段，一个细胞的命运就被注定了？

类似这样一些令人着迷的问题，促使胚胎学界的伟大先行者们尝试通过最简单的实验操纵手段来寻找答案。出于实际考虑，他们选择了易于得到、易于操作且能从旁观察其发育过程的物种做胚胎研究。通常这些物种是水栖动物，比如海胆和两栖动物，它们的受精卵可以迅速发育，对环境要求也很简单。胚胎学家最早提出的问题，其中之一是早期胚胎不同区域的细胞后来分别形成了哪些结构。他们为此还开发了多种技术，但最直接的方法还是用无害的化学染料标记单个细胞，然后观察该细胞及其所有子代细胞最终出现在哪些位置。这一方法帮助胚胎学家绘制出早期胚胎的发育图谱（称为“细胞命运图谱”），确定了即将形成特定结构的细胞的相对位置。

通过做实验绘制“细胞命运图谱”，包括许多动物胚胎的图谱集相继完成。胚胎学家参考地球上的经纬度设立了确定位置的基本坐标系，使胚胎的坐标得到确认，确定了组织、器官和其他附属物即将出现的位置。图 4-3 是分别属于青蛙和果蝇胚胎的两张图谱，胚胎学家使用了两种不同的呈现方式，但思路是一样的。我们可以看到，在青蛙的胚胎里，表皮、神经系统、造血组织、心脏与肠道等都来自早期胚胎特定的位置。

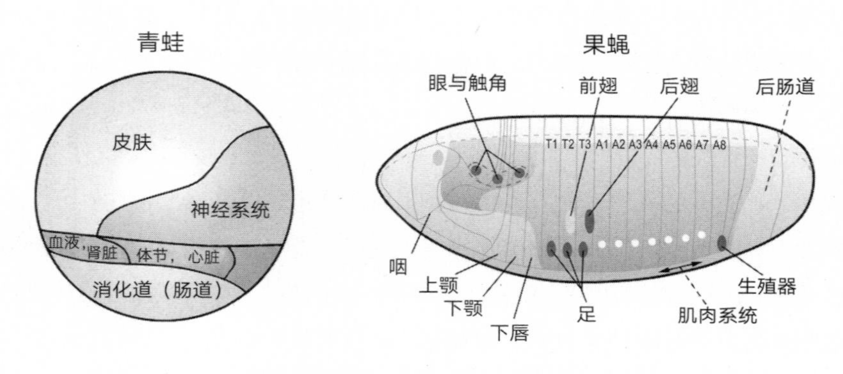


**图 4-3　青蛙和果蝇的细胞命运图谱**

资料来源：Leanne Olds.

与青蛙的卵呈圆球形不同，果蝇胚胎呈椭球形，像橄榄球或美式足球。即将出现的那只成年果蝇，它的各个部位也来自图谱上离散坐标所标注的区域，我们从图谱中可以看到，将要沿果蝇身体主干轴线（体轴）在不同位置形成的结构分别起源于早期胚胎体轴的不同区域。

## 胚胎地理学

从细胞命运图谱可以看到，当发育进行到某个阶段，细胞们就“知道”自己在胚胎里的位置以及应该属于什么组织或结构。用地理学术语来讲，细胞、组织和器官在胚胎“星球”上也各有一个特定的位置，并且这个位置是由它们的经度、纬度、高度（如果从躯体主干延伸出去的话）和在体内各层的深度决定的，与此同时它们也有一层“国民”身份（比如属于神经组织、肝脏等）。所有这些细胞全都来自最初那个受精卵。很明显，在受精卵发育过程中一定生成了大量的信息，以便给几十种类型的细胞、组织和器官分别创建独一无二的专属“地址”，使它们出现在胚胎的特定位置。细胞怎么“掌控”自己的位置与身份？这是工具包基因集体努力的结果。工具包基因的作用秩序有一套合理的逻辑，从而确保胚胎里的细胞可以一步一步定位在越来越精细的尺度上。

在介绍有关基因工作实际情形之前，我先用图 4-4 解释胚胎地理学的一般逻辑。请仔细看图，别忙着读下去。这里的关键是要将胚胎视为球体，上面的坐标为胚胎学家通过几个步骤逐步确定与细化。现在就让我们看看工具包基因是怎么指导胚胎发育的。

胚胎坐标系的几何学，带着那些或平行或相交的经线和纬线，体现了工具包基因程序展开过程中的空间秩序。这套几何学也体现于正在发育的胚胎的物理轮廓，这些轮廓由周期性出现的沟槽刻画而成，呈平滑的曲线样，具有球形的许多特征。至于胚胎的主要细分部分，或者说发育器官或其他特化结构的位置，其构成细胞群往往经由工具包基因表达标记为简单的几何外形，比如带状、条纹、细线、斑、点或曲面。诺贝尔奖获得者、DNA 结构的发现者之一弗朗西斯·克里克说过："胚胎非常喜欢条纹。"的确如此，但这些条纹和其他几何外形不仅仅是工具包基因在胚胎发育过程中留下的赏心悦目的"工作照"，它们体现了各种动物的复杂构造是从简单几何样式逐步建立起来的。

无论是构造小小的果蝇还是大型哺乳动物，工具包基因组织、细分、指定和刻画胚胎各部位的行为的一般逻辑经由可视化操作变得一目了然。目睹每个基因在标记胚胎地理系统过程中起的作用，将有助于我们将胚胎发育这一个复杂过程理解为许多较简单的细分操作的最终产物。动物的复杂性是由其发育过程中许多操作的同时和连续进行造成的。要在短短一章里描述或展示一个动物完整的发育过程在基因水平上的每个细节，我是做不到的。我也不需要这么做，因为我的目的只是让你了解大概的情形。

接下来我准备分几步简要介绍发育过程。通过重点关注塑造动物主要特征的步骤，我们可以相当真切地看到各种动物的外形是怎么布局成形的。此处用于描述这一过程的图片只是世界各地研究人员在过去 20 年里收集的数万张图片的样本之一。它们相当于胚胎学层面的"地球卫星照片"。下面我将从果蝇的地理系统说起。

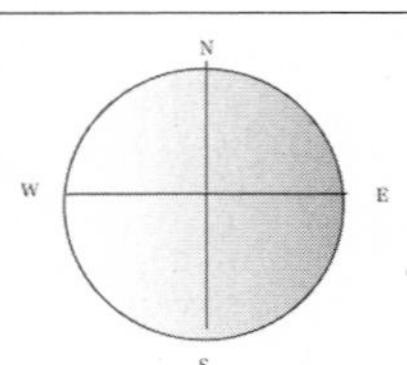


**1. 定义极点**

为建立坐标系，首先定义胚胎的两极。每个胚胎均有北（上）和南（下）、西（头）和东（尾）这四极。胚胎的两个主轴将这些极点连接起来。

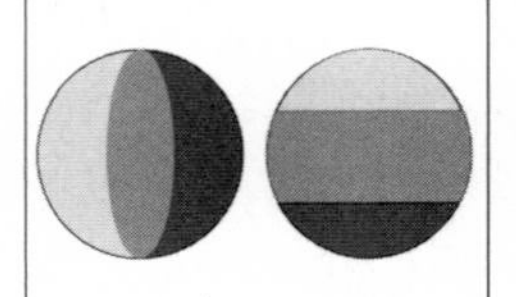

**2. 将主轴进一步分为更精细的各部分**

东西方向区域和南北方向区域分别由经度和纬度进一步细分。起先，这些细分很宽泛，也许只划分了东部、中部、西部或南北半球区域。

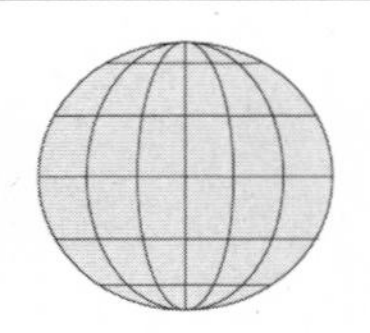

**3. 将各区间细化为一系列模块**

经线和纬线进一步细化，从90度到30度再到15度，等等。在许多胚胎里，特定的经线定义了作为该动物设计基本组成部分的解剖模块。

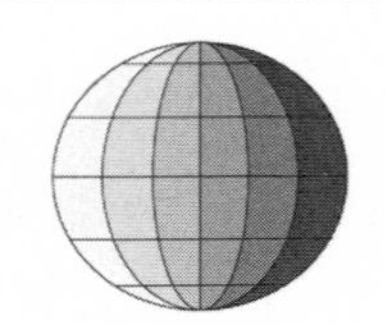

**4. 定义不同模块的“身份”**

乍看上去相似的模块由它们沿东西轴分的不同位置进行区分，由一套独立的经度区间系统进行标识。

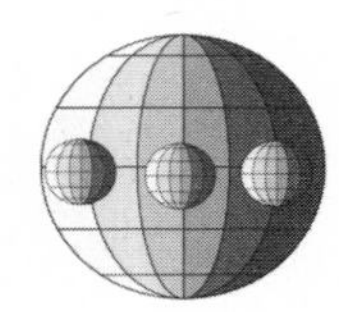

**5. 在特定的经纬度坐标上，胚胎内部开始形成新的“世界”**

细胞团的经度位置对动物的未来器官与附肢具有非常重要的意义。细胞团的具体位置由经度和纬度组合标识。最初，特定坐标（例如：西经 30 度，南纬 10 度）的一小群细胞组织起来形成特定的身体结构。这些小型细胞群必须经常快速扩增，直到器官或附肢长到应有大小。这些结构本身通常是模块化的。为雕刻这些结构的外形，以下 a ~ b 所示步骤必须重复地在这些新生成的结构中进行：

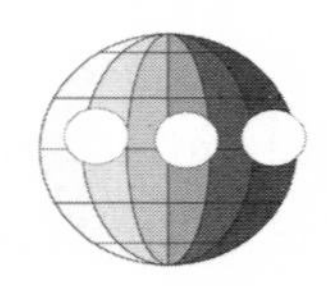

**5a. 定义各轴**

器官与附肢的南北轴和东西轴通常早早就会确立，那时身体未来各结构的细胞刚刚开始出现差异。

**5b. 结构内出现各个区间**

结构内部通常都会进一步细分出多个区间。

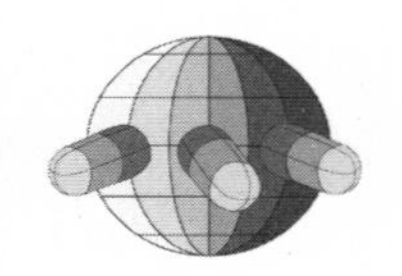

**5c. 第三轴形成，各区间细化为模块**

许多结构中开始形成与前两轴垂直的第三轴，从而变为三维结构。一些区间可能形成器官或附肢的基本模块化设计，例如肢的各部分。

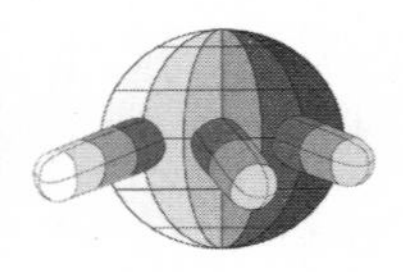

**5d. 相似模块区分**

乍看上去相似的模块按它们沿东西轴分布的位置不同进行区分，呈现出不同的大小、形状或结构。

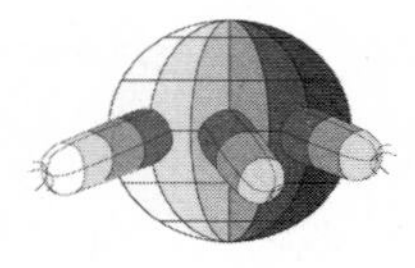

**6. 各模块的式样细节开始出现**

各模块解剖结构的坐标系通常都会经过充分细化，以指定几乎接近行、组甚至是单个细胞精度的位置。形态在方方面面的细节，包括形状、颜色和特殊细胞类型（用于感官信息输入、防御、装饰等）的位置，通常与具体结构的小型细胞群直接相关，这些结构可能由数百万或数千万个细胞组成。

**图 4-4　胚胎地理学的一般逻辑**

# 一只果蝇的诞生

若用平常的视角看，刚产下的蝇卵外表无法令人联想到其内里正在发生一连串富有戏剧性的事件。受精行为仿佛一道指令，工具包基因立即投入工作，一一标记正在发育胚胎的地理系统。尽管一个正在生长的胚胎的所有细胞都包含相同的 DNA 以及相同的基因，但工具包基因只在发育过程的特定时间在这个胚胎的一些部位被激活。我们可以借助高超的技术在胚胎内部以及正在发育的身体部位“点亮”工具包基因的 RNA 或蛋白质产物，从而看到这些基因处于打开或关闭状态的模式。这些模式反映了动物发育过程的秩序与逻辑。

## 经度：东西轴

受精后的一两个小时内，果蝇胚胎的东西轴约 100 个细胞长。少量的工具包基因以大约 15 ～ 25 个细胞宽的条带标出胚胎的西部、中部和东部地区（见彩图 4a），其中存在部分重叠。这些条带只会短暂存在，但在它们消退前，另一组工具包基因会在胚胎东部 2/3 的区域以每组 7 道条纹的形式激活。每道条纹各有 3 ～ 4 个细胞宽，两两之间由一道 4 ～ 5 个细胞宽的间隙分隔（见彩图 4b）。每道条纹加一个间隙一起覆盖即将出现一对体节的区域，因此这一组工具包基因被戏称为“成对规则基因”。

这些条纹也是短暂存在的。就在这些美丽的、有规律的条纹开始消退之际，又有一组基因激活，以 14 道细线的模式出现在胚胎东部 2/3 的区域（见彩图 4c）。其中一些细线约 1 ～ 2 个细胞宽，也有一些稍宽一点。即将孵化的幼虫带有 14 个主体节，因此这些细线之间有规律的间隔就跟即将出现的体节形成一一对应。这 14 道细线的模式绝大部分将在胚胎发育全过程持续存在，并且在这些细线出现后的几小时内，胚胎的身体就会开始形成体节。其中一些细线精确标记了体节之间的界限，另一些细线在每个体节的中间标记出不同的经度集。

通过这些不同组的基因依次在胚胎里起作用，胚胎的体节模块完成布局，这时第四组基因激活，以沿东西轴区分不同经度模块的不同身份。这就是 Hox 基因，它们的控制区域通常可以跨越 2 ～ 7 个体节，并且其表达图式在整个发育过程中不变（见彩图 4d）。Hox 基因决定在单个或一组体节里发生或不发生什么。

## 纬度：南北轴

在东西轴上的细胞发生上述细分过程之际，南北轴上的细胞也有一组工具包基因在刻画纬度，并且第一组刻画纬度的基因与前面提到的第一组刻画经度的基因“工作方式”非常相似，也是先标记出胚胎北部、赤道和南部各区的广阔范围（见彩图 4e）。

胚胎的纬度并不会对应于胚胎模块，但其中一些勾勒出了动物即将出现的组织层的轮廓。例如，彩图 4e 所示的全部细胞将经由原肠胚形成过程进入胚胎内部，形成动物的中间层或者说中胚层，再进一步形成肌肉组织和其他组织。在这些细胞的北边，起源于“赤道”附近的细胞将会移动到南边，以形成动物下侧的表皮和神经索。

## 构建器官的位置

在定义和细化经度和纬度的过程中，用于指定胚胎内部位置的信息也会显现，这些信息以东西和南北两轴为参照系。这些信息将为胚胎准确安放器官和其他结构服务，负责构造器官的主控基因将在信息所指示的位置大显身手。而构造位置是由一对还是多对坐标标记，取决于每种特定结构的构造数量。

举个例子，每只果蝇的胸部都长有三对足，每个胸节一对。在胚胎发育过程中负责附肢构造的主控基因，也就是 Dll 基因（详见第 3 章），会在朝向胚胎中部稍往西一点那三个体节的南端激活（见彩图 4f）。请注意，此时 Dll 基因没有在东部体节激活。这是因为在这里每个体节具体将要发生什么是由 Hox 蛋白控制的，而 Dll 基因就受到了限制，不能在相对较远的东部体节激活，那儿将要发育为腹节段，腹节段与胸节段不同，这些节段并不会长出足。

与此类似，由于这只果蝇将会拥有两对翅，在第二和第三胸节稍北一点的细胞里，一种参与翅形成的主控基因会激活，同时这第二和第三胸节已经被 Dll 基因标记出即将长出足的位置，但这种标记不会扩展到较远的东部体节（见彩图 4f）。于是，开始发育的翅此刻所在的相对位置预示了它们将在果蝇成体出现的相对位置（翅在上面，足在下面）。

在这个阶段，即将出现的足和翅都还很小，可能分别只有 15 ～ 20 个细胞。但它们长得很快，只要几天时间就能增长 1 000 倍甚至更多，变得比它们开始发育时所在的整个果蝇胚胎还要大。这些结构最终都会很好地组织成不同的独立部件。这一组织过程以一套坐标系统的精确定位功能为基础进行，该系统位于正在发育的足、翅或其他器官内。这套坐标系统是在身体各部件都还很小的时候建立的，当时细胞已获取了确定它们应该出现在一个体节什么位置的信息，并且这套坐标系统会随着整个结构不断发育而得到进一步的完善。举例而言，一个由 20 个翅细胞组成的部件最终的细胞组成可多达 5 万个，其中的西（前）、东（后）、北（上）和南（下）各部分均由工具包蛋白标记出来（见彩图 4g）。这些结构内部的经线和纬线既可用于标记物理边界（比如翅的边缘），也可用作组织进一步细分过程的基准点或地标。

在不断长大的附肢内部，坐标系统也已得到充分完善，足以确定一行、一簇甚至是某些单个细胞的位置和身份。举例而言，果蝇的翅有两个明显特征，一是一组组翅脉要在飞行时充当结构支柱，支撑翅进行非常快速的拍击，二是翅前缘有一排排像刷子一样用于感觉的短毛。这些翅脉的位置以及翅脉之间的空隙在翅脉实际形成以前很久就由工具包基因早早做好标记，比果蝇真正展翅起飞提前了一周左右。在翅的前缘，一排又一排短毛在翅内由坐标系统确定的位置上陆续形成，它们将在赤道两侧开始发育，而不会出现在翅的东半部。早在这些感应短毛变得可见之前，负责构造它们的基因就在这些位置激活了（见彩图 4h）。

### 构造不同的连续重复模块

每只果蝇的两对翅从外形到功能都大不相同。前翅大而扁平，带有翅脉，为飞行提供动力。相比之下后翅就小多了，外形像气球，没有翅脉，其用途是通过各种感知来保持身体的平衡（又称平衡棒），以及在飞行过程中对偏航、俯仰或滚动进行纠正，没有后翅的果蝇会直接坠地。后翅开始发育的方式跟前翅差不多，两者的坐标系统从基因表达图式看是一模一样的（见彩图 4i）。但后翅最终的大小、形状以及式样都跟前翅大相径庭。

这两对翅分别在身体主干两个相邻的不同体节（即位于不同经度）上发育，要使它们最终变得各不相同，关键在于一种 Hox 基因，该基因又名为“超双胸基因”（Ultrabithorax，简称 Ubx），其在后翅的每个细胞里都激活了，而前翅则没有（见彩图 4j）。Ubx 基因的行为改变了后翅的发育程序，从而抑制了一部分翅图案生长模式基因的表达，同时其他基因也有独特的表达方式。举个例子，在后翅细胞里不仅没有一个翅脉基因激活，沿后翅前缘的细胞中也没有短毛基因激活。由 Ubx 基因造成的后翅与前翅有所区别，生动体现了动物设计的一大基本特征，即连续重复部件的分化是怎样由 Hox 基因调控沿主体轴在特定经度上完成的。从果蝇身上看到的这套规则同样适用于人类身体部件的形成。

## 一个脊椎动物的诞生

从哺乳动物小小的卵一直到大型鸟类和爬行动物巨大的带壳卵，不同脊椎动物的卵在大小和特征上存在天壤之别，从小小的虹鳉一直到大象和恐龙，这些动物的成体形态也是千变万化，但所有脊椎动物的胚胎都经历过一个发育阶段，那时它们看上去还有点相似。当时动物身体主干东西走向的主体轴（头尾轴）已经形成，不同的组织层也得到准确界定（南北轴），于是神经管和脊索（沿所有脊椎动物背部延伸的一根由许多细胞组成的笔直棒状结构）变得明显，一对一对有规则外形的凸起构成体节的重复模块特征，沿动物身体主干一路排下去，覆盖身体主干全长的绝大部分。

接下来我们先探讨这一阶段涉及的步骤，由此说明脊椎动物身体构造的基本设计。这些步骤包括主体轴的建立、大脑的细分以及体节的形成，这些体节将进一步形成椎骨、肋骨和主体轴的其他模块化元素。然后，我们放大细看附肢的发育过程，以此分析包含更多细节的特征是怎样进一步刻画出来的。我会根据青蛙、鱼、小鼠和小鸡的研究结果进行总结，从而给出普遍概述。原则上看每个物种都很相似，但有些事件在特定动物身上更容易理解或更容易看到。在此部分，重要的是对构造脊椎动物身体的过程形成一种总体概念，可以忽略细节上的差异。

## 轴与组织层的形成

关于脊椎动物体内轴与三个主要组织层的形成，我们大部分的知识最初是从青蛙身上得来的。一般而言，两栖动物的卵不仅体积很大，而且两栖动物一次产卵量多，这就使它们成为比哺乳动物更合适的实验材料，毕竟哺乳动物的受精卵不仅小而少，还要在母体内发育。虽然所有脊椎动物的胚胎都在原肠胚形成后变成一种相似的组织，但它们完成这一步的方式略有不同，原因是不同动物的早期胚胎在细胞与卵黄比例上存在差异。不过，尽管从早期步骤看青蛙胚胎跟小鼠胚胎不一样，但控制它们的轴和组织层形成的工具包基因集却是大体相同的。

组建脊椎动物胚胎的轴与组织层的形成，必须经由一系列的诱导事件，即一个分子的产生会诱导其他分子产生，两者环环相扣。东西轴的形成发生在南北轴的形成之后。影响轴形成的关键分子之一是一种工具包蛋白，称为脊索蛋白。它是由裂殖孔背唇周围的细胞合成的（见彩图 4k）。斯佩曼和他的学生希尔德·曼戈尔德（Hilde Mangold）发现这一区域有能力将南北轴组织起来。其他蛋白质负责组织头尾轴，比如 Frzb 蛋白（Frizzled-Related protein），它在朝向胚胎即将出现的头部的细胞里表达（见彩图 4l）。

## 开始细分的大脑

神经管是胚胎里最早形成的“明显”区域之一，将来此区域会发育出大脑和脊髓。大脑会被细分为三个主要区域，分别为前脑、中脑和后脑，这些区域还要进一步细分，每个细分区域各有不同的特化功能，范围从嗅觉和视觉一直到对呼吸和心跳等非自主活动的反射控制。在这些细分区域变得明显以前，在它们的功能远未建立和整合的时候，工具包基因就在神经管上标记出将来要发育出大脑各部分的区域。举例而言，有一个工具包基因表达标记即将出现的前脑和中脑，另一个工具包基因表达标记后脑以及中脑与后脑的边界。小脑就在这条边界东边一点的地方形成。

其他工具包基因的表达结果以条纹形式呈现，这些条纹标记菱脑节（rhombomere）即将出现的位置和边界，菱脑节是所有脊椎动物后脑的细分区域，一共 7 个。一些条纹标出相邻的成对菱脑节，另一些标出交错的成对菱脑节（见彩图 4m）。接着，后脑的不同模块全部经由 Hox 基因的交错表达来确定。回想一下，绝大多数脊椎动物都有 4 个 Hox 基因簇，研究者通常在每一簇结尾加一个小写字母（a ～ d）作为标记，再加一个数字（1 ～ 13）对同一簇中的基因进行区分。在后脑，相邻 Hox 基因表达标记独特且有所重叠的菱脑节组（见彩图 4n）。具体来说，Hoxa2 表达在菱脑节（以下简写为 r）r2 ～ r4，Hoxb2 表达在 r3 ～ r4，Hoxb1 表达在 r4，Hoxb3 表达在 r5 和 r6，Hoxb4 表达在 r7 及其之后沿脊髓往东的区域（见彩图 4n）。这 5 种基因足够给 r2 ～ r7 的每个菱脑节创建一个独特的 Hox“密码”。其他的基因再把 r1（小脑即将出现的区域）跟其他几个菱脑节区分开来。像这样先形成一组看起来很相似的模块，再让它们变得各不相同，这一套逻辑也适用于脊椎动物的另一个突出特征——体节的形成与分化。

## 脊椎动物胚胎体节的形成

体节相当于脊椎动物身体构造的“积木”。它们产生用于形成脊柱、相连的肋骨以及肌肉群的模块化部件。体节在胚胎里刚刚冒出来的时候，看上去像是沿主体轴均匀排列的成对的节段样凸起，并且所有的脊椎动物都一样，都是从头到尾（从西到东）形成体节，一次形成一个。体节形成的过程很有规律，比如斑马鱼胚胎大约每 20 分钟发生一次，小鸡胚胎是 1.5 小时，小鼠胚胎是 2 小时。人类要形成大约 42 个体节，小鼠大约 65 个，蛇类可能多达几百个。

体节形成过程这种从头到尾的发展方向以及如钟表一般的精确度由几个工具包基因的表达做出预示。在体节开始形成之前，胚胎的未分节部分就有几个基因表达，并且它们的表达在每一轮的体节形成过程中像钟摆一样往复进行。主体轴的前端出现了各不相同的工具包表达条纹，标记出新近正在形成的体节的边界，同时，在更靠近头部的位置，可以看到稳定的条纹标记出早先形成的体节的边界。在胚胎的发育过程中，从工具包基因表达组成的“快照”可以看出体节形成是一步一步推进的（见彩图 4o）。

这些体节一开始从外观上看一模一样，但它们接着就会根据自己在头尾轴上的具体位置而形成不同类型的椎骨、肋骨和肌肉组织。Hox 基因沿主体轴（从西到东）的表达图式预示了不同体节具有截然不同的身份和命运。Hox 基因在特定体节层面上激活，促使明显的西部（前部）边界形成，其表达一般还会“一路延伸”到更东部（后部）区域（见彩图 4p）。

Hox 基因表达区域具有交错的边界，这导致不同的体节出现独特组合的 Hox 基因表达。此外，单个 Hox 结构域的明确前边界通常标记出脊椎动物骨骼不同类型结构之间的边界。例如，Hoxc6 表达的边界标记了所有脊椎动物胚胎里颈椎和胸椎之间的边界。

## 肢的形成

一旦基本的身体构造蓝图铺开，并且体节的重复模式发育到一定程度，胚胎就开始标记出各种器官和附肢即将出现的位置。构造三维结构的工具包基因被激活，身体各部件开始构造。

就像人类一样，小鼠和其他脊椎动物也拥有许多器官。我在这一节只关注肢。脊椎动物的四肢形态历史悠久，而且所有脊椎动物的四肢发育存在许多相似之处。对于小鼠和小鸡的研究已经非常透彻，我将主要以这两种动物为例，描述这些奇妙的解剖结构是如何形成的。

起先，所有的肢都只是从胚胎侧面按东西轴上两个特定坐标长出的小芽，看上去很小。不同的脊椎动物，其前肢可能出现在标记为不同序号的体节上，但都是在颈部和胸部边界处。最西边那个肢芽将变成前肢（比如小鼠的一条腿、小鸡的一个翅膀），最东边那个肢芽将变成后肢（对小鼠和小鸡来说都是腿）。从很早的一个阶段我们就能看到一个工具包基因，它的表达标记出附肢组织那些微小肉垫般团块的位置，那时附肢组织才刚刚开始形成（见彩图 4q）。

别看这些肢芽一开始都小得可怜，却已经呈现出三维结构，具有三个轴，并且，就是沿着这三个轴，顶端（背部）和底端（掌部）、前部（拇指）和后部（小指）以及四肢的近端（例如肩部）和远端元素（手指、脚趾）均会随着小小肢芽的急剧生长而逐步发育成形。特定的工具包基因在早期肢芽里组织起这些轴。例如，Sonic hedgehog 信号传导分子在肢芽最后部的区域得到表达（见彩图 4r），FGF8 信号蛋白沿肢芽的整个外脊周围得到表达（见彩图 4r），而 Lmx 基因仅在肢体上半部分的细胞里激活（见彩图 4s）。

其他的工具包基因以不同的模式开启了肢的长骨、手指 / 脚趾、关节、肌肉和肌腱的发育。这些部件的发育以由近及远的顺序进行，从上臂 / 大腿到前臂 /

小腿再到手/脚，它们即将出现的位置依次被指定。骨骼发育从细胞先凝结形成软骨模板开始，之后软骨模板由骨骼取代。肢的生长模式最早表现为软骨生长模式。但甚至早在软骨生长模式于细胞水平变得可见以前，工具包基因 Sox9 的表达就预示了凝结物应该有的生长模式（见彩图 4t）。比如关节是在这些凝结物之间的区域出现的，但甚至早在这些区域于细胞层面变得可见以前，GDF5 基因表达的条纹就标记出前肢的肩部、肘部、腕部、手与指骨之间的关节以及后肢的膝关节、踝关节、足与足趾关节即将出现的位置（见彩图 4u）。至于将肌肉连接到四肢骨骼的肌腱，其即将出现的位置由另一种工具包基因即 scleraxis 的表达来预示（见彩图 4v）。

肢的优美形态的形成过程中也会发生细胞凋亡。比如小鼠、小鸡和人类的手指/脚趾最终得以一一分开，原因就是手指/脚趾之间的组织细胞在四肢发育过程中凋亡。当时，在看上去像小肉垫的手/脚的内部，这些指间/趾间区域由不同工具包基因的表达做出标记，指示落在区域内的细胞即将进入程序性凋亡状态（见彩图 4w）。跟饼干车间用到的成形切割刀工作方式差不多，指/趾间组织也干脆利落地被切掉，只留下手指/脚趾。有趣的是，在小鸭的趾间区域，另有一个工具包基因的表达阻断了促进这一部分细胞凋亡的信号，结果使得如织带般的蹼在小鸭趾间"幸存"下来。

虽然各肢均由相同的结构组成，包括骨、肌腱、肌肉、关节等，但这些结构在每一肢内的大小、外形和数量并不相同。举例而言，人类的上臂由一根长骨组成，前臂有两根长骨，手由多达五指组成。各肢结构的大小、外形和数量受 Hox 基因一个子集（主要是 Hoxa9 ～ 13 和 Hoxd9 ～ 13 这几个基因）的控制，这些基因在前肢和后肢的发育全程以复杂且部分重叠的模式表达。就大多数物种而言，前肢和后肢的构造也不相同。我们的胳膊和腿、手和脚、手指和脚趾属于同一结构的不同形态。若是换了其他动物，比如鸟类、袋鼠、霸王龙，前肢和后肢之间有大到富有戏剧性的差异。一组工具包基因有选择地在前肢或后肢表达，调控着这些连续的同源附肢的差异发育。

## 精细尺度上的秩序

动物生长模式最引人注目的事实之一是它们在所有尺度上呈现的规律性，从整个身体规划一直到单个结构或身体部件的精致细节，面面俱到。蝴蝶翅上平铺的鳞片，小鸟每一根羽毛的规则间距，就是后者的两个绝佳例子。固然细胞的分布位置可以相当精确地被指定，但这并不是实现生长模式规律性的唯一途径。每当许多某种元素需要排成较大规模的队列时，元素的间距通常经由一种被戏称为侧向抑制的进程来确定。原理很简单，结果很美观。

想象现在有一群人挤在一处，然后每个人都得到同样的指示，要从各个方向上跟其他所有人保持一臂距离。这实际上就是要求每个人围绕自己创建一个半径为一臂的“抑制区”，确保没有其他人出现在这个区域里。结果就会得到一组在一个区域内均匀分布的个体（假设大家的臂长相同，图 4-5 就是这样设定的）。

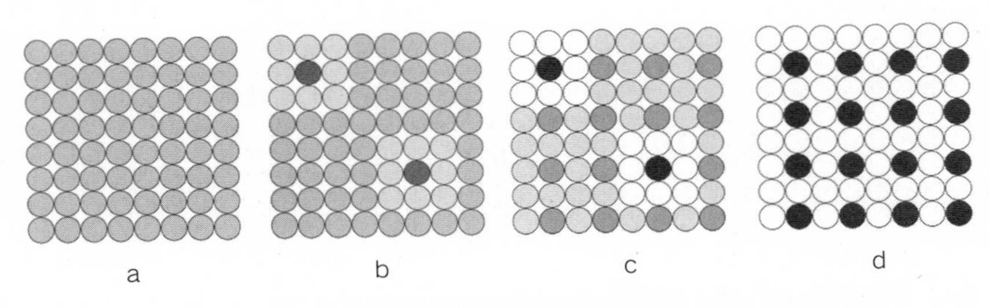


**图 4-5　有规律间隔的细胞图式的生成**

注：起先，细胞全是一模一样的（a），其中两个细胞开始分化（b，黑圈），同时抑制与自己接触的细胞分化，其他位置的细胞也开始分化并抑制离自己最近的邻居细胞分化（c），最终形成有规律间隔的细胞图式，可能进一步发育为鳞毛、羽毛或其他结构。

资料来源：Josh Klaiss.

细胞在精细尺度上引入秩序的时候也是这么做的。普遍的机制是让即将成为特定类型结构的细胞在自己四周创建一个局部抑制区。只有不受此区域效应影响的细胞才能同样成为这种结构。由此得到的实际结果就是一种有规律的形态结构：昆虫身上的鳞毛；鸟类的羽毛、爬行动物的鳞片和哺乳动物身上的皮毛花色；节肢动物漂亮的复眼。所有这些生长模式都是通过细胞相互作用而在本地局部创建的，并不是经由胚胎地理学的全球坐标具体指定。在胚胎内部，这些生长模式的建立基于特定基因有规律的间隔表达模式，这些基因将参与具体结构的进一步发育。以小鸡发育过程为例，在每个羽芽实际发育之前，Sonic hedgehog 基因的表达可以说是姗姗来迟（见彩图 4x）。

## 将简单的不可见变为可见

弗朗索瓦·雅各布早已指出，我们所有的解释性说明体系，无论是神话的、魔幻的还是科学的，都有一个共同的原则。用法国物理学家让·佩兰的话来说，这些解释体系都在试图“用某种简单的不可见来解释复杂的可见”。我认为，我们对动物发育过程的理解之所以会发生这场革命，是因为我们有能力更进一步，将“简单的不可见”也变为可见。工具包基因表达的条、斑、带、线和其他式样，准确预示了胚胎组织成节段、器官和其他身体部件，这些探索过程中有很多令人茅塞顿开的时刻，这时基因在研究已久的过程中所起的作用变得格外清晰。预示了节段的条纹，揭示了发生组织活动的功能强大区域的斑块，以及标记出骨骼、关节、肌肉、器官、附肢等位置的其他表达图式——正是所有这一切将肉眼不可见的基因与动物可见形态的构造过程联系起来。

此外，就已经揭示的工具包基因在动物发育过程中的作用秩序来看，也合乎逻辑。如同建筑物的建造过程（包括浇筑地基、建起支撑墙与梁、铺设地板和主要管道、通电、干砌墙等）存在一套规则以确定各步骤的工作次序一样，动物发育也有一套秩序，从确定身体构造一直到形成每个身体部件的精确细节。而且，我们根据这套秩序的逻辑就可以理解，当一种工具包基因的操作因突变而遭到破坏时，可能形成怎样混乱的结果。只要有一个步骤被略去，所有依托这一步骤的其他步骤都会出问题。

前面已经提到，我们可以通过可视化单个工具包基因发生作用的过程而使其原理变得易于理解，我也展示了许多简单的几何模式来说明这一点。但构造整个动物体的过程是错综复杂的。这种复杂性源于工具包基因存在同时与依次起作用这两种协作方式——几十种基因在同一时间和地点起作用，更多的基因同时在不同的地点起作用，数百个工具包基因随着发育过程不断深入而依次起作用。正是这同时进行与依次进行的操作链构成了工具包基因表达的复杂性。

当你开始细想工具包基因表达图式、琢磨工具包基因链，我一直试图轻描淡写带过的关键问题也许会渐渐变得清晰：是什么连接起链条上的每个环节？在动物的胚胎或身体部件里，工具包基因怎么知道应该以什么顺序起作用，抑或是在哪里起作用？

动物的发育过程涉及遗传学的另一组不可见事物，即在 DNA 里控制基因于何时何地激活的小装置。在下一章，我将描述基因组里这些奇妙的小装置，是它们绘制出你在本书看到的美丽的基因表达图式，在形成动物复杂性与多样性的工具包基因链中，它们就是链之间的关键环节。

ENDLESS FORMS
MOST BEAUTIFUL

第5章

# 基因组“暗物质”：工具包操作指令

**宇宙暗物质与基因组**

注：上图，星系团 CL0024+1654，暗物质显示为中央一团朦胧的云。下图，果蝇基因组呈现的微型行列，亮点是编码基因的 DNA，暗处是未表达的 DNA。

资料来源：European Space Agency, NASA and Jean-Paul Kreib (Observation Midi-Pyrenees, France/Caltech, USA).Dr. Tom Gingeras and Affymetrix, Inc..

这的确是一道微弱的光线，从遥远星空来到我们眼前。但如果我们看不到这些星星，人类的思想能走多远呢？

——让·佩兰，法国物理学家

暂且改从受精卵的视角思考发育这件事——在所有细胞的分裂和运动以及各种组织层、节段与身体部件的构造过程开始之前，会发生什么？我们已经知道发育过程是按符合逻辑的步骤推进的，但每个步骤的操作指令在哪里？这一切都是怎么做到的，比如宽条纹先于窄条纹形成，以及某些骨头的位置生长于其他一些骨头前面？又或者，为什么有的骨头又长又细，有的骨头又短又粗？工具包基因怎么知道要在什么时候、哪个位置开始表达，以备推动形态发育？为工具包基因准备的操作说明在哪里？

要回答这些问题，我得先做两件冒险的事情。首先，我要引用宇宙学的内容来做一个类比。这是在冒险，因为我对宇宙的研究甚少，但我已经了解到在宇宙的构成与基因组的结构之间有一个很相似的地方。其次，我还要把这个类比跟另一个类比相结合。我将证明我在写作上犯下这种“小错误”是有正当理由的，因为这一章将要提到的一些内容，堪称全书中最具挑战性，也最具启发性、最具概念层面的重要性。请给点耐心。

回顾天文学的发展史，相关研究绝大部分都是围绕天上可见的事物展开的，先是用肉眼看，接着经由功能越来越强大的望远镜去看。不过，尽管可以看到的事物更易于理解，比如恒星的形成、星系的结构以及太阳的坍缩等，但宇宙学家却直到最近才直面这样的设想：原来，宇宙中只有很小一部分的物质是可见的（发射光或无线电波）。诸如星系这样一些可见物体的行为受到种类更丰富而又不可见的“暗物质”和“暗能量”影响。

在遗传学领域，过去这几十年来，由于遗传密码的简单性，我们作为生物学家已经能够看到基因组的“星星”，能够确切地看到基因在 DNA 上的编码位置。但现在我们也同样意识到，在大多数动物的基因组里，我们看到的基因只占了 DNA 的很小一部分。我们的 DNA 还有比这大得多的另外部分，由于构成它们的序列不是任何一种基因简单编码的产物，因此不能通过读取序列来破译它们的功能。这就是基因组的“暗物质”。正如宇宙中的暗物质控制了可见物体的行为一样，我们的 DNA 也由暗物质决定了基因要在胚胎发育过程中的什么地点、什么时间表达。

本章就来探讨 DNA 里的暗物质，以及它们怎样通过调控工具包基因来发挥作用，而工具包基因又是如何获得构造身体部件与生长模式的操作指令。这些操作指令作为“基因开关”内嵌于 DNA 的暗物质里，也就是第二个我认为 DNA 与宇宙相似的地方。你在读这本书之前可能还没听说过“基因开关”。它们还没有获得应有的关注，无论是在实验室里还是在媒体上都一样。但这一现象反映的主要是生物学家为发现它们并破译它们的工作方式而遭遇的挑战太大，而不是说大家都认为它们不重要。分子生物学家直到最近才有机会窥探那片暗处，着手揭晓这些开关的位置和特性。基因开关最令人感到惊讶也最关键的特征，没有之一，是它们有能力调控单个工具包基因的作用与动物解剖结构上非常精细的细节。事实上，动物身体的解剖结构细节就是由许多基因开关一片一片、一条一条、一块骨头一块骨头地编码和构造起来的，这些基因开关像星座一样遍布整个基因组。

在本书讨论的发育和进化这两部大戏里，基因开关都是关键角色。我们在上一章看到的美丽的基因表达图式就是由这些基因开关描绘出来的。正是这些基因开关编码了各物种独有的操作说明，并且能够利用大致相同的工具包基因构造不同的动物。基因开关是进化的热点，是鲁德亚德·吉卜林真正的喜悦源泉，因为它们就是诸如斑点、条纹、凸起等形态细节的制造者。基因开关就像是基因计算机与艺术家的结合，将胚胎地理转化为基因操作指令，用于制作动物的三维形态。

## 窥探暗处

宇宙学、生物学的研究者跟其他学科领域的一样，都有两种方式可以侦测特定实体的存在：一是直接观察；二是间接观察，也就是观察它对更易于可视化或测量的其他实体的影响。宇宙里存在暗物质的证据就来自间接观察，即基于对各星系速度与旋转的观察，推断出各星系里一定存在大量无法直接观察到的物质。宇宙学家和物理学家目前还不确定暗物质的具体构成。

我们对基因组里的暗物质的理解可就深入多了，因为我们知道它是由什么组成的（DNA），而且可以通过直接和间接这两种手段将它分离出来并对它的特性进行研究。研究非编码“暗”DNA 最有效的方法之一是将它的一个片段与一种基因挂钩，后者编码一种易于可视化的蛋白质，比如一种能产生带颜色反应产物的酶，又或是一种会在一束光照下发出荧光的蛋白质。将这些经过改造的 DNA 片段重新插入基因组，在显微镜下可视化其色彩图式，就能看到一个特定暗物质片段包含（如果确实包含的话）哪些操作指令（这里一道条纹，那里一个斑等）。大多数的暗物质并不包含任何操作指令，只不过是在进化过程中日积月累的占用空间的“垃圾”。比如人类体内只有大约 2% ～ 3% 的暗物质包含基因开关，用于调控基因的具体作用方式。我准备用一整章的篇幅集中讨论基因开关怎样调控动物的发育进程，同时本书的其他内容也有一大部分专门讨论这些基因开关发生的变化会对进化进程产生什么影响。

我在第 3 章通过描述一种大肠杆菌及其遗传系统对乳糖的利用介绍了基因开关的概念。回想一下，细菌用于吸收和分解乳糖的酶的合成是由一个基因开关控制的。这个开关由一段 DNA 序列组成，该序列恰好位于编码这些酶的基因上游。如果乳糖不存在，乳糖阻遏物就会跟开关里的一段特定 DNA 序列结合，使转录不能进行（基因关闭）。一旦乳糖出现，乳糖阻遏物就会从开关上脱落，负责合成分解乳糖的酶的基因得以打开，接着转录与翻译便先后发生。

动物体内的基因开关比这还要复杂一些。一般而言，动物体内的每个基因开关都是较长的一段 DNA 序列，跟数量更多、种类更丰富的蛋白质结合。这些蛋白质有一些能激活转录，有一些会阻遏转录。开关通过“计算”多种蛋白质的输入，将错综复杂的多种输入集转换为较简单的输出，就是我们看到的基因表达的三维开 / 关模式，比如第 4 章中的条纹和斑。重点在于一种基因可能由多个分开的开关进行调控，于是这种基因可以在多个时间用在不同位置，比如用于心脏、眼睛和手指的发育（见图 5-1）。

开关的存在拓展了我们对基因工作方式的认识。通常情况下，当生物学家谈到基因时，他们具体指的是编码一种蛋白质的那一个 DNA 片段，这种蛋白质通常在细胞里承担具体的工作。但开关不会编码任何其他东西，它们的功能就是在 DNA 里进行调控。一个基因要执行自己全部的正常功能，就必须依赖它的所有开关提供的信息。这就是说，一个带有 3 个开关的基因由 4 个可区分部件组成，分别是 1 个编码部件和 3 个调控部件（见图 5-1）。单个开关发生突变可能在解剖结构层面引发一些惊人的后果。接下来我会在描述编码蛋白质功能的时候沿用“基因”一词的典型用法，若说到开关就一定特别点明。

## 基因开关，胚胎内的定位系统

我们已经看到工具包基因在胚胎内是按三维坐标激活的。但胚胎的空间坐标又是通过什么方式作为操作指令传给基因，从而将它们按精准模式开启或关闭的呢？基因开关工作起来就像全球定位系统（GPS）。与轮船、汽车或飞机上的GPS通过集成多个输入而完成一次定位一样，开关也集成了胚胎内部关于经度、纬度、高度和深度的位置信息，进而指出哪些位置的基因要开启或关闭。这里举几个例子来解释和描述这些开关是怎么工作的。这些例子我们应该视为动物发育进程这部电影里面短短的几帧画面。整部电影涉及数以万计的基因开关以依次或并行的方式运行工作。此刻我们并不操心这部影片的每一帧到底讲了什么，先把重点放在理解基因开关的逻辑与特异性上。

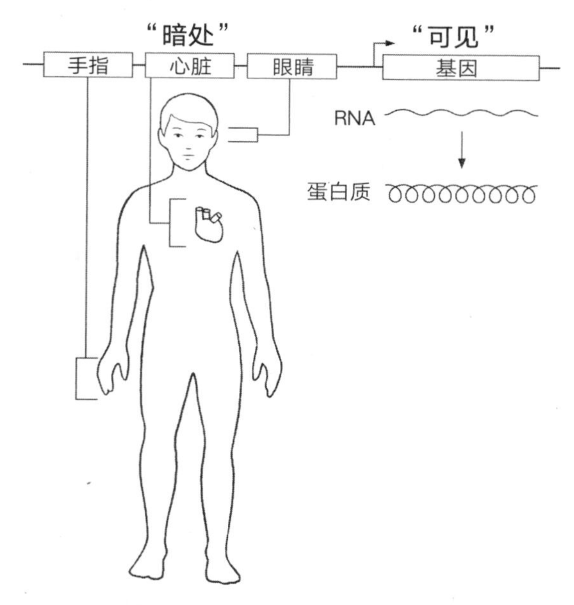


**图 5-1　基因开关调控基因在体内各种组织的表达**

注：该基因带有开关，由这些开关调控它在心脏、眼睛和不同手指的表达。多种开关出现并活跃于不同身体部位的发育阶段，具有工具包基因的典型特征。
资料来源：Leanne Olds.

开关的一般功能是将基因活动从现有模式转变为另一种新模式。描述一个基因开关工作模式的最佳示例之一，是呈现其怎样在一只果蝇的胚胎里沿东西轴指定一条经度带或条。在发育早期，15 ～ 25 个细胞宽带的组织区域能沿着该体轴方向表达特定的工具包蛋白。每个工具包蛋白都跟特定的一段 DNA 序列结合在一起，后者长度通常为 6 ～ 9 个碱基对。工具包蛋白对 DNA 序列的辨认跟一把钥匙对一把锁的情形很相似。在这个例子中，一段特定 DNA 序列就是那把锁。我将它们称为“特征”序列，因为它们对每个工具包蛋白来说都是不同的。调控某些特定基因的开关不仅包含这些特征序列的副本，而且在细胞核里由相应的工具包蛋白占据，位于该工具包蛋白在胚胎出现的经纬度上。以图 5-2 为例，工具包蛋白 A 在西经 20 度～ 60 度表达，蛋白 B 在西经 40 度～ 60 度表达，蛋白 C 在西经 30 度到东经 30 度之间表达。蛋白 A 是基因 X 的激活物，蛋白 B 和 C 是阻遏物。一般而言，只要阻遏物出现，它们都会抵消激活物的作用而导致部分基因关闭。基因 X 的开关包含分别对应蛋白 A、B 和 C 的结合位点，在沿着东西轴方向的不同细胞存在着不同组合的蛋白。

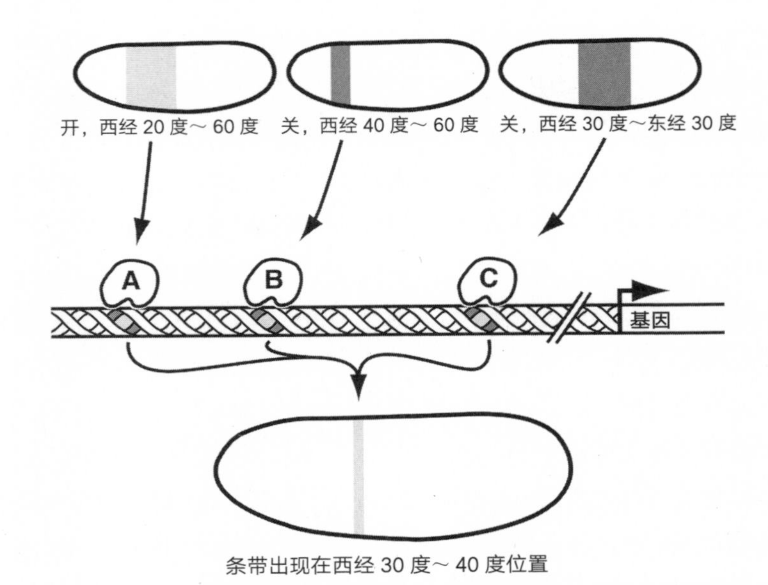


**图 5-2　开关集成多重输入，使基因表达出特定位置的蛋白条带**

注：当一个激活物（A）和两个阻遏物（B、C）同时发挥作用，基因的“净输出”就是一个狭窄的蛋白条带。

资料来源：Josh Klaiss.

再看西经 60 度～ 90 度的细胞，前面提到的三种蛋白质一个都没有出现在开关上，基因处于关闭状态；在西经 40 度～ 60 度的细胞中，蛋白 A 和蛋白 B 双双出现在开关上，占据各自对应的位点，于是基因关闭；在西经 30 度～ 40 度的细胞中，只有蛋白 A 出现在开关上，基因开启；在 0 度～东经 30 度的细胞中，只有蛋白 C 出现在开关上，基因关闭。开关“计算”三个经度输入，得出的结果是只允许基因在只有 10 度宽的条状范围内开启，从而将基因表达结果从三种较宽条带转化为一道窄条。这道窄条的位置可不是通过一个“开启”暗号给出“从西经 30 度～ 40 度开启”的提示确定的，而是经由一组“关闭”暗号形成一个组合来设定边界的。

你可能会问，工具包蛋白 A、B 和 C 的这些表达图式是从哪儿来的？问得好。这些图式本身分别由基因 A、B 和 C 里的开关控制，这些开关整合了其他工具包蛋白的输入，而这些蛋白更早之前已经在胚胎里起作用了。那么这些更早的输入又是从哪儿来的？答案是源于还要更早之前起作用的输入。我知道这听上去开始有点像那个老掉牙的“先有鸡还是先有蛋”的谜语。最终，胚胎里的空间信息的起点通常可以一路回溯到卵子在卵巢里形成的过程，当时非对称分布的分子渐渐在卵子内部沉积，这些分子启动了胚胎内两根主轴的形成过程（从这个角度看，卵 / 蛋确实比鸡先出现）。我不打算展开讨论如何追踪这些步骤，这里必须掌握的要点是每个开关的开闭都由之前发生的事件决定，然后，当每个开关以一种新的表达图式打开它的基因，进一步又决定了发育过程的下一套表达图式与事件集。

开关有可能集成包含经度、纬度、高度和深度信息的任何一种组合。图 5-3 描述了一个集成来自不同轴的输入的开关示例，显示出果蝇胚胎里用以指定附肢位置的实际机制。远端缺失附肢构造基因（简称 Dll）里有一个开关，该开关通过整合经度和纬度的输入，沿主体轴安置了几个 Dll 表达点。这些输入源于不同类型工具包蛋白里几种预存的图式。沿东西轴在每个节段里每隔 15 度的宽度存在一个激活物，但这些激活物所处位置仅限于南半球（0 度～南纬 90 度）范围。另外，有两种不同的阻遏物分别在南纬 30 度～ 90 度范围内以及沿所有的东经经度分布。将这三种输入进行整合，基因表达的结果是在 0 度～南纬 30 度范围内，分别位于西经 90 度、75 度、60 度、45 度、30 度和 15 度的一小群细胞出现了 Dll 表达图式。

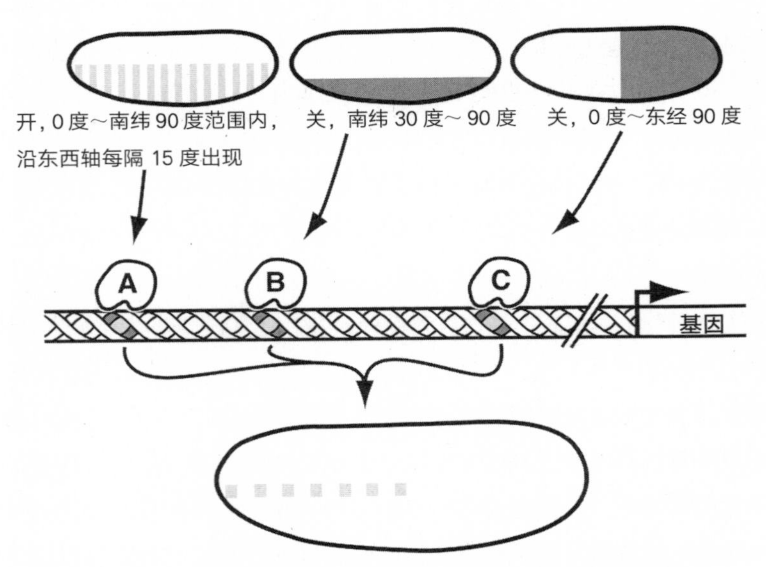


**图 5-3　开关所集成的信息决定了即将发育为肢的多个小型细胞群的位置**

资料来源：Josh Klaiss.

开关的物理完整性对正常发育具有重要意义。如果一个开关由于突变而遭干扰或损坏，就没有办法继续集成正确的输入。我们在前文见过的许多惊人的突变情形，比如从头上长出足的果蝇或是长出 6 个手指或脚趾的人，都是开关受损的结果，这些开关因为受损而在胚胎或身体部件的错误位置开启了工具包基因。

## 组合逻辑的威力与功效

每个开关的构成序列不同。一个开关包含的碱基对通常有几百个。在这个跨度范围内，对于几种不同的蛋白质，特征序列的可能数目为 6 ～ 20 个，也可能更多一些 。一个开关对经度、纬度、高度或深度输入的响应水平，取决于工具包蛋白可以结合的特征序列是否在其中存在、存在数量以及局部排列情况，这些蛋白质可能沿以上任何一个轴或在某种特定组织里定位。每个开关要打造的具体模式，都由编码在开关 DNA 里的特定特征序列集决定。

至于存储在一个开关里的信息，以及开关巨大的潜在多样性，要想说明这两点，我必须先就工具包蛋白的性质以及开关里的特征序列多提供一些细节信息。以下是一份简要说明，关于按不同的方式排列组合工具包蛋白所能得到的种类极多的功能以及由此而来的威力。精确的数字在这里并不是最重要的，头等大事在于见识组合逻辑的威力与效率。

工具包蛋白要辨认的特征序列很短，一般长度为 6 ～ 9 个碱基对，但也可能更长。一个平均长度的开关可以纳入许多不同的特征序列。一个开关上存在许多不同的可能特征序列。比如，一个包含 6 个碱基对的序列可能形成 A、C、G 和 T 这 4 个 DNA 碱基的 4 096（$4^6 = 4\ 096$）种排列，一个 7 碱基对序列可能形成 $4^7$（$4^7=16\ 384$）种排列，一个 8 碱基对序列有 $4^8$（$4^8= 65\ 536$）种排列的可能性。给定的一个工具包蛋白通常可以辨认出一系列密切相关的碱基序列，在一段特征序列里的数个碱基存在一定的灵活性。但即使存在这种灵活性，工具包蛋白在与 DNA 分子结合的具体位置上依然具有高度的选择性。不同的工具包蛋白通常辨认不同的特征序列。以下是一份相当简要的列表，列出了少数几个跟 DNA 结合的工具包蛋白名称以及它们辨认的特征序列：

无眼：KKYMCGCWTSANTKMNY

锡人：TCAAGTG

超双胸：TTAATKRCC

背部：GGGWWWWCCM

蜗牛：CAGCAAGGTG

其中：

R = A 或 G
Y = C 或 T
K = G 或 T
M = A 或 C
S = C 或 G
W = A 或 T
N = A, C, G 或 T

一种动物的完整工具包包含几百种不同的可以结合 DNA 的蛋白质，其中绝大多数都有不同的特征选择偏好。开关里的特征序列可能形成的组合数量达到天文数字级别。假设一种动物体内存在一个工具包，里面包含 500 种可以结合 DNA 的蛋白质，那么，这些序列两两结对的组合数目以及工具包蛋白的数目为：500 × 500 = 250 000（种）。若是每 3 个一组，又或是每 4 个一组，上述数字就会相应变成 500 × 500 × 500 =1 250 000 000，甚至超过 60 亿种。这些计算形象突显出工具包和基因开关的组合逻辑威力。我们看到的种类繁多的开关，就是由相同的特征序列和工具包蛋白所形成的难以计数的组合。可以想象，可取得同一结果的另一种选择恐怕就是先得到数目大得多的工具包蛋白，但用组合方式使用 500 种蛋白质可比直接编码 250 000 种（这大约相当于我们整个基因组编码的蛋白质总数的 10 倍）不同蛋白质高效得多。

请允许我简要介绍一下组合逻辑在生物学上的威力。我们以前曾在一种完全不同的背景下见识过这种力量。我们的免疫系统应对体内和体外数不胜数的各种病原体的主要方式之一是制造抗体蛋白，后者可与这些外来入侵者的蛋白质、糖和脂肪结合。我们有能力制造数百万种抗体蛋白。这种了不起的产能是通过以不同方式组合适量（一般为几百个）的抗体基因区与抗体链实现的，并不是数百万个不同的相互独立的抗体基因直接表达的结果。

用开关的DNA序列做实验可以非常清楚地看到开关和组合逻辑具有的多功能性。只要将特征序列添加到开关或从开关里移除，再观察由它们形成的表达图式有什么变化，就能生动地演示出开关的灵活性与强大威力。关于在果蝇胚胎里沿经纬两轴制造条纹的组合逻辑，加州大学伯克利分校的迈克尔·莱文（Michael Levine）及其同事已经成为这方面探索的领军人物，他们的工作揭示出了这些简单而精巧的表达图式形成机制。

前面图5-2以一道经度条纹及其相对应的开关解释了早期果蝇胚胎条纹形成的基本逻辑。这套关于条纹形成的基本逻辑也沿纬度起作用。一道条纹的确切位置由开关接收的输入强度决定。增加输入强度的一种方法是将特征序列的更多副本添加到开关上。举个例子，沿果蝇胚胎最南端出现的一道基因表达纬度（水平方向）条纹由一种工具包蛋白激活，后者浓度从南到北分级。控制这个条级基因表达的开关通常包含对应这种蛋白质的两个特征序列。若将可由一种激活物识别的特征序列的两份副本添加到这个开关上，前述条纹也会扩展到原有宽度的两倍以上，覆盖胚胎南半球更大一部分区域（见图5-4A）。

另一个选择是通过下调一个开关里存在的特征序列数量来降低输入的强度，甚至干脆消除输入。如果这些特征序列是用于激活物的，那么开关这时可能完全瘫痪。如果开关里用于调控前述南部条纹相应基因表达的两个特征序列发生改变，这个开关就不能被激活。但如果移除结合阻遏物的特征序列，最终的表达图式就会变大。图5-4B是一个不同类型开关绘制的另一种纬度条纹模式。该条纹原宽约20度，在南纬40度～60度延伸，并不涉及胚胎的最南端区域。调控这道条纹的开关包含一个特征序列的4份副本，位于胚胎最南端区域的一个阻遏物可以识别这个特征序列。如果这些特征序列上的位点发生改变，那么阻遏物就再也不能与开关结合，由开关控制的表达图式也就会一路延伸到胚胎的南极。

这些简单的实验展示了一道条纹的确切地理位置是怎样通过其包含的特征序列组合进行调整的。要让基因表达图式沿两轴方向形成，通俗来说只需开关包含一定数量可由工具包蛋白识别且沿两轴起作用的特征序列。如果某个阻遏物的一个特征序列在胚胎最南端表达，而我们现在将这一特征序列添加到一个经度条纹元件上去……瞧，条纹在南部被“切断”了（见图 5-4C）。

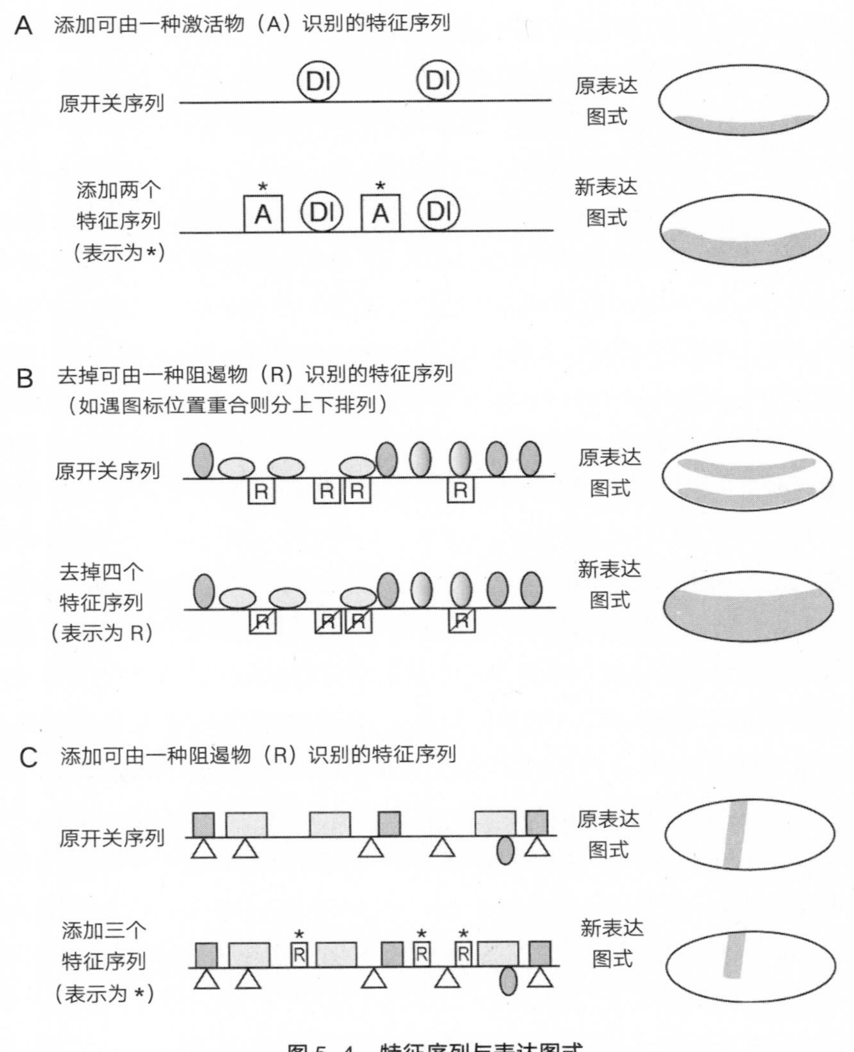


**图 5-4 特征序列与表达图式**

资料来源：Josh Klaiss.

所有这些简单的实验都说明了只要添加、减少或更改开关里的几个碱基就可以改变最终“输出的具体图式”。这些漂亮的演示作为一种重要预览，提示了特征序列在进化之路上发生的任何改变都可能影响开关功能，进而影响进化大业。关于这一点我稍后还要展开讨论，但在我们准备深入探索基因开关的世界之际，从一开始就思考各种可能性是很有价值的。

## 整体是多个部分的总和

在早期果蝇胚胎里负责条纹形成的基因，其开关属于最早得到研究的那一部分基因。拆解这些基因开关得到的最令人惊讶的发现之一，是构成多条纹表达图式的每一道具体条纹基因的表达均由不同的开关分别控制。例如，尽管某些工具包基因表达图式包括的 7 道条纹看起来非常相似，而且分布均匀，但每一道条纹基因的表达各由一个不同的开关控制的，这个开关对输入的不同组合做了集成。乍一看这像是动用大量设备却只制作了一种表达图式。但果蝇胚胎里这种逐道构造的条纹表达图式，其实是得出这个普遍规则的第一个线索：任何一个工具包基因的完整表达图式实际上都是多个部分的总和，并且其中每个部分均由单独的开关控制。

一旦搞清楚这些能控制条纹表达图式的开关的工作方式，就解决了不同生物结构生长模式研究领域一个久攻不下的问题。几十年来，数学家和计算机科学家都被诸如身体区分的体节、斑马身上的条纹以及海洋贝壳的纹路这样一些形态结构体现出来的周期性模式吸引。天才的艾伦·图灵（Alan Turing）[①]在1952 年发表了一篇论文，题为《形态发生的化学基础》（*The Chemical Basis of Morphogenesis*），许多理论家深受影响，试图从此解开周期性模式在大型结构

①计算机科学创始人，在第二次世界大战期间协助破解了德军的密码。——译者注

里如何组织分布的难题。不过，尽管数学公式和模型都很漂亮，但过去 20 多年的研究和发现却没有一个可以证实这一理论。数学家完全想不到，形成表达图式的关键原来是模块化的基因开关，并且，我们看到的各种表达图式实际上是大量单个元素的集合。

一个基因不仅可能在一个给定时间由多个开关调控表达略有差异的子图式，而且在不同的组织以及发育的不同阶段常常由不同的开关调控表达完全不同的表达图式。工具包基因一般不会专用于某一项发育操作。相反，这些基因在发育的不同环节会被一次又一次重复使用，直到成长中的胚胎塑造成形。开关赋予单个工具包基因强大的多功能性。几乎每个工具包基因都由多个开关调控。开关数目多达 10 个或更多的情形并不少见，如果真有一个上限数量的话，我们还不知道它是多少。

构造身体和身体部件的工作，是以许多单个开关调控的操作的总和形式实现的。比如脊椎动物庞大而错综复杂的骨骼解剖结构，实际上是由聚集在大量工具包基因周围的一组组开关“一根骨头、一根骨头”地编码，然后构造起来的。有一类工具包蛋白称为骨形态发生蛋白（bone morphogenetic proteins，简称 BMPs），因为具有促进软骨和骨形成的特性而得名，它们对骨骼的发育过程很重要。BMP5 基因作为该家族的一个成员，其调控作用说明了动物解剖结构上的各个部件是如何通过不同的单独开关编码而组建起来的。

BMP5 基因周围密布开关。诸如肋骨、附肢、指尖、外耳、内耳、椎骨、甲状软骨、鼻窦、胸骨等，它们细胞中的 BMP5 基因表达均有单独的开关（见图 5-5）。所有这些不同的表达图式、位置和时间预示的是同一种蛋白质正在合成——每个操作的特异性与整体表达图式的复杂性完全由这组开关决定。前面提到的每个身体部件相关基因的表达都由单独的开关进行调控，说明这种微调控对每个身体部件的构造与成形过程都是适用的。

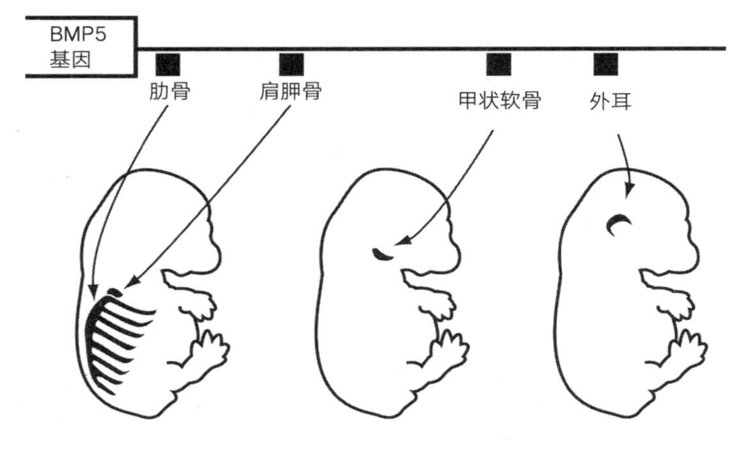


**图 5-5 正在发育的小鼠胚胎**

注：由开关调控 BMP5 基因在不同部位的表达。
资料来源：David Kingsley, HHMI and Stanford University; Josh Klaiss.

## 基因开关的多样性

开关表现出来的惊人多样性和精确地理特异性源于组合逻辑。因为多个输入的组合决定了一个开关的输出，并且每增加一个输入就会导致输入的潜在组合总数呈现指数式增长，所以开关的潜在输出实际上可以说是无穷无尽。想象一下，若将前面提到的激活物和阻遏物的带、条、线、斑、点以及块，与在任何位置、任何组织以任一组合进行表达的能力结合起来，这意味着无穷的可能性。可以说任何一种图式都是有可能出现的，并且研究人员已经在动物基因组里发现了形成千变万化表达图式的开关。对于任何一套坐标或坐标集，开关有能力且确实描绘出了基因表达的各种几何图式。

尽管输入和特征序列的潜在组合数量确实大到天文数字，但在任何一种动物体内的实际开关集都是有限的。并不是每个开关都完全与众不同。为协调发育进程，特别是协调制造具有专门功能的特定细胞类型，不同基因里的开关往往共用一个或多个输入，而且特征序列也一样。例如，肌肉细胞要完成自己应有的功能，必须先合成一组蛋白质，使这些细胞有能力收缩、快速利用能源并在肌肉活动期间高效清理废物。编码这些蛋白质的基因在肌肉细胞里通过开关被激活，这些开关具有由相同工具包蛋白识别的通用特征序列。其他特定细胞类型也是如此，比如神经元、眼睛内部的感光细胞、胰腺细胞、垂体细胞等。器官的功能通常由一个或几个工具包蛋白决定，它们负责“扳动”一组一组的开关，而这些开关属于遍布整个基因组的许多基因。

## 用模块化开关构造模块化动物

大致把握了基因开关的工作原理之后，我们接下来探讨这些开关怎样适应动物设计的主要趋势，并开始思考各种动物的进化之道。类似节肢动物和脊椎动物这样一些大型复杂动物，其基本特征在于它们都具有由重复部件组成的模块化设计。怎样利用开关将重复部件构造成不同的形态并具备不同的功能？只有探索这一问题才有机会搞明白我们最喜爱的动物的发育与进化之道。

我们在前一章已经看到，不同的 Hox 基因在节肢动物的不同体节与附肢，以及脊椎动物的不同菱脑节与体节中表达。具体到每个重复部件的生长模式和功能，由作用于每个附肢、体节或菱脑节的一个独特的 Hox 基因或一个 Hox 基因组合来决定。这些 Hox“区”的建立，以及它们随后在重复使用部件构造不同形态过程中起的作用，就是大型两侧对称动物构造模块化形态所应用的最基本的遗传逻辑，没有之一。

这一遗传逻辑对基因开关的依赖性分为两个层面。首先，一组开关属于 Hox 基因自己。这些开关负责激活位于不同区的每个 Hox 基因，这些区将成为动物的不同模块。其次，另一组开关包含能由 Hox 蛋白识别的特征序列，负责控制其他基因在不同模块的表达方式。

在节肢动物和脊椎动物身上，Hox 基因沿主体轴分布在各区。每个 Hox 基因表达域的各区均由基因开关控制，不同的开关控制不同组织里的 Hox 基因表达图式，这些组织包括脊椎动物的后脑、神经管、体节和肢芽，以及节肢动物的表皮和神经索等。基于这些开关的不同，同属一个模块的细胞表达的 Hox 蛋白或一组 Hox 蛋白就跟相邻模块的细胞有所不同。每个模块的不同形态，比如大脑菱脑节或体节、节肢动物的体节或附肢，均由作用于其他基因的 Hox 蛋白间接“雕刻”成形。

说到 Hox 蛋白将重复部件“雕刻”为不同形态的普遍逻辑，以昆虫为例进行解释最为直观。沿昆虫的主体轴一路看下来，其大多数的体节都具有独有的特征且带有不同的结构。举例而言，第一胸节并不带翅，第二胸节带有巨大的前翅，第三胸节带有较小的后翅，后翅的作用是保持平衡。前翅细胞均不表达 Hox 蛋白，所有的后翅细胞都表达 Ubx 蛋白，因为 Ubx 基因的一组开关在第三胸节和后翅位置将它激活了。后翅与前翅在外观上的差异就是 Ubx 基因发挥作用的结果。

Ubx 蛋白通过作用于形成翅特征的基因开关而雕刻出后翅的形态。它关闭促进前翅特征（翅脉和其他结构）形成的基因，同时打开促进后翅特征形成的基因。这些基因的开关必须整合多个输入，并且包含每个输入各自的特征序列。如果我们对少数几个开关和基因活性进行测试，对比它们在前翅和后翅分别呈现的状态，就会发现基本原理在于 Ubx 蛋白作用于一组开关子集，使后翅变得跟前翅不一样（见图 5-6）。

同一逻辑也适用于制造不同的菱脑节、椎骨和肋骨，以及在节肢动物身上制造不同的附肢类型。这些连续重复结构不同的最终形态均由 Hox 蛋白“雕刻”而成，这些蛋白质在主体轴的每个位置上决定了哪些肢生长模式基因、菱脑节生长模式基因、椎骨生长模式基因或肋骨生长模式基因的子集应该激活。

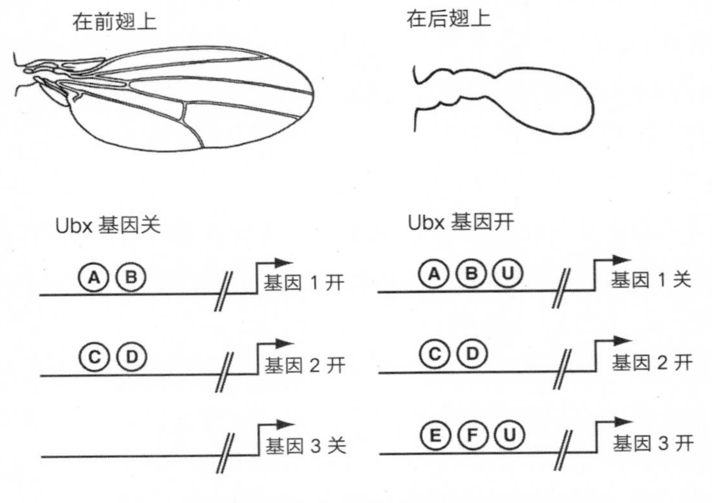


**图 5-6　果蝇前翅（左）与后翅（右）上的基因表达**

注：其具体状态由 Hox 蛋白调控。图中实线代表开关，标有字母的圆代表不同的调节蛋白（比如 U 代表 Ubx）。前后翅上激活的基因并不相同，从而形成不同的形态。

资料来源：Josh Klaiss.

## 胚胎的“接线”工作：开关、电路与网络

前文已经通过聚焦一个给定基因的一个开关、一个基因的多种开关或一种常见蛋白质控制各种开关的方式，说明了基因开关的工作方式。但我描述的每个开关或蛋白质以及我展示的每个表达图式只能算是一张一张的静止照片，相当于从动物的发育全程选取了寥寥可数的几帧而已。动物构造过程的完整故事还包含更大数量的照片，甚至是一部全程动作不停的大电影。

动物的整体形态和它们身体部件的形态并不是一个开关或一种蛋白质作用的结果。从身体部件、组织到细胞类型都是以下两类物质的产物：一是数量巨大的开关与蛋白质，它们在不同的时间和空间组织起具体的生长模式，二是蛋白质和其他分子，它们赋予细胞和组织不同的生理特性与物理特性。由具体某个开关或

蛋白质执行的发育步骤也会影响其他基因和蛋白质执行的发育步骤。一组组规模更大且相互关联的开关和蛋白质先形成局部“电路”，再由许多局部“电路”形成更大的“网络”，从而调控复杂结构的发育。动物构造就是这套基因调控网络结构的产物。

借用讨论电路或逻辑问题用的同类图表就能说明基因电路与网络的“接线逻辑”。每个开关就是一个决策点，位于基因电路的一个节点。我曾尝试画了一组相互关联的电路，其中涉及少量的激活物、阻遏物、开关和基因。而这仅仅是一个巨大的体系里少数几个部件的模型。我的猜测是至少需要 1 000 页的篇幅才能写出一只果蝇发育的逻辑，可能需要几千页的篇幅才能写出一个人的发育过程。脊椎动物的调控网络数量确实要大很多，我们人类拥有的细胞类型是果蝇或其他无脊椎动物的 3 倍，但复杂程度实际上并没有提高多少。

## 基因开关与工具包的解开

当下，生物学家仍在逐步了解基因开关的重要性。过去这几十年来，我们已经有能力阅读遗传密码，准确了解蛋白质序列在 DNA 里的编码方式和位置。基于这种以蛋白质为中心视角形成的普遍看法是，基因是 DNA 所携带的大量数据里的信息部分，基因周围以及基因之间的数据基本上就没什么信息。另一个看法也很普遍，即不同动物之间的差异在很大程度上取决于基因数量与序列的变化。但现在我们开始认识到，在一个基因的周围可能存在许多基因开关。与此同时我们通过基因组测序发现，小鼠和人类拥有几乎相同数量和种类的基因（各约 25 000 个）。考虑到这些基因编码序列高度相似，是时候探索其周围的开关，了解它们在进化过程中发挥的作用了。

看过前面对基因开关的逻辑以及惊人的潜在多样性的快照式介绍，足以让我们做好准备，开始思考它们对动物多样性的进化有什么贡献。在不同动物身上发现相似的工具包基因集一事引起了热烈的讨论，我们的关注焦点落在如何用这些相同的基因构造出如此千差万别的动物形态。发现一组组的开关让单个工具包基因不仅能在一种动物身上反复发挥作用，还能在连续重复的结构里以略微不同或明显不同的方式发挥作用，成为解开这一谜题的关键。

从了解开关调控发育进程的方式到预测它们怎样塑造进化过程，这是一次小小的飞跃。开关使相同的工具包基因能以不同的方式用在不同的动物身上。由于每个开关都是独立的信息处理单元，因此，一个工具包基因的一个开关或由一个工具包蛋白控制的一个开关发生进化改变，就有能力改变一种结构或形式的发育，同时不会改变其他的结构或形式。这就是模块化身体和身体部件进化的关键所在，比如人类怎么进化出与其他手指相对的拇指，或是果蝇怎么进化出一种特殊的后翅。我准备在接下来的第二部分探讨的许多进化之谜，从标志“寒武纪生命大爆发”的动物形态多样性大爆发，一直到现生蝴蝶或哺乳动物精彩纷呈的多样性，都是由发生在基因开关上的进化一一塑造出来的。

# 第二部分

# 化石、基因与动物多样性的形成

直至十几年前，分子生物学家和古生物学家还是形同陌路，前者是像我这样留在实验室跟 DNA 打交道的“室内”派；后者是“室外”派田野科学家，前往各种神奇地点从岩石里挖掘远古宝藏 。我们几乎没有任何共同点，从未见面，更别说约会。我们接受不同的培训，通常在大学里完全不同的院系工作，在不同的科学杂志上发表文章。

这种情形一去不复返。

现在古生物学家也在讨论 Hox 基因，分子生物学家甚至敢在讲话中带出诸如“寒武纪 ”这样的词！

在本书的第二部分，我会介绍胚胎学家与进化生物学家联袂研究，解开动物形态进化之谜的美妙故事。促成这次合作在很大程度上要归功于强大的分子生物学技术，它为研究动物的发育和历史提供了全新的手段。关于现生动物基因组和胚胎发育的知识让我们有能力从新的视角看待化石记录里描述的动物史，形成新的见解，除了包括到底发生了什么，还包括具体都是怎样发生的，从而深入了解形成动物多样性的内部运作机制。以“当下就是解锁过去的钥匙”作为现代地质学的创始宗旨之一，说的是我们现在可以观察到的机制不仅在过去起作用，也可以用于解释过去。这一基本思路也是进化发育生物学这门新科学的首要原则之一。

本书第一部分通过说明关于动物发育的四大关键思路，分别是动物构造的模块化、用于构造动物的基因遗传工具包、胚胎地理学以及确定工具包基因在胚胎的具体位置坐标里起作用的遗传开关，为第二部分先做好铺垫。

第二部分的中心内容是动物形态通过改变胚胎地理学而进化。我们会看到具体细节，显示动物如何通过改变工具包基因的使用方式带动胚胎地理学与形态发生演变。动物形态进化在很大程度上可以归纳为让非常古老的基因“学会”新技巧！

在接下来几个章节，我们将对进化发育生物学的力量有所体会，包括窥探遥远的过往，有机会描摹早已灭绝的动物先祖的模样，就动物史上一些最具戏剧性的事件提出新的看法。我们将仔细探索进化的故事，从动物界最深远的源头（距今 5 亿多年首次出现在古代海洋的成员）到赋能新型动物在陆地上和空中谋生的新结构起源，直到动物树上最近萌发的新枝（它们构成了今天壮观的动物多样性）。这将为我们搭建框架，以备进一步探索我们自己是怎样从一个小脑瓜的四足动物逐步演变而来的。

我要讲的这些故事为进化进程创造出新的生动画面。进化发育生物学的影响来自它的新颖性以及它提供的证据具有前所未见的高质量。这些新证据中，有一些以毋庸置疑的方式解决了进化生物学上长期悬而未决的争论，有一些提出了全新的观点，还有一些解决了进化生物学中的历史性难题：锁定某个作为特定物种进化成因的基因改变。

胚胎学借助进化发育生物学在一套充分整合的进化综合论中占据了联合主演地位，现在是时候修订教科书以反映学科的发展。事实上，跟现代综合进化论时代的抽象推断相比，我认为进化发育生物学为生动说明动物形态进化的方法打开了更具说服力的解释视野。加拉帕戈斯雀族鸣鸟与桦尺蛾的自然选择成为经典的进化传奇已有很多年，现在进化发育生物学又加上了从龙虾、卤虫、蜘蛛、蛇、带眼斑的蝴蝶、岩小囊鼠与美洲虎身上得来的深刻见解。以前所未见的方式显示出达尔文所说的“无尽之形”是怎样创造出来的，并且仍在继续创造。

# ENDLESS FORMS MOST BEAUTIFUL

第 6 章

# 动物进化大爆发

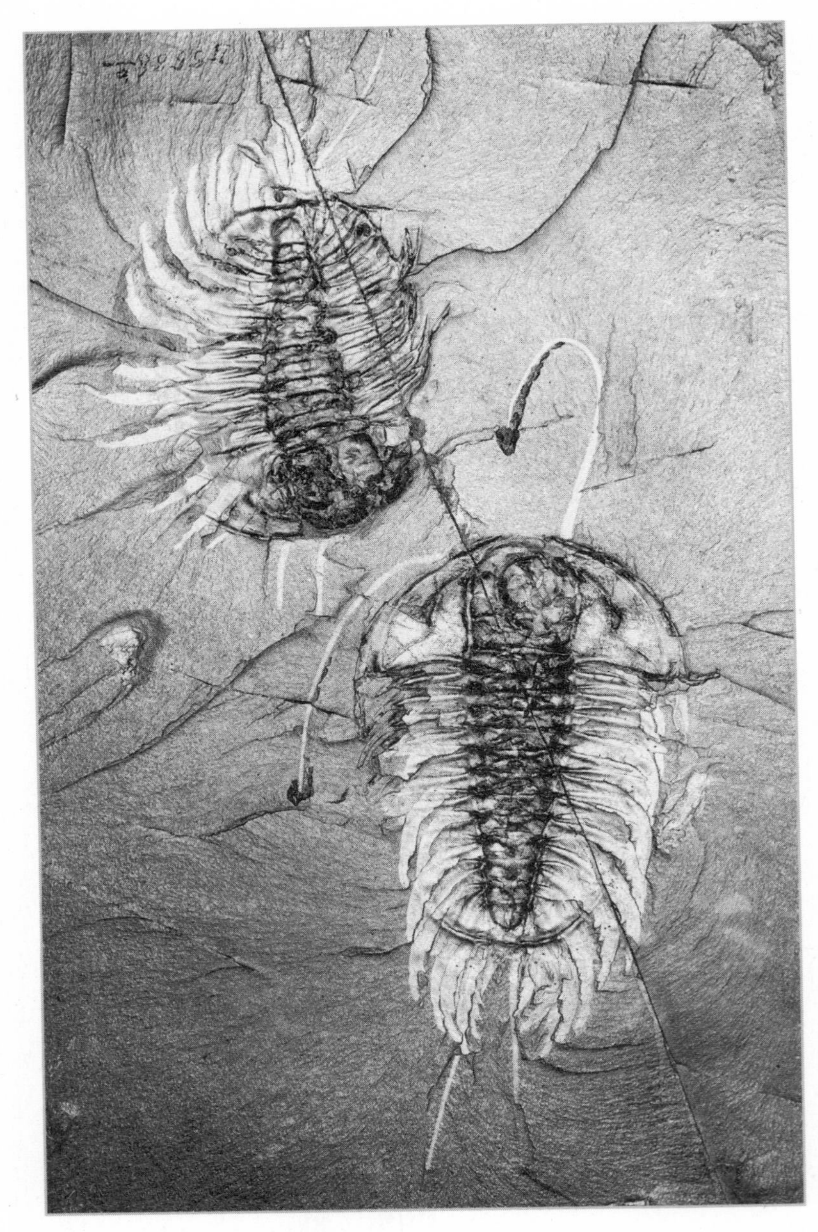

**在伯吉斯页岩中发现的锯形拟油栉虫**

资料来源：Chip Clark, by permission of Smithsonian Institution.

大自然似乎很享受以无尽的不同方式改变同一套机制……只有在用尽所有可能形态，再也不能增加某一类的个体数目之后才会丢开这一类的制作。

——德尼·狄德罗（Denis Diderot），哲学家
《对自然的解释》（*Pensées sur l' Interpretation de la Nature*）

在华盛顿特区史密森国家自然历史博物馆的化石展厅，一进门就能看见一组绿色的普通玻璃柜。大多数游客往往大步走过，一心直奔不远处的恐龙馆和其他一些充满戏剧性的庞然大物。但其实，就在这些看似不起眼的柜子里，在小小的方形岩石块中，静卧着迄今为止发现的最非同凡响、最重要的一些动物化石。

这就是著名的伯吉斯页岩化石。它们的形成时间可以一路追溯到距今大约 5.05 亿年的中寒武纪，由史密森学会会员查尔斯·沃尔科特（Charles Walcott）于 1909 年在加拿大不列颠哥伦比亚省一次探险旅行中首次发现。从那时起，在那片深灰黑色页岩层中留存的各种怪异而又美妙的形态一直让古生物学家心醉神迷。它们属于最早出现的复杂动物，具有触角、附肢、尾巴和眼睛，包括许多现代类群的代表，比如节肢动物、环节动物、脊索动物和软体动物。而且，看上去它们是在大约 2 000 万～1 500 万年前这么一段相对较短的时间里突然涌现出来的，在此之前的化石记录里只有非常罕见的少数动物出现过。复杂形态在地质学上骤然涌现这一事件，在世界各地距今 5.05 亿～5.25 亿年的岩石里都能找到记

录，因而得名“寒武纪生命大爆发”，相当于动物进化过程的“大爆发”。

这些化石动物以及寒武纪生命大爆发现象最早是由斯蒂芬·杰伊·古尔德通过他的精彩著作《奇妙的生命》（*Wonderful Life*）引起更广泛的公众关注。寒武纪动物给我们留下的最初挑战之一，就是要弄清楚每块化石究竟属于哪一个类群。从现代视角来看，它们“怪异”的解剖结构引出许多不同且不断改变的看法，关于某一块给定化石究竟属于软体动物还是环节动物、是否属于节肢动物，以及是否跟我们今天所知的一切生物都完全不同。

这些动物与现代类群的关系只是围绕寒武纪生命大爆发形成的众多谜团之一。其他谜团还有很多，例如：是什么触发了这场大爆发？为什么会在这一时期首先出现大型复杂动物？为什么这些特殊形态得以形成？以这场大爆发的原因为例，人们提出过许多不同想法。一些理论侧重从外部找原因，比如全球气候的变化。还有一些理论侧重从内部找原因，例如“产生”了构造身体的基因。就像许多久远过去发生的其他事件一样，提出一些想法可比验证这些想法容易多了。具体到基因理论，关于已经死去超过 5 亿年之久的动物的基因，我们可以提出什么问题？要知道这些寒武纪化石并不是动物体本身，而是动物体在巨大地质力量下留下的压扁了的印记，仅此而已。但随着胚胎学这一领域取得长足发展，我们开始有一点办法了解基因在寒武纪生命大爆发的触发和蔓延过程中发挥了什么作用。从某种意义上说，进化发育生物学作为新生力量能让死去多年的生命形态在我们眼前“复活”。

来自进化发育生物学的消息令人感到惊讶：原来，早在寒武纪生命大爆发之前，甚至比那时还要早很多，用于构造大型复杂动物身体的所有基因已经出现。与大型复杂形态生物出现的时间相比，至少再提前 5 000 万年，基因的遗传潜力就已准备就绪，可能还要提前更多一些。

这就意味着，虽然基因工具包本身没在进化，但骤然涌现的多种身体形态及其各种变化告诉我们，动物的发育进程经历了翻天覆地的进化。

关于寒武纪许多生物类群的故事，其关键在于怎样进化出不同数量和种类的重复的身体部件。作为威利斯顿定律的一个戏剧性例证，其可以通过胚胎地理学的变化加以解释。工具包基因的坐标发生了移动，尤以胚胎里表达 Hox 基因的位置最明显，而这就是生物形成不同身体形态的成因。这些位移是由基因开关带来的，是开关的进化推动了寒武纪生命大爆发，以及随之而来的主要动物种类的继续进化。

本章的重点和核心问题在于各种形态是怎样进化形成的。但在此之前，我们先要了解在动物史上到底发生过什么：在大爆发之前发生了什么，大爆发期间发生了什么，之后又发生了什么。我将从寒武纪之前存在哪些形态这一问题入手。尽管在那之前留下的化石记录极其罕见，但进化发育生物学还是能让我们更深入地窥探到甚至是寒武纪之前的动物史，思考寒武纪动物的祖先可能具有怎样的复杂性和形态，尤其要注意包括人类在内的、所有两侧对称动物的神秘末代共同祖先。

## 大爆发前的动物

地球约有 45 亿年历史。生命最早可能从 35 亿年前就踏上进化之路，但在最初的 30 亿年里，生物或者说有机体不仅很小（在毫米或更小的尺度上），而且结构都很简单。先于动物界出现的几个生物界，分别是细菌、原始细菌、原生生物和真菌各界。陆生植物比动物出现得晚一些，它们的先驱——绿藻出现在动物之前。距今 5.7 亿～ 6 亿年，在前寒武纪晚期[①]，生命的大小和形态开始有所扩展，各种厘米规模的形态出现在“埃迪卡拉动物群”（Ediacaran fauna，以南澳大利亚同名山丘命名，是这一动物群代表形态的最早发现地）。

①我国又称震旦纪，距今5.7亿～8亿年。——译者注

这个谜一样的动物群困扰了古生物学家几十年。哈佛大学生物学教授安迪·诺尔（Andy Knoll）干脆将它们比作古生物学的罗夏（墨迹）测验（Rorschach test）①。埃迪卡拉纪化石呈现的管状、类似蕨类或棕榈叶且辐射对称的形态一度引发众说纷纭，关于它们到底是什么，从沉积物到多细胞生命的一场灭绝实验，再到动物祖先以及当下生活的各种生物类群的代表，简直应有尽有；只是它们与现生动物的联系依然难以确定，仍存在争议（见图 6-1）。但不管这批埃迪卡拉纪"怪客"到底是什么，在它们存在的同一时期，寒武纪动物的古老祖先一定已经出现了。我们不知道它们具体长什么样，但进化发育生物学带来的新见解让我们有机会想象一下，我们要找的究竟是什么。

**图 6-1　埃迪卡拉纪的生物形态**

注：图为澳大利亚南部埃迪卡拉山丘的两种化石，分别被命名为 Dickinsonia costatala 与 Spriggina flounders，它们与现代或寒武纪生物形态的关系尚不明确。
资料来源：Dr. Jim Gehling, South Australian Museum.

只要说到我们的远古祖先，就不得不先基于动物进化树的结构做一些推论（见图 6-2）。生物学家在意的是各类群在进化树上的位置，因为通过不同类群的亲缘关系可以推断各种特征是什么时候从哪些类群进化的。

---

①心理学上用以测试患者的人格结构。

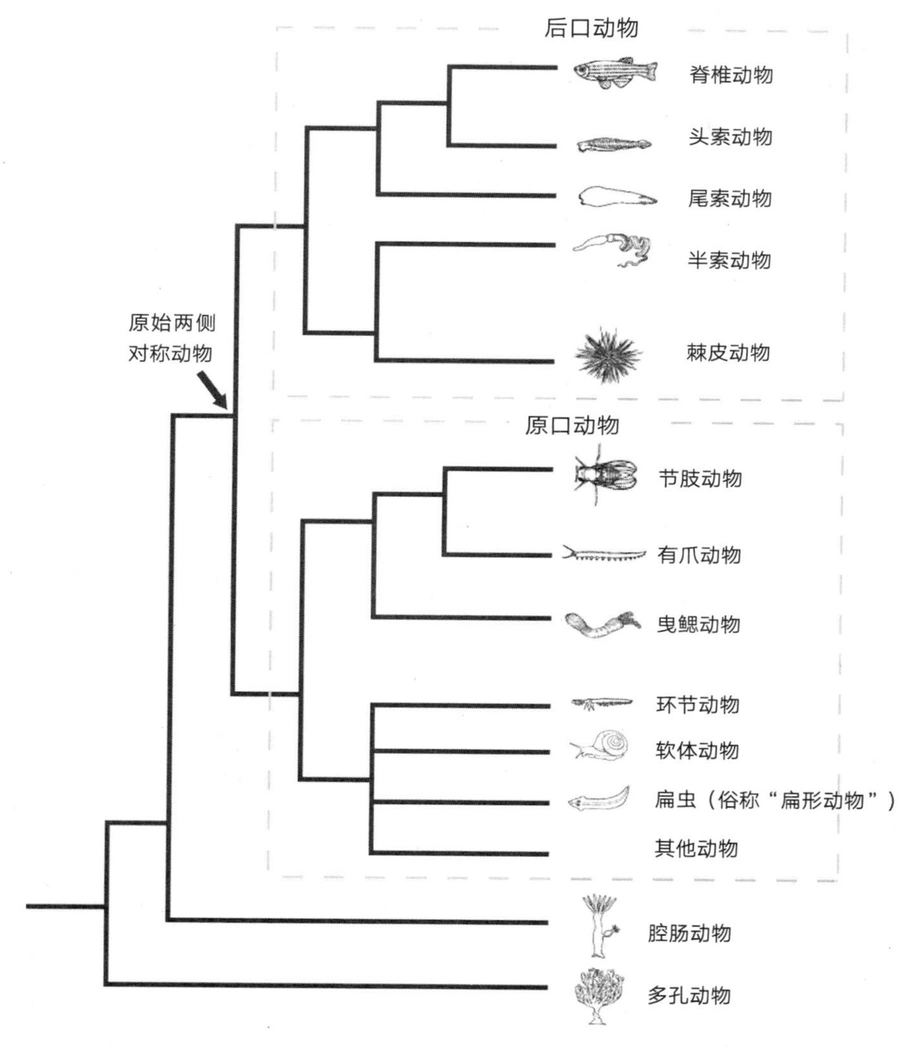


**图 6-2　动物进化树**

注：两侧对称动物的两个大类分别被称为“后口动物”和“原口动物”，它们最后一位共同祖先被称为“原始两侧对称动物”。腔肠动物（各种海葵与珊瑚）与多孔动物（多种海绵）在原始两侧对称动物出现以前已经形成新的分支“各奔前程”。
资料来源：Josh Klaiss.

比如，昆虫和脊椎动物是动物进化树上两大不同分支的代表。定义和区分这两大分支的基本差异，若以胚孔初始开口为参照，两者在胚胎阶段形成口的位置是不同的。若口是在胚胎内与胚孔初始开口不同的另一个位置形成的，这些动物就被称为“后口动物”，包括人类和所有的其他脊椎动物，还有棘皮动物（如海胆、海钱）和其他一些类群。若口是由胚孔发育而来的，就被称为“原口动物”，包括果蝇，及其他节肢动物、环节动物、软体动物等许多其他类群。至于动物进化树的树干，包括海绵、腔肠动物（比如水母、珊瑚、海葵）以及栉水母等，它们都先于原口动物和后口动物分化而自成一系。这些位于“树干”位置的动物在过往的生命史和今天的海洋中都很重要，但我在本书不会花太多时间讨论它们，而是主要讨论两个更高位置的分支。

原口动物和后口动物一样，它们很多清晰可辨的成员都是在寒武纪时期首次出现的。由于动物进化树上的分支到寒武纪时已经划分得相当清楚，因此我们推断各类群的共同祖先应该在寒武纪之前出现。这是一个推论，因为原口动物和后口动物在寒武纪之前的化石记录全都难得一见。事实上，截至目前只有一块来自前寒武纪的实体化石，属于一种被叫作“金伯拉虫”的动物，距今约 5.55 亿年，可能代表了一种原口动物。

那么，这些远古的祖先现在都在哪里？

化石的保存条件已经证明诸如水母、珊瑚和海绵这样的动物，还有埃迪卡拉动物群，都能以化石形式被保留下来。化石存在的稀缺性似乎不能归结为化石记录出了问题。由于确实存在某些生物或者说有机体的大型化石，因此，关于找不到原口动物和后口动物化石这件事，一种解释就是这些动物体型太小（可能不到 1 厘米）且构造精巧，太容易遭损坏；另一种解释是在各种奇奇怪怪的埃迪卡拉化石里就有原口动物或后口动物，只不过我们现在还没能识别出来，因为它们并不具备我们已认知的动物的特征。而在没有实体化石的前提下，古生物学家也不准备冒险，顶多只能想象出一个没有什么鲜明特征的蠕虫状模糊生物，作为原口动物和后口动物的最后一位共同祖先。

如果说目前找到的化石记录给不了我们确切的线索，为了进一步了解动物的祖先，那么其他类型的证据又能带来什么启示？我们可以根据后代共有的细节做一些推断。这就是进化发育生物学用于窥探遥远过去的核心逻辑。其基本前提在于，两个或两个以上的生物类群，它们共有的任何细节都有可能存在于它们最后一位共同祖先身上，就好比一棵树上的两个分枝是从同一个基部分叉点长出来一样。再将这一逻辑跟我们对两个或两个以上类群的发育和基因的认识结合起来，由此尝试推断其共同祖先可能具有什么特征。目前我们可以确定的特征之一，是原口动物和后口动物的最后一位共同祖先具有两侧对称性。细看这两大生物类群，所有成员最起码会在其生命周期的某个阶段有过两侧对称组织。以海胆和其他棘皮动物为例，其幼体就是按两侧对称方式组织起来的，虽然后来它们的成体表现出各种辐射对称性。这一组织方式开辟出动物新的运动方式和更复杂的生活方式。根据原口动物和后口动物共有的基因工具包的内容与相似作用，我们现在还能更进一步地加上一条：两侧对称动物的共同祖先带有一个工具包，里面至少包含 6 或 7 个 Hox 基因、Pax-6 基因、Dll 基因和 tinman 基因，外加几百个发育基因。关于这种动物的命名，加州大学洛杉矶分校的埃迪·德·罗伯提斯（Eddy de Robertis）的建议是 Urbilateria，意为“原始两侧对称动物”。

这么多的基因在原始两侧对称动物身上做了什么？原始两侧对称动物当真就是我们目前以为或者说想象中的那种没有什么具体特征的蠕虫状动物吗？还有，拥有这么多基因这一事实在解剖结构复杂性与行为复杂性这些方面可能意味着什么？单单思考这几个问题就足以让人浮想联翩、欲罢不能了。

关于这个工具包里的基因在不同动物身上发挥的相似作用，其中一种解释是假定原始两侧对称动物身上存在由这些基因调控的某种程度的解剖结构复杂性。关于“某种程度”可能还有不同的解读，但我们还是可以根据一些合理的推论，先给原始两侧对称动物勾勒一张速写。举个例子：它有没有眼睛？可能不是我们后来在寒武纪三叶虫身上发现的那种大而明显的眼睛。具有大而复杂的眼睛的动物估计现在已经出现在我们找到的化石记录里。不过，由于 Pax-6 和其他参与眼睛发育的基因在两侧对称动物的两大主要分支中都发挥了相同作用，我们还是可以推断，原始两侧对称动物可能至少具备某种眼点或感光结构，这种眼点或感光结构由光敏细胞构成，以某种几何形状排列。

我们可以基于类似的逻辑继续探讨，比如，原始两侧对称动物有没有肢。尽管古生物学家可以在化石沉积物里检测到动物蜿蜒爬行而留下的痕迹，但直到寒武纪相关证据才真正变得毋庸置疑，因此原始两侧对称动物未必具备完整独立的肢，但它们确实带有用于制造肢的基因。况且我们也知道，这些基因可以用来制造各种从身体主干延伸出来的结构。因此，即使原始两侧对称动物不能行走或游泳，它们也可能具备从身体主干延伸出来的结构，也许是帮它们搜寻（如感觉器官）或摄取（如口或触须）食物用的。等到了寒武纪，用于制造这些延伸部分的基因就要用来制造真正可以行走和游泳的肢了。

还有，如果原始两侧对称动物肯定带有 tinman 基因，那它们会不会也有一颗心脏？我们当然不会指望看到像人类这样的现代心脏。但它们也许带有某些收缩细胞，用于泵送液体抵达体内各处。再者，这种原始两侧对称动物带有的不同 Hox 基因的数量至少可以表明，它们的身体可能明确地分为前部、中部和后端。另外，基于基因和发育的逻辑，我们可以肯定它们有一个直肠，上面附带口和肛门。我们还可以自信地说，各种细胞类型，从肌肉细胞、神经细胞、表皮细胞、感光细胞、消化细胞、分泌细胞到吞噬细胞，都是存在的，因为这些细胞全都存在于它们所有的后代身上。关于原始两侧对称动物，不确定的部分就在于这些细胞具体组织成为我们今天称为眼睛、心脏和附肢等各个器官的程度。这些组织已经复杂到足以将 Pax-6、Dll、tinman、Hox 等基因的功能锁定在特定用途上，这些用途到现在已经在这位祖先的所有后代身上传承了超过 5 亿年。

我在这儿不得不带有一点试探的性质，毕竟直到写作此书之际，我们不能也不会有十足的把握，除非找到化石（寻找新地点和新沉积物类型的工作正在继续进行）。但由进化发育生物学提供的这张新速写很重要，从中可以看到该动物配备了构造复杂身体所需的全部基因，同时具有一定的初始水平的解剖学复杂性。

达尔文在写给地质学家查尔斯·莱尔（Charles Lyell）[①]的一封信里也对人类的祖先有过猜测。基于各种已知脊椎动物的对比，他做过这样一番推断："我们的祖先是一种能在水里呼吸的动物，长有一个鱼鳔、一条擅长游泳的尾巴和一个还不完善的头骨，而且毫无疑问属于雌雄同体！这对人类而言可是一份令人愉悦的家谱。"正因为相似性的发现几乎遍布动物界，我们才有机会更深远地窥探留在远古时期的一种生物，跟这家伙相比，达尔文推断的人类祖先立刻变得相当精致复杂。

为你的传承感到自豪吧！

## 寒武纪生命大爆发

说到寒武纪的开端，其地质边界可以追溯到距今 5.42 亿～ 5.44 亿年。但这一边界并不能作为动物进化开始的标志。从寒武纪开端又过了 1 500 万到 2 000 万年，从化石记录里看到的动物形态依然寥寥无几，这种局面要等到节肢动物、脊索动物、棘皮动物和腕足动物陆续登场才有所改观。由于这些动物从形态上很容易区分（也只有这样才能将其分门别类），因此可以推断，各个动物世系的分化已经进行了相当长的一段时间，只不过我们还无法根据化石记录破译而已。

西蒙·康韦·莫里斯（Simon Conway Morris）是主导破译寒武纪一系列事

---

①英国地质学家，认为地球表面特征是在不断缓慢变化的自然过程中形成的，反对灾变论或求助于《圣经》，著有《地质学原理》等。——译者注

件的古生物学家之一，他将这一早期多样化阶段比作一道火药痕迹，一路回溯到“时间迷雾”。但不管这痕迹到底有多长，随着寒武纪早期进入尾声，它也该来到“火药桶”的位置，生物形态多样性随之引爆。寒武纪生命大爆发不仅仅是各大类群的代表生物一个又一个地出现，还是基本身体类型的各种变异版本组成的一场“大巡游”。单在伯吉斯页岩这一处就包含约 140 种动物，代表 10 多个门。其他遗址也令人收获满满，特别是在中国云南省发现的“澄江动物群”，以保存了蔚为壮观的标本著称，而且，也许更重要的事实在于它比伯吉斯页岩还早了约 1 500 万年。澄江动物群有助于将几个群的已知最早出现时间再往回推一大步。这是一个研究活跃的遗址，不断产生令人惊叹的发现，其中就有我将在稍后讨论的一些神奇的脊椎动物。澄江同时提供了一帧用作对比的快照，显示出古代世界在寒武纪另一段时间、另一个地区的生活景象。澄江和伯吉斯这两处遗址给我们特别点出了两大类群，分别是节肢动物和叶足动物。它们的多样性发展到了令人叹为观止的地步。叶足动物以其简单的不分节的足命名，也许你以前没听说过，但其在节肢动物的故事里，乃至更普遍而言的寒武纪故事里都扮演了非常关键的角色。

在所有的寒武纪动物群里，占统治地位的都是节肢动物。它们在伯吉斯的全部物种中占了足足 1/3 或以上的比例。其成员从我们熟悉的三叶虫形态，例如锯形拟油栉虫（见本章首页图）、纳罗虫，一直到不那么广为人知的瓦普塔虾、马尔三叶形虫（最丰富的伯吉斯化石）（见图 6-3）以及加拿大虫，林林总总。从所有这些动物身上可以看到一个主要特征，即许多节段及其相关附肢具有相似的外观。事实上，这种明显具有重复性的组织方式并不独属于节肢动物，从叶足动物身上也能看到类型相对较少而数量较多的身体部件。

古生物学家古尔德最喜欢的一些生物，就包括在这些叶足动物里，比如埃谢栉蚕（见图 6-4）。这种动物能引发人们浓厚的兴趣，原因之一在于它那明显具有重复性质的身体组织方式以及管状的肢。这些特征说明埃谢栉蚕很有可能代表了一种原始形态，是身体与肢更精巧模式的前身。最早发现伯吉斯页岩化石的沃尔科特一开始把埃谢栉蚕归为环节动物的一种蠕虫。但包括古尔德在内的其他人则明确将它归为叶足动物。这一类群与现代的有爪动物门（又称天鹅绒虫）关系最为密切，有爪动物门由软体多足生物组成。有一个细节对我接下来要讲的故事很重要，即现存有爪动物跟已灭绝的只留下化石的叶足动物一样，都是跟节肢动物具有最近亲缘关系的物种，俗称“姐妹”类群。目前的看法是，节肢动物就是从某些叶足动物的祖先进化而来的。要了解节肢动物的远古祖先在身体与肢的设计上经历过怎样一番进化，叶足动物化石提供了特别丰富的信息。

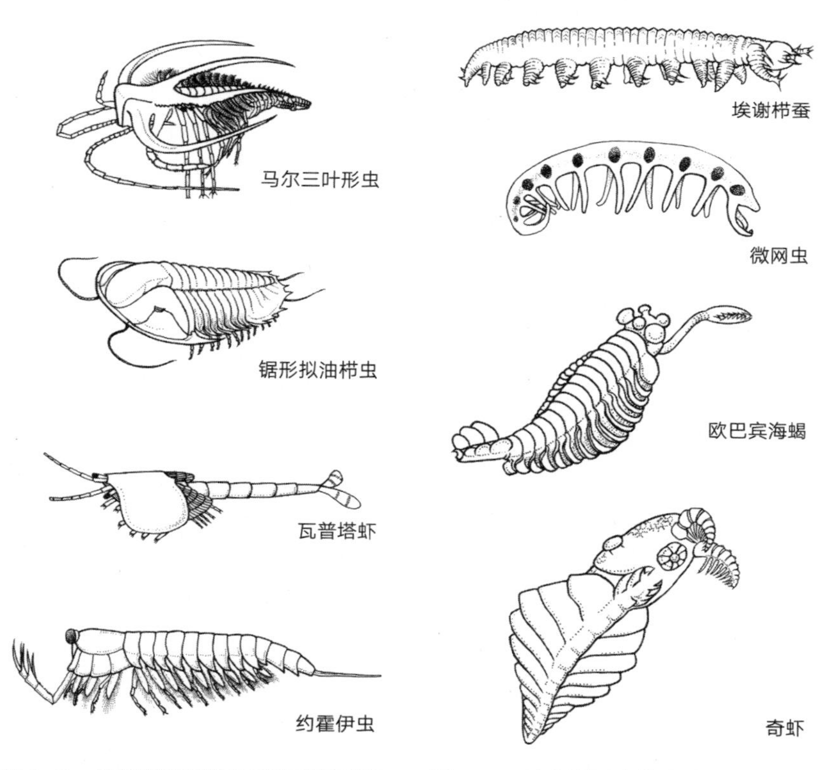


**图 6-3　伯吉斯页岩的寒武纪节肢动物**

注：从这些动物中，可以看到在节肢动物的设计上有不同的变体，带有数目和类型都不同的特化且有分节的足。

资料来源：Leanne Olds.

**图 6-4　伯吉斯页岩的寒武纪叶足动物**

注：这些动物带有不分节的足，是与节肢动物亲缘关系最近的物种。

资料来源：Leanne Olds.

一些最引人注目的寒武纪动物都属于叶足动物，而且，从形态学上看，与古生物学家眼里的节肢动物原始形态也非常相似（见图 6-4）。类似欧巴宾海蝎和模样吓人的奇虾，还有其他一些叶足动物和节肢动物，通过详细的化石研究可以看到，在叶足动物身上发生了一系列革新，比如身体分节、带有一套坚硬的外骨骼，以及一种二枝型或者说带分叉的肢等，已经成为节肢动物全体成员的基本特征。多种叶足动物分别具备这些特征的一些子集，有的完全不具备这些特征，比如埃谢栉蚕，它因此被认为是这一类群的最原始成员；有的已经形成体节但还没有二枝型附肢，比如欧巴宾海蝎；还有的已经具备二枝型附肢，但还没有完全硬化的外骨骼，比如奇虾。我会在下一章详细介绍，经由这一基本附肢设计开创的巨大机会。

在澄江、伯吉斯和其他一些遗址，由叶足动物与节肢动物呈现的多样性让我们有机会不再把寒武纪生命大爆发简单看作一次突如其来的瞬时事件——有点类似那种“现在你看不到，现在你看到了”的魔术把戏，而是将其列为身体设计进化进程这部“连续剧”里相当重要的一集。1 000 万年或 1 500 万年在地球史或生命史这样宏大的格局里可以说是弹指一挥间，但动物界还是有充分的时间用于创造新的附肢、改变身体设计等。要知道，作为对比，大多数的哺乳动物，包括灵长目、啮齿目、蝙蝠、鼩鼱、食肉动物等，就是在恐龙于距今 6 500 万年消失后的第一个 1 000 万～ 1 500 万年间陆续出现在化石记录里的。

但我们在这里要回答的问题是：这一波进化是由什么推动的？关于这个问题，进化发育生物学提出了新的见解。

## 构造新动物需要新基础吗

说到将基因与复杂形态的进化之路联系起来，很长一段时间以来最普遍也最简单的观点是只有进化出新的基因，才有机会产生新的身体设计与结构。不难理解，这一观点由于符合直觉而具有吸引力。既然一个给定物种的形态是由它特有的遗传信息造就的，那么新的形态背后就应该有新的信息，也就是先要有新的基因。但正如我们马上就会看到的那样，虽然创造“新基因”的观点听上去很有吸引力，却不能解释大多数动物种群的起源或多样性。与任一特定动物类群相关的“新基因”观点，其第一个版本是由加州理工学院的爱德华·刘易斯提出的。他当时说的节肢动物是基于对果蝇 Hox 基因的研究而得，并因此获得诺贝尔奖。刘易斯猜测，在昆虫身上负责形成多种不同类型体节的多种 Hox 基因是从数量较小的一组 Hox 基因进化而来的，这些基因在昆虫与节肢动物的远古祖先身上形成了数量较少的不同体节类型。这个“刘易斯假说”并不正确。倒是检验这一想法的过程生动说明了进化发育生物学的逻辑，让我们清晰地看到许多不同种类节肢动物的身体是怎么进化出来的。

该从哪儿着手去认识节肢动物祖先的基因？我们的策略再次由以下这一关键逻辑产生：两个或两个以上生物类群共有的任何细节都有可能存在于它们的共同祖先身上。但有什么动物可以研究呢？欧巴宾海蝎、奇虾和它们的寒武纪小伙伴早已经灭绝。没错，但带叶足的动物并没有全部离我们而去。有爪动物门的现生成员不仅看起来或多或少有点像伯吉斯化石里的埃谢栉蚕，而且仍然跟它们的寒武纪祖先一样，用软绵绵的叶足行走在我们周遭的大地上（见图 6–5）。我的学生鲍勃·沃伦（Bob Warren）、珍·格雷尼尔（Jen Grenier）、特德·加伯（Ted Garber）和我都认为，有爪动物门就是探寻节肢动物祖先基因的最理想材料，因为现生有爪动物（见图 6–6）与节肢动物共有的所有基因一定全都存在于它们的最后一位共同祖先身上。

当时我们面对的难题是在美国本土根本就找不到有爪动物，更别提我们所在的威斯康星州了。但澳大利亚就有很多，因此，我们的美丽冬季才过了一半，我就“强迫”鲍勃和珍离开威斯康星州直奔澳大利亚新南威尔士州，那里有我们的合作者、行家级的有爪动物猎手保罗·惠廷顿（Paul Whitington），他当时在位于阿米代尔（Armidale）的新英格兰大学。保罗会带他们出发，从倒下的树木里面寻找这些离群索居且伪装良好的小家伙。“完全不用担心。”保罗告诉他们。嗯，他的意思是除了留意棕色的蛇、有毒的蜘蛛和蜇人的大蜈蚣之外，完全不用担心抓不到有爪动物，因为有爪动物同样喜欢原木。

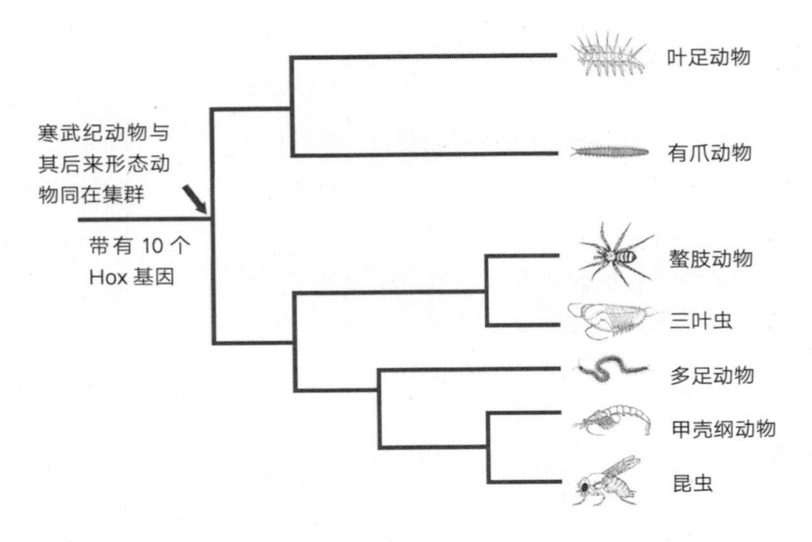


**图 6-5　节肢动物与叶足动物进化树**

注：现生类群与已灭绝类群之间的关系如图所示。这两个类群的共同祖先很可能生活在寒武纪，并且已经具备至少 10 个 Hox 基因，因为在它所有的现生后代身上都能找到这一数目的 Hox 基因。

资料来源：Josh Klaiss.

我们用了整整两个采集季的时间，幸而珍和鲍勃最终还是找到了足够数量的标本，即目前归于有爪目南栉蚕科的一种小型棕色动物，学名 *Akanthokera kaputensis*（见图 6-6），可以准备提取 DNA 和胚胎做进一步的研究。他们的主要兴趣在于识别有爪动物带有的全部 Hox 基因，了解这些基因到底是运用怎样的机制产生这些动物的。我们已经知道果蝇总共有 10 种 Hox 基因，其中 8 种属于常规类型，余下 2 种不那么常规，在发育过程中发挥了其他作用。因此，对珍、鲍勃和特德来说，关键问题就变成：有爪动物到底带有多少种 Hox 基因，具体是哪几种？他们从这些动物身上分离出 DNA，并且结合相关技术，从有爪动物基因组的大量基因里有选择地寻找 Hox 基因的 DNA 片段。虽然有爪动物体节和附肢的类型寥寥可数，但我们团队发现，尽管存在这种相对简单性，它们其实同样具有从果蝇和其他节肢动物身上所发现的所有 Hox 基因。

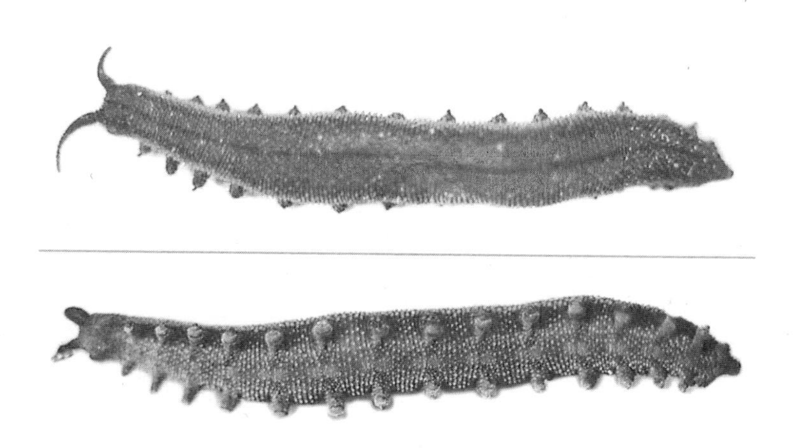

**图 6-6 现生有爪动物**

资料来源：Jen Grenier and Steve Paddock.

由此可见，节肢动物的全部 Hox 基因都在有爪动物与节肢动物的最后一位共同祖先身上准备就绪。这意味着所有寒武纪叶足动物和节肢动物，从埃谢栉蚕到奇虾，从微网虫到马尔虫，也具有同样规模的一组 10 种 Hox 基因。而且，在那之后出现的全部节肢动物，比如蜘蛛、蜈蚣、昆虫和各种甲壳纲动物等，它们的身体设计均由这同一组 Hox 基因构建而成。

直到我们就自己这些研究结果发表第一份报告以前，许多古生物学家都赞成寒武纪生命大爆发可能是由动物体内 Hox 基因的数量发生了一次增长而引起的。虽然我们的数据完全否定了这一看法，却没有让人感到失望。有能力通过自己动手检测不知名生物的基因来验证上述看法是否正确，这本身就显示出进化发育生物学带来的全新力量，让我们从新的角度深入探寻遥远的古老往事。对于像我和我的学生这样的“室内”分子生物学家来说，能为探索寒武纪故事做出有意义的贡献，当然非常令人激动。

但这还只是开篇而已。真正的难题尚未解决——如果不是出现了新的 Hox 基因，那么，寒武纪以及后来的各种动物形态究竟是怎么一一进化出来的？单凭

DNA 里存在某些特定的基因集这一点还不够，不能为我们揭晓答案。关键要看胚胎地理以及不同种类节肢动物的产生过程，从中可以看到，原来，形态进化跟具体拥有哪些基因没有太大关系，而主要取决于动物具体怎么使用这些基因。

## 不安分的 Hox 基因与威利斯顿定律

从寒武纪开始的节肢动物进化故事主要围绕不断增长的体节与肢类型的多样性展开。以三叶虫为例，它的身体具有 3 个主要分区，分别是头、躯干和尾板，在这 3 个分区上，大部分或全部的体节和附肢看起来都很相似，往往只是大小有差异。再看当下各种活蹦乱跳的节肢动物类群，它们的代表动物不仅全都出现在寒武纪结束之前或之后的第一个 1.5 亿年内，而且具有的附肢类型也多多了，达十几个甚至更多。节肢动物从头、躯干到尾巴延伸出来的附肢现在全都特化为专用于摄食、运动、呼吸、挖掘、感觉、交配、育儿以及防御等不同功能。毫无疑问，节肢动物能大获成功，首先必须归功于附肢类型日益特化促成的适应性改变。

不同类型附肢的数量是怎么增加的？一定是在节肢动物的胚胎地理层面发生了重要变化。为了搞清楚到底发生了什么，我们再次把目光转向现生动物。果蝇附肢类型的基因调控情形最广为人知，我们已经知道每一种类型的附肢的形成，比如颚的各种附肢、三对不同的足、（通常）不带附肢的腹部和生殖器（也是一种经过改造的附肢），全都受控于 Hox 蛋白。果蝇附肢在类型与功能上体现这种了不起的多样性，是通过沿果蝇主体轴在不同区域部署不同 Hox 基因实现的。昆虫胚胎的地理包括创建许多独特的 Hox“基因区”，有的是单个，有的是组合（见图 6-7，基因区用数字 1 ～ 10 标记）。

寒武纪的动物胚胎都有怎样的地理系统？距今 5 亿年，Hox 基因在这些动物身上是怎样部署的？我们没办法直接看到，但可以再次对比各种现生节肢动物胚胎的地理系统，外加考察 Hox 基因的作用方式，以此为基础做一些推论（见图 6-7）。

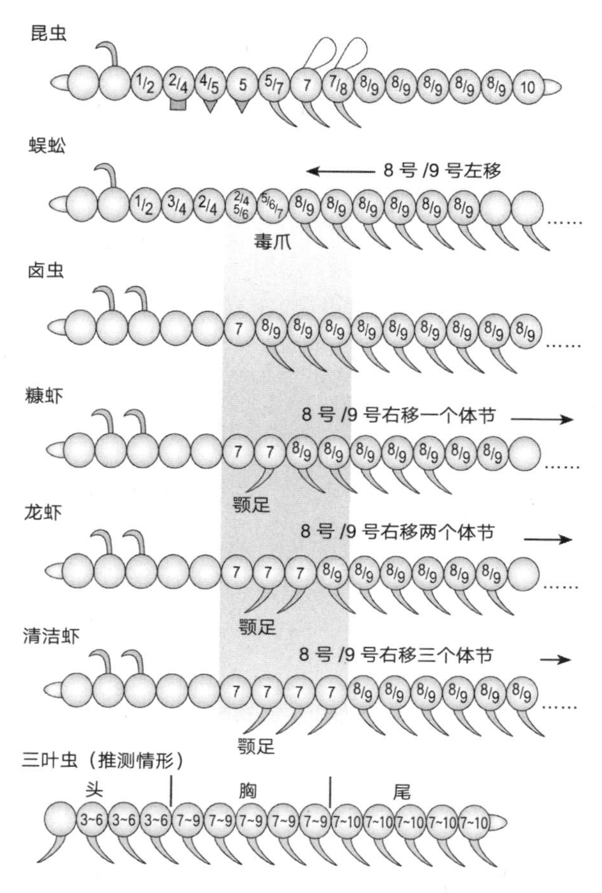


**图 6–7　Hox 基因的表达区发生位移造成的节肢动物设计的主要区别**

注：图中用数字标记 Hox 基因。留意 Hox 基因 7 号、8 号、9 号的边界，在昆虫、蜈蚣以及 4 种甲壳纲动物（卤虫、糠虾、龙虾与清洁虾）身上出现了相对位移。以（没有颚足的）卤虫为参照，可以看到这些动物的颚足数目与 Hox 基因 8 号、9 号的表达位置在它们身上向后（图中为右）移动的体节数形成完美相关。蜈蚣的第一对颚足进化为毒爪。三叶虫的身体大概只有 3 个区域、由 3 套不同的 Hox 基因组合确定。

资料来源：Leanne Olds.

例如，有些节肢动物，比如现存的卤虫（又称盐水丰年虫），有一个结构非常简单的胸部，其中所有的体节和附肢都非常相似。一般认为这也是它们的原始祖先具备的基本地理系统。在卤虫的胚胎里有两种 Hox 蛋白（分别编号为 8 和

9)，从正在发育的胸部位置可以看到它们的表达图式几乎一模一样，这跟昆虫不同，昆虫是表达在不同的区（见图6-7）。蜈蚣是另一种主要的节肢动物类群，它们胚胎里的Hox基因分布与卤虫很相似。蜈蚣长长的躯干由相同的体节组成，全部带有相同的足。在蜈蚣的胚胎里，每个体节和附肢均有两种相同的Hox蛋白（编号8和9）。从这两种节肢动物身上可以看到，表达图式相同的体节所在的区，就是相同的一个或多个Hox蛋白的表达区。因此，在寒武纪节肢动物（比如三叶虫）身上，带有相似体节和附肢的区块很有可能就是相同Hox蛋白的表达区。

另外，我们还发现Hox表达区之间的边界通常反映在节肢动物体节和附肢类型的变化上。以卤虫和蜈蚣为例，在它们长长的胸部正前方那个体节分别出现了单个Hox蛋白和多个Hox蛋白组合的表达（分别为卤虫的7号和蜈蚣的5～7号），从而形成不同类型的附肢。具体到卤虫身上，这是一个摄食附肢；到了蜈蚣身上，这一附肢则变成了毒爪，用于致瘫猎物以及自卫（见图6-7）。像这样在附肢类型差异与Hox表达区沿主体轴上、下不同位置分布之间存在关联的情况非常普遍。

纵观各种节肢动物，都能看到Hox表达区的位移与各体节延伸的附肢在数量和种类上呈现的进化差异密切相关。这不仅发生在节肢动物各主要类群之间，甚至在各类群内部也是这样。米凯利斯·阿维洛夫（Michalis Averof）和尼潘·帕特尔（Nipam Patel）收集并仔细检验了多种节肢动物类群之一——甲壳纲动物，包括虾、藤壶、螃蟹、龙虾等的胚胎，完美地证明了Hox表达区位移在进化过程中发挥的作用。不同类群之间的一个显著差异在于颚足的数量，这是从肢进化过来、位于胸部前端用于摄食的附肢。卤虫没有颚足，原始甲壳纲动物也没有。但其他甲壳纲动物就有颚足，数量分别为1对、2对或像龙虾那样多达3对。发生在胚胎地理系统的微小变化为甲壳纲动物身上出现的这些重要差异打好了基础。阿维洛夫和帕特尔发现，跟那些没有颚足的甲壳纲动物（见图6-7）相比，在有颚足的甲壳纲动物身上，两种Hox基因（编号为8和9）的表达区分别向后移动了1个、2个或3个体节。发生位移的幅度与颚足的数量完全相关。此外，这些位移与颚足看上去在甲壳纲动物身上已经独立进化了好几次，这表明不同动物通过相似的机制实现了相似的功能上的适应性改变。我将在下一章详细说明相似变化之重复实施的重要性。

Hox 表达区发生位移的结果是在蜘蛛、虾等甲壳纲动物、蜈蚣和昆虫等节肢类群的主体轴上产生明显的差异。若要说这是寒武纪上演的故事，则故事中的推断非常合理，因为在当时留下的所有化石节肢动物身上，身体的区域化和附肢的特化都表现得很明显。在化石分类群中，相似体节组成的区块肯定就是特定的 Hox 基因区（见图 6–7）。节肢动物在进化过程中增加的不同附肢与体节类型的数量，是在胚胎里创建出更多特化区域的结果，特定的一个或一组 Hox 基因在这些区域表达。Hox 区的这种相对位移因此成为威利斯顿定律的基本机制之一，即重复部件的特化要以不同部件对应不同的 Hox 区作为前提。

Hox 区发生位移并不是节肢动物特有的现象，恰恰相反，这一套基本机制也为脊椎动物门奠定了解剖学多样性主要特征的基础。

## 构造脊椎动物

人类的家族谱系也可以一路追溯到遥远的寒武纪时期。我们属于脊椎动物，脊椎动物又属于一个更大的类群，即脊索动物，以拥有一根脊索为特征。脊索动物还包括被囊动物（tunicate，又名尾索动物，比如海鞘）以及头索动物（cephalochordate）[①]，后者包括文昌鱼。脊索动物在动物进化树上属于后口动物分支的一部分（见图 6–8）。曾几何时，皮凯亚虫作为伯吉斯化石之一，长期独霸最著名的远古脊索动物宝座，直到被近期发现的澄江动物群后来居上，后者不仅将脊椎动物的最早出现时间回推到距今大约 5.2 亿年以前，而且这一宝库的一些物种所带有的解剖结构在那时的脊椎动物看来复杂得出人意料。

---

①又名无头动物，体呈鱼形，头部分化不明显。

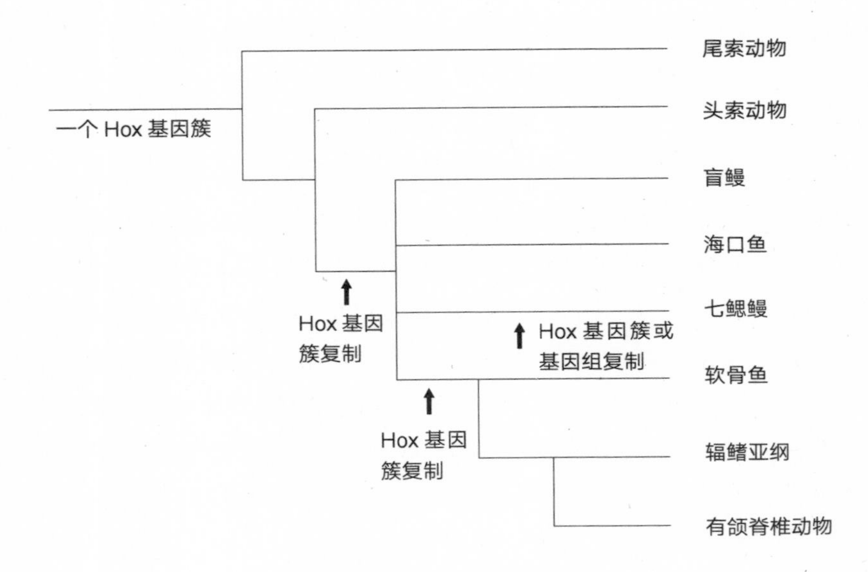


**图 6-8　脊索动物进化树**

注：从图中可以看到 Hox 基因簇在脊椎动物进化过程中数量增加。所有脊索动物的共同祖先都有一个基因簇，现生被囊动物和头索动物也是如此。自此以后基因簇发生多次复制，分别通向无颌鱼、软骨鱼（鲨鱼）和七鳃鳗这几个分支。海口鱼作为寒武纪脊椎动物之一，其进化关系仍待确定（如图所示，暂且描绘为盲鳗、七鳃鳗与海口鱼这三个分支同出一源）。
资料来源：Josh Klaiss.

耳材村海口鱼是一种无颌鱼。从化石标本可以看出，它有一个带有眼睛的头叶，可能还带有鼻囊，外加 10 节或更多已分开的椎骨元素以及鳃、一套背鳍和一套腹鳍。这套解剖结构比后来出现的皮凯亚虫更复杂，表明脊椎动物的身体进化过程早在寒武纪就取得了长足进展。这些较近期的发现也反映了化石记录以及正在进行的和新的发掘工作极其重要。动物类群和身体特征的首次出现时间始终是暂定的，因为随后的发现总是会将这一时间往更久远的过去再推一步，以刚刚提到的海口鱼为例，一下就往前推了特别关键的 1 500 万年。此外，虽然脊椎动物在寒武纪前期和中期都不是数量最多的类群，但澄江动物群的发现足以让海口鱼作为捕食者牢牢地在寒武纪生态系统中占据一席之地。

回顾脊椎动物之起源，最重要的特点在于许多结构的创造和改造，包括结构更复杂的大脑、感觉结构、软骨、全身骨骼。随后发生的许多进化引出了两栖动物、鸟类和哺乳动物，这些动物是我们都耳熟能详的。就像研究叶足动物和节肢动物一样，我们也想知道，寒武纪脊椎动物的早期进化是不是依赖于跟当时其他类群一样依赖于一套非常相似的发育基因工具包，还是说工具包本身发生了一些改变，可能对追溯脊椎动物远古祖先的起源有作用。

当然，我们没有办法从早已灭绝的海口鱼身上提取基因，但我们可以研究一些替代物种，即占据脊索动物与后口动物家族树关键位置的现生物种，从而设法推断脊椎动物的远古祖先可能具备的遗传复杂性。其中一个关键类群叫头索动物。这些动物缺少作为脊椎动物特征的头骨或类似结构，但它们有作为脊椎动物姐妹类群的资格，跟现生叶足动物是节肢动物的姐妹类群一样。头索动物身上带有的Hox 基因簇，揭示出其也存在于头索动物与脊椎动物的最后一位共同祖先身上。

文昌鱼是唯一一种现存的头索动物。这些体长只有几厘米的动物可以在佛罗里达州坦帕湾（Tampa Bay）和其他一些水域找到。乔迪·加西亚 - 费尔南德斯（Jordi Garcia-Fernandez）和彼得·霍兰（Peter Holland）在检测文昌鱼的 Hox 基因时发现，它只有单一的一个 Hox 基因簇。回想一下，现代脊椎动物（比如小鼠和人类）都有 4 个 Hox 基因簇，总共包含 39 个基因。现在，文昌鱼告诉我们，在寒武纪或更早一点的时候，在脊椎动物和头索动物分化并形成各自“家系”之后的某个时间，Hox 基因簇的数目发生过一次增加。我们还知道，其他一些后口动物，比如被囊动物和棘皮动物，也只有单一的一个 Hox 基因簇。因此，尽管跟节肢动物一样，被囊动物和棘皮动物的整体多样性在寒武纪以及此后各时期都是围绕这一包含 10 个左右 Hox 基因的簇进行进化的，但脊椎动物确实提高了自己带有的 Hox 基因数量。

Hox 基因簇的数量是在脊椎动物进化过程哪个阶段增加的？有没有可能正是这种增加触发了脊椎动物的进化？要回答这些问题就必须先仔细研究脊椎动物

谱系树不同分支上不同类群的很多现生代表物种。所有的哺乳动物和鸟类，以及某些鱼类，包括原始的、生活在深海的腔棘鱼，都有 4 个 Hox 基因簇。我们可以很有把握地得出结论：所有这些带颌的脊椎动物，它们的共同祖先也有 4 个 Hox 基因簇。

但七鳃鳗作为现生的更为原始的脊椎动物，它带有的 Hox 基因簇数目则比较少。通过对这些簇上的基因进行更详细的检测，再跟硬骨鱼和哺乳动物的情形进行对比，结果显示人类拥有的 4 个 Hox 基因簇其实是发生在脊椎动物进化早期的两轮 Hox 基因簇复制的产物。一轮发生在头索动物分化与七鳃鳗起源之后，一轮发生在硬骨鱼起源之前的某个时间。再看人类的“家谱树”（见图 6–8），由于澄江化石都是无颌鱼，我们推断它们可能只有 1 个或 2 个 Hox 基因簇。

现在我们已经知道，不同脊椎动物带有的 Hox 基因簇的不同数目，反映的是整个基因工具包在总体规模上的差异。在脊椎动物的进化过程上，不仅 Hox 基因簇得到了复制，工具包里的许多其他类型的基因也得到了复制。发生这一情形的可能方式之一是复制整个基因组或基因组里的很大一个部分基因。高等脊椎动物带有的已扩容的工具包告诉我们，对于脊椎动物的早期历史，以下看法显然得到强有力的支持：更多的基因发生进化，这对其身体设计的进化发挥了重要作用。脊索动物解剖结构进化的指标之一在于不同种类的细胞类型的数量。人类和其他高等脊椎动物的细胞类型比头索动物多得多，后者缺少某些种类的细胞，不能形成我们拥有的软骨、骨骼、头部和某些感觉结构。这意味着数量更多的工具包基因关联的结果之一是细胞类型和组织存在更大的复杂性，而这是通过运用更多的基因创建更多的发育过程操作指令组合来实现的。

但在高等脊椎动物随后发生的进化过程里，“带有更多基因”这一点并不是进化的主要情节。关键在于，从两栖类、鸟类到哺乳类动物，在它们各自的进化路上一直都能看到 4 个 Hox 基因簇稳定存在。这就是说，青蛙和蛇，恐龙和鸵鸟，长颈鹿和鲸，全是围绕一套相似的 4 个 Hox 基因簇进化而来的。因此，这也再次表明，单凭 Hox 基因数目这一项信息并不能告诉我们形态的多样性到底是怎么进化出来的。这些动物的身体主轴以及身体部件呈现的多样性，其形成过程跟节肢动物的情形一样，也是通过 Hox 基因表达区的位移来改变胚胎地理系统，只不过这一次需要位移的数目变多了（见图 6-9）。

举例来说，在脊椎动物身上，从一种类型的椎骨向另一种类型的椎骨发生的转变，比如颈椎与胸椎、胸椎与腰椎、腰椎与骶椎、骶椎与尾椎，分别对应于特定 Hox 基因表达区之间的转变。比如小鼠、鸡与鹅，尽管它们各自拥有的胸椎数目并不一样，但它们身上的其中一个 Hox 基因，即 Hoxc6 表达的前向边界全都位于颈椎与胸椎的边界。

这就是说，Hoxc6 表达的相对位置也在这些动物身上发生了位移，只是位移幅度各不相同，这与动物的具体椎骨数目有关。这种位移在蛇的身上表现得更夸张。蛇没有明确的颈部与胸部分界，Hoxc6 表达一直延伸到头部。所有椎骨都带有肋骨，表明它们属于胸椎，但它们还具备颈椎的一些特征，表明蛇变得更长的方式就是放弃颈部并通过 Hox 基因表达区位移来进一步拓展自己的胸部（见图 6-9）。

节肢动物与脊椎动物是两大最成功且最多样化的动物类群，发现它们身体形态的进化之路是由 Hox 基因沿主体轴上下移动的相似机制形成，这一发现不仅令人深感震撼，而且很有成就感。由此得到的重要信息在于，关于动物设计，我们现在对其中许多大规模的变化已经有了一些深入了解。接下来可以开始考虑一个个不同的类群，比如昆虫、蜘蛛、蜈蚣或鸟类、哺乳动物、爬行动物，以及它们早已灭绝很久很久的化石亲缘种。但与其把它们作为一个个独特的类群，不如把它们视为一个共同祖先的变种。18 世纪下半叶法国杰出作家兼哲学家德尼·狄德罗精确地捕获到这一要点，参见本章开头引用的他的语录，跟威利斯顿在接近一个世纪前提出的定律一样。现在我们掌握了动物大规模进化过程中的一种通用机制，同时我们也能非常清晰地解释它。

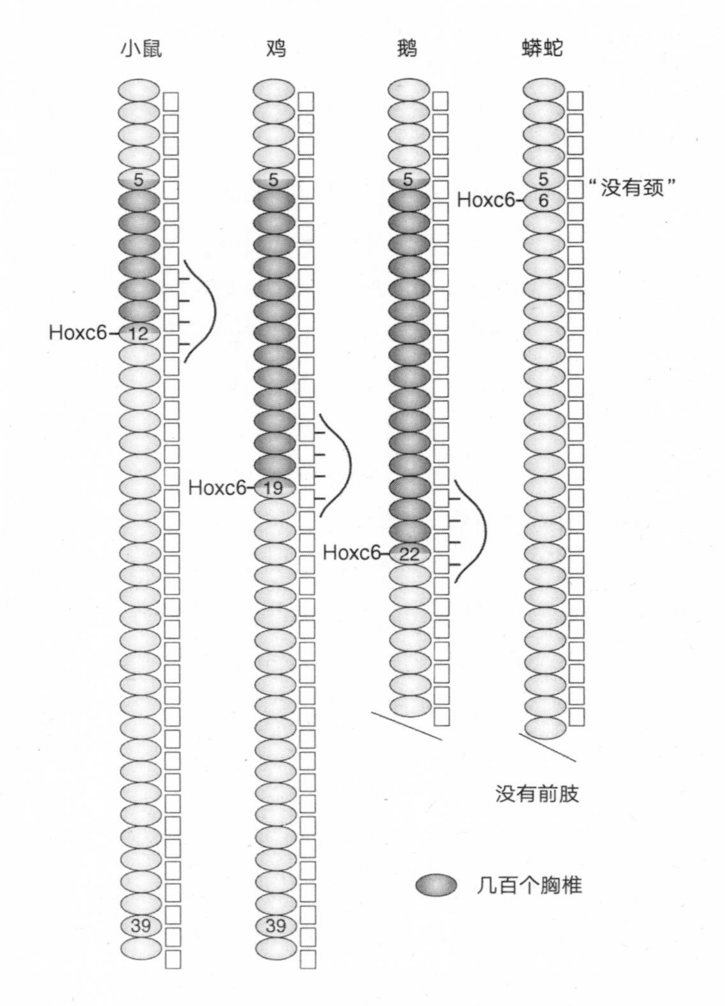


**图 6-9　Hox 基因表达区发生位移塑造的脊椎动物多样性**

注：不同的脊椎动物有不同数目的颈椎骨，比如小鼠的颈很短，鹅的颈很长，蟒蛇可以说完全没有颈（只有一个长长的躯干）。纵观所有脊椎动物，构成颈部与躯干这两部分结构的椎骨，其分界均由 Hoxc6 的表达标记，并且这道分界在整个身体的相对位置会因具体动物不同而有所区别。以所有四足脊椎动物为例，前肢形成于这道分界所在的位置；但蛇类的这道分界一路前移到颅骨底部，于是一条前肢或后肢都发育不出来。

资料来源：Leanne Olds.

## 基因开关造成的位移

让我们将上述发现再向纵深推进一步，超越 Hox 基因和胚胎地理系统的水平，探寻发生在 Hox 基因表达区的这些位移以及解剖结构上的变化是怎么发生的。

关键在于开关。正是 Hox 基因的开关控制着胚胎里 Hox 基因表达区的坐标。改变 Hox 基因开关的 DNA 序列，就产生了 Hox 基因表达区的进化位移。

例如，小鼠的脊柱由 7 个颈椎骨和 13 个胸椎骨组成，小鸡的情形近乎刚好相反，其脊柱由 14 个颈椎骨和 7 个胸椎骨组成。与在小鼠胚胎中相比，Hoxc8 表达的前向边界在小鸡胚胎中要更靠后一些。在小鼠胚胎和小鸡胚胎发育早期，Hoxc8 表达的边界由一个特定的开关调控。小鼠和小鸡的这个开关分别带有不同的 DNA 序列，使得 Hoxc8 表达的相对位置在这两个物种身上出现差异。

关于开关在进化之路中发挥的作用，出现在脊椎动物哺乳纲和鸟纲之间的 Hoxc8 开关进化的过程生动解释了其中一个关键的普遍特点，即只要改变开关的 DNA 序列，就能改变胚胎的地理系统而同时不会破坏一种工具包蛋白功能的完整性。具体到这个例子，只要更改 Hoxc8 开关就能让特定类型椎骨的数量发生改变。Hoxc8 蛋白在其他组织同样发挥至关重要的作用，因此若是该基因本身的编码序列发生突变就很可能影响它的全部功能。相比之下，改变它的一个特定开关就方便多了，不仅能让特定的身体模块发生改变，并且同时完全不会影响其他的身体部件。

回想之前描述的甲壳纲动物或其他节肢动物的胚胎地理系统变化，在这些变化背后作为基础的是同一种策略。将 Hox 表达区向后移动 1、2 或 3 个体节就能改变开关而在稍有不同的坐标上激活 Hox 基因，同时不会破坏 Hox 蛋白的功能。

## 重新思考寒武纪，从遗传可能性寻找生态机会

进化发育生物学关于动物早期历史的新观点具有三个重要元素。第一，它表明动物进化树两个主要分支的最后一位共同祖先在遗传和解剖结构这两方面已经相当复杂，尽管它是否在前寒武纪存在还是古生物学上一个未解之谜。第二，我们现在确切知道，用于构造其身体的全套基因工具包早已就位，但它蕴含的潜力在相当长的一段时间里基本没有得到开发利用。第三，在寒武纪以及后来更晚的近期，工具包的潜力主要是通过开关和基因网络的进化以及 Hox 基因表达区位移来实现的。

如果工具包基因在胚胎发育过程中所发挥的作用还不是寒武纪生命大爆发的导火索，那么导火索到底是什么？现在我们越来越清晰地认识到，寒武纪生命大爆发是一种生态现象。越大、越复杂的动物的进化一旦开始，就会不断引出越大、越复杂一些的动物的进化，生生不息。随着这场“大爆发”精彩开演，生态上的相互作用，加上动物物种日益多样化而加剧的竞争，这种压力推动动物进化出更复杂的结构，比如用于视觉的复眼以及人类这种像相机一样带透镜结构的眼睛；用于行走、游泳和捕捉猎物的带分节附肢；用于管理较大型身体体内循环的心脏；将身体细化为头部、躯干和尾部，使更复杂的运动和防御得以发生。工具包里的基因是这部大戏的重要角色，但工具包本身只代表可能性，还谈不上具有命运。寒武纪这场大戏是由生态因素在全球范围内驱动上演的。

回看寒武纪，许多不同动物类群的多样性都是从一个小小的初始状态开始扩张的。自寒武纪以来发生了许多其他的扩张，也有人将其比喻为“小爆发”，通常都能归因于积极开发利用新的生态机会。随着脊椎动物和节肢动物（还有植物）从海洋进驻陆地，接下来就是爆发性的扩张。许多案例都显示，这类进驻得以发生就是得益于结构上的创新，具体身体部件的地理学层面发生了改变，从而开辟出一种全新的生活方式，为动物后续的进一步扩张奠定基础。下一章我们会关注几个关键的创新，正是它们“制造”出了全新的动物类型。

ENDLESS FORMS
MOST BEAUTIFUL

# 第7章

# 小爆发，翅膀与其他革命性创造

**动物附肢进化对特定动物群体的起源与扩张起了重要作用**

资料来源：Jamie Carroll.

我在学习飞，但我没有翅膀，降落成了最难之处。

——汤姆·佩蒂（Tom Petty）、杰夫·林恩（Jeff Lynne），

摇滚乐队伤心人合唱团成员

《学飞》（*Learning to Fly*）

在极其偶然的情况下我也会在一家高级餐厅用餐，然后，就像许多人一样会被眼前的“餐具大军”吓住。哪一把是沙拉叉来着？主餐叉又是哪把？哎呀，我刚刚是不是用甜点叉吃的薯条？黄油刀、牛排刀、奶酪刀、大汤匙、茶匙、汤匙——人类是怎么进入这种过度专业化境地的？

公元5世纪到公元15世纪，用餐礼仪肯定比现在简单多了，但在不断进步。吃饭先从两把刀开始，一把用于切开食物，另一把用于插进食物后将食物送到嘴边。再后来，叉子出现了，带两个尖的那种，比单刃刀更方便拾取食物。

目前还不清楚叉子具体是从何时何地开始取代餐桌上的第二把刀的，也没人知道是什么奇异想法引出来各种各样的其他餐具的，但这一小段餐具史跟生物进化的一种普遍趋势非常类似。具体而言，首先，带有一种专用功能（比如刺穿食物）的结构（比如叉子），其进化往往源自业已存在且具有多种作用（比如切割与刺穿食物）的结构（刀）；其次，通过复制原初结构（比如使用两把刀作为餐

具的做法），从而得以在两个分立的结构之间进行再分工。确定了新的用途之后，该结构就会进化并实现进一步的改造与专业化。

回形针看似不起眼，但它的历史让我们从日常生活中就能看到关于进化大事件的另一课。它最初是作为别针的竞争对手被发明的，看谁能将布料更好地固定在一处，但后来它的主要用途变成了固定纸张。在第一版回形针和当下使用最广泛的回形针之间出现过许多变体。其中，有的专用于夹普通报纸，有的专为夹住较大尺码的纸张而设计（见图 7-1）。从回形针这个演变故事可以看到，为某一特定用途发明的一种结构也能进化出新形态以胜任新功能。

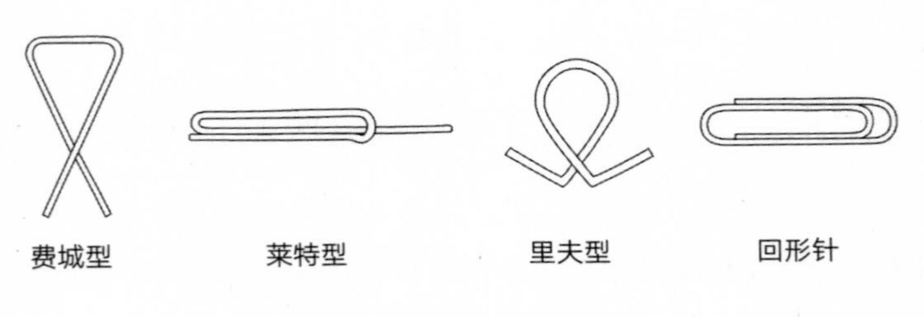


**图 7-1 回形针的演变**

注：从回形针的演变来看，一种形态通过不断改变，可以达成更出色的效果。
资料来源：Leanne Olds.

餐具与回形针的演变历史都可以与动物附肢的进化历程进行类比。动物附肢的各部分从一些任务中摆脱出来，逐渐进化出新的形态与功能，帮助所属物种在竞争“白热化”的大自然中保持竞争力。首先是在海洋里，接着登上陆地，最后飞向天空，这持续上演的进化“戏码”可以归纳为一场“军备竞赛”，说得更确切一点就是“附肢竞赛”，目的是要进化出更好、更快、更轻、更强或更灵活的附肢来游泳、行走、奔跑、跳跃、呼吸、挖洞或飞行，抑或是抓握、挤压、吞咽、刺穿、过滤、吸吮或咀嚼食物。

这些进化常常会开辟出动物类群全新的生活方式，引发动物多样性快速扩张，成为前文提到的动物进化“小爆发”。一些创新由于充分把握住机会而得以进一步进化。比如脊椎动物最初就是凭借鱼类祖先的胸鳍和腹鳍的改进版得以顺利登上陆地的。虽然它们当时只有两对附肢可用，但已经在三个不同的时期飞到空中，还曾多次回到水里，在这个过程中新的动物类型得以出现，比如天上飞的翼龙、鸟类与蝙蝠，以及水里游的鲸和海豚、海豹等，还进化出各种各样的附肢，以便更好地行走在陆地上。距今几百万年前，当人类的祖先不再用指骨拄地行走而整个直立起来时，前肢就得到了新的机会。一旦摆脱了承受身体重量的负担，手臂和手就能用于各种其他活动，比如工具制造、狩猎、交流，最终还开始创作自然界的象形记录。大脑进化得越来越大，思考越来越快，进一步支持了这些活动，反过来这些活动也推动了大脑的进化，而这又需要骨骼解剖结构继续进化以备生儿育女，连带需要进化的还有家庭结构，以便适应父母照料孩子的时间有所延长。

连续重复身体设计的重要性在于，这种身体构造方式有能力将完成某项任务的负担从两对或两对以上的结构转移到数目更小的结构上，再将由此“解脱”的结构特化用于新目的。这对脊椎动物很有好处，在节肢动物身上更是发挥到了极致。尽管节肢动物所有的附肢一概共享同一种设计，但从这种设计进化出来的变体，其谱系丰富到令人难以置信的程度。比如我在上一章描述的甲壳纲的颚足进化的例子，由于进化出这些用于收集食物的结构，胸部的附肢从此摆脱过滤取食的职责，转而适应新的运动方式，比如步行、游泳和挖掘。这反过来又为其开辟出更多机会，在甲壳纲动物的一波小爆发中得到充分利用。

从连续重复结构（尤以附肢为主）的多样化过程获得关键的见解在于，进化改变是怎么达成的。进化生物学面临的长期挑战之一就是要理解遥远过去的历次重大改变是怎样发生的。反进化论阵营的错误观念认定结构进化进程的中间阶段毫无用处，就像老话说的“半条腿或半只眼睛能有什么用”。按照这种荒谬的逻辑，只能得出所有结构必定是在一瞬间被完美打造出来的结论，也就是动物没有发生过任何进化。这种观点其实只是抓住达尔文在《物种起源》中对自然选择理论难点的详尽讨论不放，却一直没能理解达尔文就这一问题给出的出色的解决方案。他最关键的见解是，同一个器官经常同时执行完全不同的功能，两个不同的器官也有可能同时对同一项功能做出贡献。这种多功能性和冗余性为通过分工而完成专业化进化创造了机会。因为有多一套副本结构，动物可以“鱼与熊掌兼得”，说得更准确一点，可以“拥有附肢的同时，可以学习利用附肢取食”。

本章将重点介绍进化发育生物学的威力，揭示已适应不同功能的结构之间存在的连续性，这在节肢动物身上表现得尤为明显。这种连续性常常被形态上的差异掩盖，以至于生物学家以前难以确定不同类群的不同结构之间存在什么关系，比如水生甲壳纲动物的鳃与陆生节肢动物的附肢。但得益于进化发育生物学带来的新方法和新的深刻见解，这一不确定性已经消失。本章将主要讨论寒武纪叶足动物的简单管状行走肢发生了什么变化，得以变成各种结构，比如：甲壳纲动物效果显著的带分节附肢，用于游泳、行走和呼吸，水生昆虫的鳃，陆生昆虫的翅，以及蜘蛛的书肺（book lung，因形似书页而得名）和吐丝器。这些较后期出现的结构没有一个是从头开始创造的，全是古代一种附肢的变体。

将附肢重塑使其具有新的形态和新的功能，其实质在于改变附肢发育地理系统。接下来我将举例说明，在地理系统中发生的变化怎样让昆虫具备飞行能力而新的飞行模式也得以进化，又让脊椎动物得以成功登陆，还让蛇和其他类群得以适应并占据新的生态位。

## 二枝型附肢，如此简单的起点

以节肢动物为例，只要一个非常简单的起点就能从古老版本的附肢一路进化出多到令人眼花缭乱的各种多功能附肢。多种不同附肢同时出现在各物种动物身上，既有灵巧的工具，又有锋利的武器。试看一只不起眼的小龙虾拥有的全套工具（见图 7-2），这家伙随身携带的各种小玩意儿比一把豪华版瑞士军刀还要多。

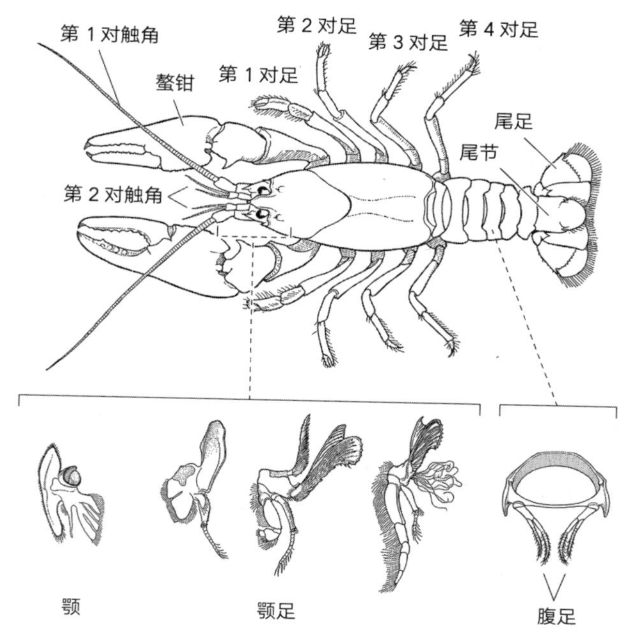


**图 7–2　从小龙虾各体节上延伸出来的附肢**

注：种类多达 14 种或以上，包括 2 对触角、4 对足、3 对颚足和好几对腹足（pleopod，位于腹部，又称游泳足）。所有这些附肢都衍生自同一种古老版本的附肢。

资料来源：Leanne Olds, based upon drawings in R. E. Snodgrass, *Arthropod Anatomy* (1952); Comstock Publishing Associates.

附肢形态学在有关节肢动物进化的许多讨论中一直占有重要地位。多个来源的新发现就身体结构的起源和进化带来了新的认识。古生物学发现了关键化石并做了解释，动物关系研究的进展整理出了节肢动物进化树的一些分支，与此同时进化发育生物学也提供了一种具有决定性的全新证据。

节肢动物附肢进化的完整故事围绕某种古老版本的二枝型附肢的起源与改进展开。这是肢体设计的基本元素，可以在三叶虫和甲壳纲动物身上看到，图 7–3 就是典型二枝型附肢设计前视图。从图上可以看到两个主要分支从同一个基底分叉出来。内侧分支形成带分节的步行足。外侧分支承担许多其他不同用途。各种带有特化功能的较小分支和扩展部分均从各物种的基底、内侧分支或外侧分支延伸出来。例如，从基底延伸出来专门用于处理食物的结构，从外侧分支长出了鳃，水生节肢动物要用该结构完成氧气与二氧化碳的交换。

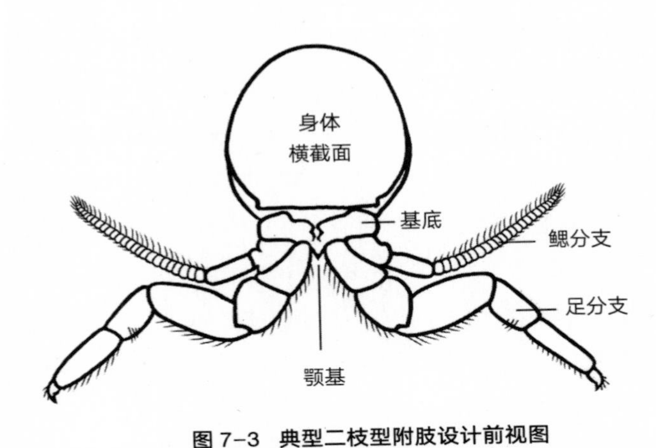


**图 7-3　典型二枝型附肢设计前视图**

注：上面的鳃分支参与呼吸，下面的足分支用于运动。

资料来源：S.J. Gould, *Wonderful Life*, (1989), W.W. Norton; redrawn by Leanne Olds.

你最熟悉的节肢动物附肢，很有可能就是各种昆虫带分节而不带分支的足。不过，尽管它们确实很显眼，在节肢动物众多附肢里却属于最简单的结构之一。事实上，昆虫的足是如此简单，导致许多生物学家长期受到误导，以为可以将昆虫、蜈蚣、马陆和叶足动物联系在一起，形成一个与甲壳纲动物、三叶虫、蝎子和鲎不同的类群，后者有更复杂且带分叉的附肢。直到古尔德撰写《奇妙的生命》时，这仍然属于传统观点之一。

但这是错误的。我告诉你这一点，不是因为想把不正确的想法塞进你的脑子里，而是要让你也体会一下，在理解动物的进化时，单看形态学这一项有时会让人误入歧途。比如，一些德高望重的生物学家因为对节肢动物解剖学具备百科全书级别的知识就得出结论，认为长了无分支（单枝型）附肢的动物跟长了带分支（学名二枝型）附肢的动物完全不是一回事，前者一定是独立进化出自己的附肢的，属于不同的门，而不仅仅是只有一个节肢动物门这么简单。

与较早前认为带分支附肢和不带分支附肢各有不同起源的观点相反，确凿的证据表明二枝型附肢是从叶足动物那简单得多的管状叶足进化而来的。看上去，节肢动物祖先的附肢就是从诸如埃谢栉蚕等动物带有的简单叶足开始，经历了一系列的进化。当时，在体节下部带有叶足的动物似乎已经进化出单独的上叶，可能具有类似鳃的功能，就像我们在欧巴宾海蝎等物种身上看到的那样。再后来，一上一下两个附肢在基底位置发生融合，在节肢动物的远古祖先身上形成一种分节而又相连的二枝型附肢（见图 7-4）。进化发育生物学也为这一图解提供了一种新证据，从叶足动物的叶足跟节肢动物附肢的全部分支上都能看到 Dll 这种附肢构造基因表达。节肢动物所有的附肢类型都是这样的，不管有没有分支，都是从古老的叶足进化而来的，而不是作为两种不同的附肢而分别独立进化出来的。

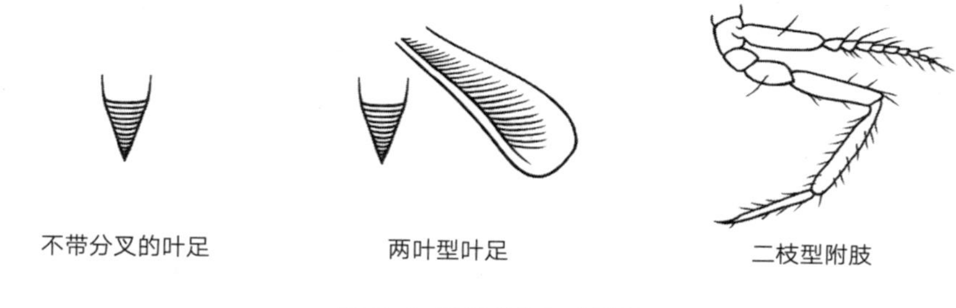


**图 7-4　肢进化的三个阶段**

注：一些叶足动物带有不分节的叶足，另一些带有两叶型叶足，似乎提示了即将从这里进化出节肢动物带分节的二枝型附肢。
资料来源：Leanne Olds.

## 学飞，从许多的鳃到一对翅

水生节肢动物带分支的附肢具有多功能性，这是理解节肢动物发生两项主要转变的关键。这两项转变，一是在地上行走，二是在空中飞翔。在水生甲壳纲动物身上，其附肢的外侧分支带一个叶，具有呼吸功能；内侧分支负责游泳或行走。在所有的陆生节肢动物身上，步行足全都不带分支。这是一种简化情形，其进化过程是将复杂的古老版本——二枝型附肢简化为只剩下内侧分支。

这有助于我们了解昆虫的足从何而来，但它们的翅又是什么情况呢？在很长一段时间里昆虫翅的起源一直是个争议不断的谜。有些生物学家认为，翅是源于无翅昆虫胸体壁的独立产物。另一种理论认为，翅其实是从古老祖先的足的一个分支起源的，很可能来自某种水生祖先的鳃。比较解剖学家长期以来就这些说法进行各种讨论，但还没能达成共识。

这时又是进化发育生物学带来一些强有力的新证据。对昆虫（主要是果蝇）翅发育过程做的研究陆续确定了几种蛋白质在构造翅的过程中不可或缺。其中包括两种工具包蛋白，分别被称为 Apterous 蛋白（该基因的突变体根本没有翅）和 Nubbin 蛋白（该基因的突变体只有发育不足的一点点残存翅）。为验证翅可能来自甲壳纲动物的鳃分支这一想法，米凯利斯·阿维洛夫和斯蒂芬·科恩（Stephen Cohen）研究了 Apterous 蛋白和 Nubbin 蛋白在多种节肢动物附肢上的表达，尤以甲壳纲动物为主。他们发现，Apterous 蛋白和 Nubbin 蛋白在甲壳纲动物附肢外侧分支的呼吸叶出现了选择性表达，这真是出人意料。对于这一观察结果，最好的解释就是呼吸叶与昆虫翅是同源的，同一种身体部件以不同的形态出现在两种动物身上。仅有的、同时也说得过去的另一种可能是发生了极其偶然的巧合：可用于制造鳃和翅的工具包蛋白有成百上千种，偏偏甲壳纲动物和昆虫不约而同选了这两种来构造自己的鳃或翅。最有可能的情况是 Apterous 蛋白和 Nubbin 蛋白先在昆虫的水生甲壳纲动物祖先身上用于制造呼吸叶，并且从那时起一直留在这个工作岗位上，因为这一分支后来进化出了翅以及在其他动物身上的不同结构，我们接下来就会看到。这就是说，到了昆虫这里，从远古祖先那儿继承的附肢已经出现了外侧分支与内侧分支的分离，然后外侧分支有一部分移动到身体背部且进化为翅，内侧分支进一步进化为不带分支的步行足。

“由鳃演变为翅”这个理论一直都能找到支持的证据，只不过还没达到足以解决这一难题的分量。但如果昆虫的翅确实来自甲壳纲动物的鳃分支，这是不是就意味着某种小龙虾或卤虫从很久以前的某一天一爬上陆地就能一飞冲天？不，并非如此。我们现在已经知道，在这之前还要经历更多的进化步骤，才能将携带一套用于呼吸的附肢的动物过渡成为长有两对翅、可以自主飞行的昆虫。要想重建这一转变过程，最有用的一些线索来自早已灭绝的昆虫化石，外加通过进化发育生物学取得的更多进展。我的实验室也参与了这个课题，又一次见证了有关化石、基因和胚胎的新知识是怎样汇聚一处，形成令人信服的证据的难忘场面的。

一些信息量最丰富的昆虫化石看上去跟现存的所有昆虫都不一样。比如，当我第一次看到如图 7-5 所示的化石速写时也吃了一惊，这是原始水生动物的若虫（见图 7-5）。古生物学家罗宾 · 沃顿（Robin Wootton）和加米拉 · 库卡洛瓦 - 佩克（Jarmilla Kukalova-Peck）分别研究过这种生物，它们生活在距今 3 亿多年前。这些原始水生动物的若虫最重要的特征是存在类似翅的结构，并且这种结构出现在其胸部和腹部所有的体节上。这些结构与翅相似，主要体现在作为附肢而又布有细密脉管这一特征，跟长有翅的昆虫全都带有翅脉非常相似。但这块化石属于一种水生动物，这些结构不会是翅，而是类似今天我们在蜻蜓和蜉蝣的水生若虫阶段发现的鳃。

关于翅的起源，最有可能的情况是，成体陆生昆虫的翅是从幼虫阶段也有鳃的动物进化而来的。翅可能是作为鳃的改造版而进一步进化为成体结构的，完全无须弃用鳃。蜉蝣和蜻蜓就是经由腹部有鳃的发育不完全的水生若虫进一步发育而来的，属于最原始的有翅昆虫。像这样在动物生命周期里存在并不连续的不同阶段的情形，为进化创造出了大量的机会。想想看，蜉蝣和蜻蜓的成体和它们各自的水生幼体简直就像完全不同的两种动物，分别生活在完全不同的环境中。对这些不同环境的适应性改变同时发生在一个基因组里，其做法是将若虫和成虫的发育程序一分为二。完全不同的幼虫与成虫形态进化是动物界普遍存在的情形，例如毛毛虫和蝴蝶，或棘皮动物的两侧对称幼虫和五辐射对称成虫。

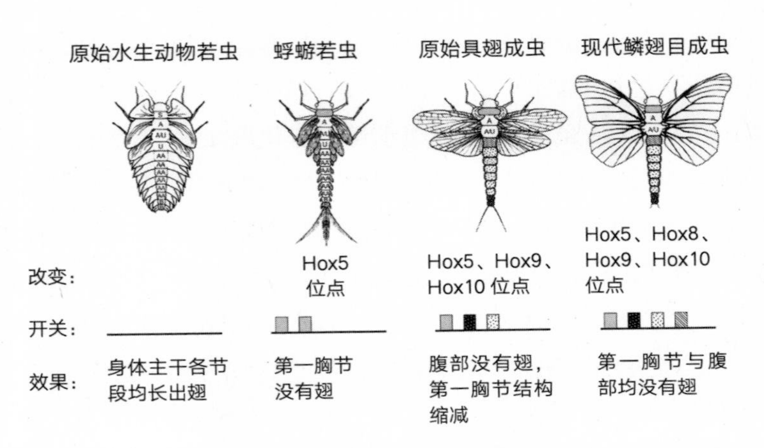


**图 7-5 翅数目与形态的进化**

注：翅数目的进化遵循威利斯顿定律，从已灭绝物种在水生若虫形态所有体节上可见的一系列各种鳃状附肢，演变为蜉蝣身上数量较少且大为简化的结构，再到大多数现代昆虫都有的两对翅。随着促翅发育基因开关里 Hox 蛋白位点越来越多，翅数量越来越少。

资料来源：Leanne Olds.

这一设想有助于解释从鳃到翅的形态转变，但又怎么说明翅的数量呢？空气动力学研究已经得出结论，分别位于第二和第三胸节的两对翅具有最佳性能特征。昆虫是怎么形成这种最有利的设计的？

回顾前文提到的威利斯顿定律、Hox 基因与开关。还记得功能特化之路通常伴随连续重复结构数量减少的趋势吗？这恰恰也是昆虫翅数目的进化趋势。借助化石记录，我们已经从已灭绝生物那儿找到数目较少或较小的翅或翅状结构，位于腹部和第一胸节。这些形态代表了原始水生形态与现代类型之间的中间体（见图 7-5）。要减少翅数量，关键是在第二和第三胸节以外的所有体节发育期间减少或消除翅形成。

怎样才能以具体到体节的方式准确抑制翅形成呢？在所有的昆虫身上，翅消失的体节属于特定 Hox 蛋白区。此外，我们实验室的斯科特·威瑟比（Scott

Weatherbee）和吉姆·朗格兰（Jim Langeland）发现，在果蝇身上这些体节表达的 Hox 蛋白抑制了翅从对应的体节上形成。这就告诉我们，带有两对翅的现代版昆虫是 Hox 蛋白在第一胸节以及所有的腹节抑制翅形成而得到的进化产物。这种抑制一定是在远古昆虫不同类群里分阶段进化而来的，因为化石记录里面保留有翅形成进程只受到部分抑制的物种。说到翅抑制的终极原因，是参与翅形成进程的基因开关进化出了能由 Hox 蛋白识别的特征序列，使它们能在选定体节由这种蛋白关闭。

## 蜘蛛传奇：节肢动物鳃的适应性改造

昆虫尽管大获成功，却不是唯一顺利移居陆地并且开疆拓土、繁衍生息的节肢动物。比如蜘蛛也做了同样出色的改造以适应陆地生活，它们是从节肢动物另一个分支进化而来的，该分支被称为螯肢亚门。蜘蛛与蝎子、螨虫与鲎的亲缘关系最为密切。

和昆虫一样，蜘蛛通过改变其水生祖先的呼吸、运动、繁殖和猎食等方式完成向陆地生活的过渡。蜘蛛不仅进化出了形似书页的“书肺”和管状气管以备在陆地上呼吸，还有用于制造蛛丝的吐丝器，供蛛丝用来织网和捕捉猎物。这些结构全都是在蜘蛛身上不同体节的相似位置形成的，表明它们之间存在系列同源性，它们互为系列同源物（见图 7-6）。事实上，这些结构都在形成过程中表达 Dll 这种附肢构造基因，这就提示我们，它们全是经过改造的附肢。但它们被改造之前到底是哪些附肢？

进化发育生物学大显身手的时候，助力解开了这个困扰了人们一个世纪的难题。温·达曼（Wim Damen）、西奥多拉·萨里达奇（Theodora Saridaki）与米凯利斯·阿维洛夫研究发现，上述每一种结构表达的 Apterous 蛋白和 Nubbin 蛋白，恰好是在水生甲壳纲动物的鳃分支和昆虫的翅里表达的两种工具包蛋白。这是令人信服的证据，表明蜘蛛的书肺、管状气管和吐丝器也来自节肢动物远古先祖的鳃分支。此外，他们发现在水生的鲎的书鳃里也有这两种蛋白表达，可见这些结构也来自古老版本的鳃分支。根据鲎与蜘蛛的相互关系，这些观察结果说明，在蜘蛛的进化进程里，书鳃被改造变成书肺、管状气管和吐丝器，让蜘蛛得以适应陆地生活。

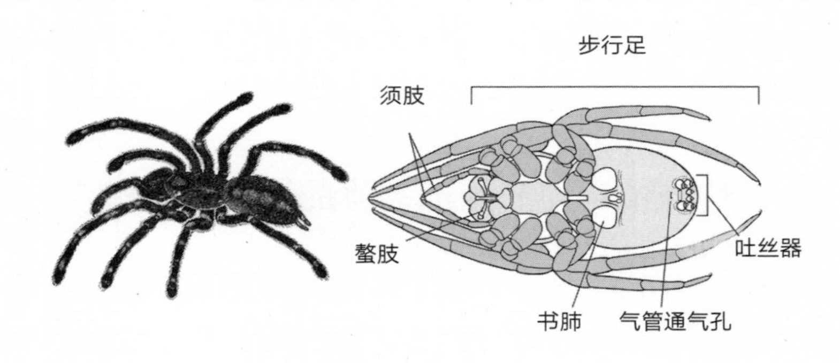


**图 7-6 蜘蛛及其创新**

注：蜘蛛能适应陆地生活，离不开从它们水生祖先的鳃分支进化形成的书肺、管状气管和吐丝器。这些结构都是蛛形动物的须肢与步行足的系列同源物。

资料来源：Leanne Olds.

加上前面提到的从甲壳纲动物的鳃分支衍生出昆虫翅的证据，我们这就揭晓一幅令人震惊的画面。各种各样的陆生创新都可以归结为对古老祖先的一种二枝型附肢的一部分部件进行改造（见图 7-7）。这一部件本身很可能来自叶足动物不分节的叶足和横向生长的鳃叶。节肢动物现在拥有的各种工具，比如爪、步行足、游泳足、颚（maxilla，包括昆虫的下颚和甲壳纲动物的小颚）、颚足、鳃、书肺、管状气管、吐丝器和翅，全是从那个古老祖先的部件改造而来的产物。

看到这里，你大概也渐渐得出生物进化过程的一个重要规律，即大自然往往不是从头开始创造什么，而是利用已经可用的工具包基因对已有结构进行改造，它从水生节肢动物那五花八门而又功能多样的用于摄食、游泳、呼吸、行走的附肢塑造出特化结构，使各物种得以“大举进军”全新的生态系统，形成全新的身体设计。

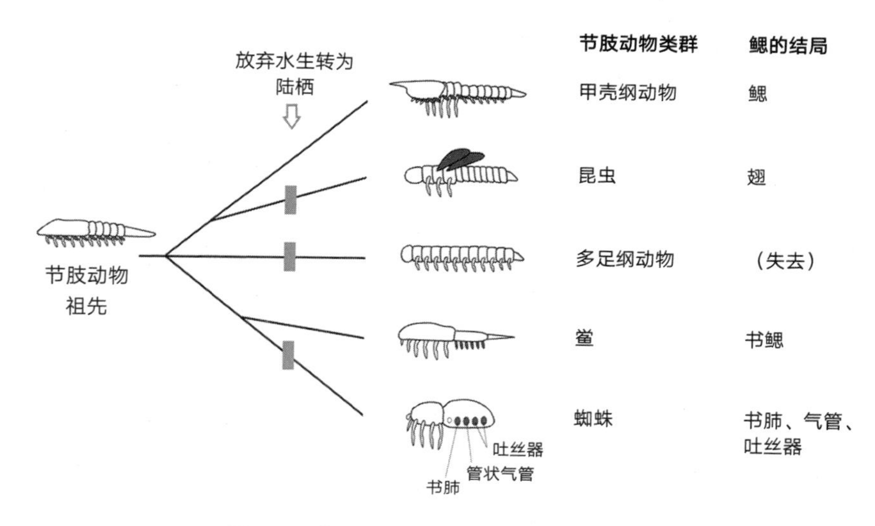


**图 7-7 节肢动物鳃分支的多种适应性改变**

注：从水生祖先的鳃分支进化出了昆虫的翅、鲎的书鳃以及几种蜘蛛的结构。这变化多端的各种结构形象证明了拥有连续重复结构的优越性，因为其可以特化为专用于特定任务的附肢。

资料来源：Michalis Averof ; adapted from Damen et al., *Current Biology* 12:1711 (2002).

## 附肢地理系统进化

尽管前面讲过所有节肢动物的附肢都源自同一种远古祖先设计，但它们的形态各不相同。举个例子，蜘蛛身上确实出现了具有系列同源性的吐丝器、管状气管和书肺，但这几种附肢各有不同的地理位置。另外，虽然翅也源自同一种祖先设计，但具体到不同物种的翅，可能存在天壤之别。因此，我们必须有能力解释系列同源结构如何在一种动物身上发育出不同的地理系统，以及同源结构在物种之间又是怎么进化的。

Hox 基因又一次成为解题关键。比如，我们已经知道，在蜘蛛身上，分别带有书肺、管状气管和吐丝器的体节对应不同的 Hox 基因表达区。这是威利斯顿定律的又一体现。在水生祖先身上，书鳃具有连续重复的特征，但到了蜘蛛这里，附肢的特化发生在身体的相邻体节。发育中的书肺形成于 Hox7 基因表达区，发育中的管状气管形成于 Hox7 和 Hox8 基因表达区，发育中的吐丝器形成于 Hox7、Hox8 和 Hox9 基因表达区。这些结构之间存在差异是由不同的 Hox 蛋白组合对基因开关起作用造成的，因为这些基因开关决定了附肢的式样。

不仅不同物种带有的同一附肢必须依靠 Hox 基因的表达才能完成地理系统进化，而且，具体到任何单个附肢，其形态进化能够发生的一个前提是必须表达同一种 Hox 蛋白。昆虫的后翅进化就是一个很好的例子。

昆虫的翅进化并不是发展到形成四翅模式阶段就停了。早期会飞的昆虫物种，至今仍在翩翩飞舞，但也是最原始的种群，比如蜉蝣和蜻蜓，它们的特点都是前后两对翅看起来非常相似。到了较晚近时期才陆续出现的其他昆虫类群身上，这两对翅无论大小、外形、质地、颜色，还是功能都有了很大的区别。以鞘翅目甲虫为例，它们的后翅是膜质的，用于飞行，停下来休息时就把坚硬的前翅收拢，覆盖在精致的后翅之上，将其妥善地保护起来。再看蝴蝶，后翅的外形与图案通常也跟前翅明显不同，比如凤蝶。至于各种蚊蝇，我们干脆把它们的后翅称为平衡棒，因为这些后翅的功能就是充当陀螺仪，不仅形似圆圆的气球，比前翅小得多，而且在飞行时可以帮助其感知身体的翻转情况（见图 7–8）。

要进化出千差万别的后翅形态，关键是在其发育期间有选择地改变身体部件的地理系统。由于后翅的发育是在一个特定的 Hox 蛋白，即 Ubx 蛋白的控制下进行的，而前翅的发育并不受任何 Hox 蛋白控制，这就为后翅的选择性改变创造了条件。后翅的形成明显取决于 Ubx 蛋白，这从后翅因突变造成 Ubx 蛋白功能缺失的甲虫、蝴蝶和果蝇身上能看得非常清楚。所有的例子都显示，缺失 Ubx 蛋白将导致后翅发育得跟前翅一模一样。让昆虫前后翅产生差异的各种细节全都以某种方式受 Ubx 蛋白调控。

在改造甲虫、蝴蝶、果蝇以及其他昆虫的后翅调控回路方面，不同物种的

Ubx 蛋白各有一套独特的做法。Ubx 蛋白跟翅生长模式基因的开关结合并调控这些开关的开或者关的状态，从而行使控制权。这就意味着在各种昆虫的进化征途上，在一些基因的开关里出现了可以由 Ubx 蛋白识别的特征序列。不同昆虫身上携带的基因组合并不一样。为避免用于飞行的后翅长出翅脉而必须关闭的基因，跟必须打开才能让凤蝶长出漂亮长尾巴的基因不一样。后翅地理系统的进化是通过改变由 Ubx 蛋白控制的开关实现的（见图 7-8）。

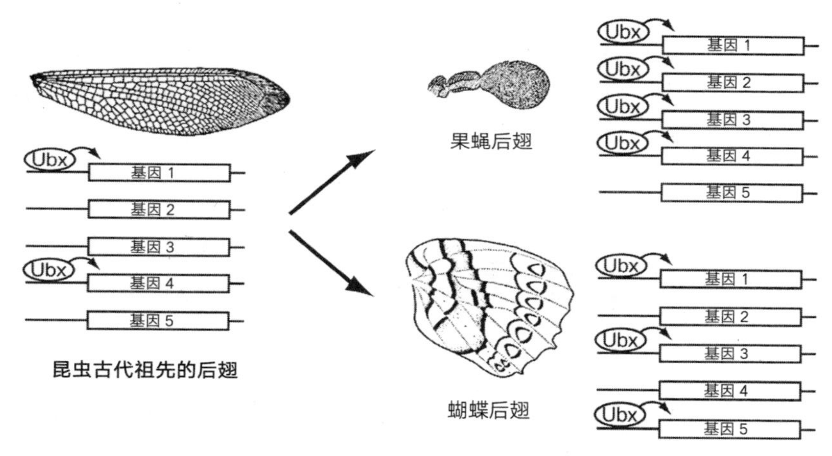


**图 7-8　昆虫后翅地理系统进化过程**

注：昆虫后翅的不同形态，是由只作用于后翅的 Hox 蛋白，即 Ubx 蛋白调控特定基因簇发生变化而进化出来的。
资料来源：Leanne Olds.

再说其他节肢动物的附肢，其特化的地理系统能够进化，也是先通过相似的方式改变了调控特定 Hox 蛋白的开关才得以完成的。让蝴蝶畅饮花蜜的虹吸式口器与蚊子尖细如针的刺吸式口器，蚱蜢和蟋蟀强壮有力的弹跳足，小龙虾、螃蟹和龙虾的螯钳，都是个别附肢在不同的 Hox 蛋白调控下发生选择性进化的产物。

将同一附肢改造成具有许多不同功能的形态，也是脊椎动物门最主要的进化故事。

## 从鱼的“手指”到蝙蝠的翅膀

脊椎动物的肢没有节肢动物的附肢那么多，但说到塑造和改造自己的肢以达成在地上跑、水里游和天上飞的能力，以及进化出强有力、优美或灵巧的形态，脊椎动物表现得毫不逊色。它们一路坚守一种历史悠久的古老设计：带有两对附肢，并且通常各带不超过 5 个指 / 趾。

带有四肢的脊椎动物的正式名称叫四足动物，包括了所有的两栖动物、爬行动物、恐龙、鸟类和哺乳动物，它们从泥盆纪时期首次登上陆地，带着鱼类身上成对出现的胸鳍与腹鳍，这些结构当时正在继续进化。从水中登陆这一转变不仅名列动物史上重大入侵事件之一，而且由于执行者是相当大的动物，具有坚固耐用的骨骼，能够留下很好的化石，因此成为整个古生物学界最深入的研究方向之一。这也是美国科普作家卡尔·齐默（Carl Zimmer）所著的《在水的边缘》（*At the Water's Edge*）的主题，我非常推荐这部作品。

言归正传，此处我们最感兴趣的问题是，今天各种四足动物身上怎么从鳍进化出肢，肢又怎么进化成为千变万化的不同结构。这个故事可以分四个阶段来讲。第一，我们要了解，在四足动物开始进化前，鱼的身上已经有了哪些结构。第二，我们要知道，四足动物为登上陆地创造了哪些结构。第三，我们要追溯基本的肢设计发生了什么改变，从而进化出不同类型的肢，比如翅。第四，许多脊椎动物为适应特定的生态位，减少或干脆完全放弃了肢，我们将从蛇和鱼那儿找几个例子，看看这是怎么做到的。纵观这四个阶段，改变形态都是发育进化的头等大事，我也会把重点放在脊椎动物肢的地理系统是怎样进化的这个问题上。

从化石记录看，从鳍到肢这一过渡的最关键时间点在泥盆纪晚期，距今 3.62 亿～ 3.75 亿年。当时鱼类已经进化了约 1.5 亿年，从化石记录可以看到出现了相当多的形态，带有不同式样的鳍。有的带有长长的鳍，长度跟鱼的体长不相上下，有的带有并不成对的背鳍，还有的带有两种成对的鳍，紧挨着出现在一副宽大的头甲后面。从这些鱼成对出现的鳍到充分发育的四足动物的四肢，两者的主要区别在于后者长出了手、脚和指 / 趾。至于上臂 / 大腿和前臂 / 小腿，它们的同源物可以在原始的鱼鳍里找到。到了泥盆纪晚期，脊椎动物才开始具备第三种主要肢元素，即远端肢体末梢。

远端肢体末梢是怎么来的？这个问题引发了一大波研究热潮。从具有两种主要肢元素的鳍到具有三种主要肢元素的肢，要理解这一过渡过程，对我们最有帮助的化石标本有一部分来自两种动物，一种是学名为 Sauripteris 的鱼（肉鳍鱼亚纲动物），另一种是棘螈（蝾螈科动物），如图 7-9 所示。这两种动物都具备远端肢体末梢。在 Sauripteris 身上可以看到胸鳍的解剖结构跟四足动物原始版本的肢存在惊人的相似之处：上面长了 8 根分节的桡骨，生长位置和数量似乎都跟原始四足动物的指 / 趾模式一样，看上去就像是从鳍进化而来的“手指”。其他鳍骨的位置和构造也跟四足动物肢的结构存在另外一些相似之处。这种“带手指的鱼”形象表明了过渡形态确实存在于化石记录中，但要找到它们确实需要技巧、耐心以及极好的运气。比如这种名叫 Sauripteris 的鱼，目前最完好肢化石迟至 20 世纪 90 年代中期才在宾夕法尼亚州一次道路工程形成的土方里。

与 Sauripteris 相比，蝾螈科动物棘螈在泥盆纪出现的时间要稍晚一些，并且，尽管它们长了四肢，但四肢根本撑不起它们的身体，反而是它们的四肢和身体的许多特征依然跟鱼差不多。棘螈的前肢各有 8 指。这种出现在早期四足动物身上的指 / 趾模式与 Sauripteris 身上那 8 根桡骨构成了令人信服的关联。与此同时，棘螈的 8 指模式是由不超过 5 种不同指型的连续重复结构组成的。在它之后才出现的四足动物开始减少指的总数。比如图拉螈作为一种原始的两栖动物长了 6 指（见图 7-9），再后来的四足动物全都不超过 5 指，而且从那时起就把“5”这个数字设为上限，持续至今已经超过 3 亿年。

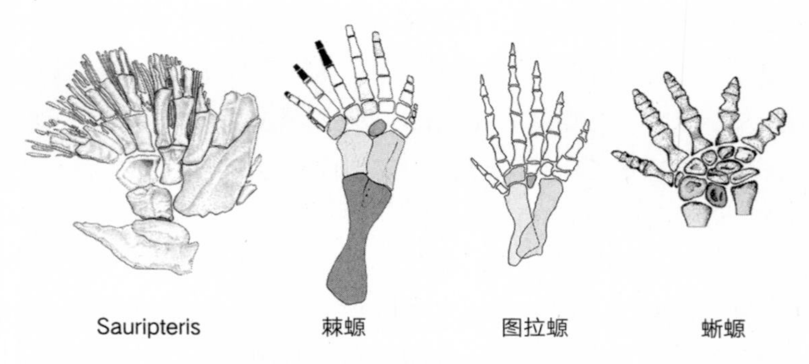


**图 7-9　从鱼鳍变成“手指”**

注：从这些泥盆纪化石可以看到，四足动物的手 / 脚的早期进化包括两个方面，一是指 / 趾数目减少，二是指 / 趾形态出现功能特化。

资料来源：Neil Shubin and Michael Coates, University of Chicago.

应该附带指出，我们并不认为 Sauripteris 或棘螈就是四足动物的直系祖先。这些化石动物更能说明的是淡水鱼有几个谱系在泥盆纪晚期经历了各种变化。至于它们的鳍和肢的解剖结构与四足动物存在相似性，目前认为这反映出不同类群在相似生态需求下发生了“平行进化”（parallel evolution），这是一种重要的常见现象，我将在稍后进一步说明。

## 新基因开关形成新结构

远端肢体末梢是怎么进化出来的？我们又一次转向进化发育生物学，并对现生类群的基因与胚胎进行分析以寻求线索，希望借此确认肢的地理系统改变是怎么实现的。其中，最关键的对比是鱼鳍与四足动物四肢的发育环节。在四足动物的四肢里，肢的三个元素通常按从近端到远端的顺序依次指定，上臂 / 大腿在前，指 / 趾在最后。鱼类的情况不太一样，肢发育的前两个阶段与四足动物很相似，然后就没有了，没有出现第三阶段。

具体看四足动物，肢发育的三个阶段全部都涉及部署两套特定的 Hox 基因，就是 4 个 Hox 基因簇中的 2 个，现在它们构成一个子集。在四足动物的肢由近端到远端的发育过程中，Hox 基因的用途与节肢动物完全不同。在节肢动物发育过程中，Hox 基因一般负责将一种附肢与另一种附肢区分开来。

在四足动物肢发育的每两个阶段之间，Hox 基因表达的空间模式都有变化，并跟每个肢元素的具体规格形成关联。我们从人类和小鼠身上出现的 Hox 基因突变中已经看到，这些 Hox 基因表达模式对正常四肢的构成和生长模式具有重要意义。第三阶段要用到的 Hox 基因如果发生突变，就会影响指 / 趾的数量和大小。

第三阶段是在远端肢体末梢发生 Hox 基因表达，这一进化是四足动物的一大创举。跟前两个阶段相比，第三阶段另有不同的开关进行调控。看上去这种新结构已经进化，因为脊椎动物一组 Hox 基因得到了一个或一套新的开关，这些开关在胚胎里肢新出现的远端部分将 Hox 基因激活。

远端肢体末梢进化故事涉及的变化可不止这些。 要让远端肢体末梢顺利形成还牵涉许多其他的发育变化和基因。这里说的其他基因，比如来自促进骨骼生长的骨形态发生蛋白 BMP 家族和制造关节的 GDF 家族的成员，得到了专用于指 / 趾形成的开关，而且全部的软组织（包括肌腱、韧带和肌肉）以及控制其形成与生长模式的基因也都得到了进化。

## 飞行与滑行，为新生活方式进化附肢

在接下来的约 3.5 亿年里，四足动物的肢构造和功能还会在多个方向上发生多次改变，从令人大开眼界的指形态多次改造最终进化出翅膀，一直到陆生动物和水生动物不同程度地缩减自己身上的肢数目，形形色色。所有这些改造都跟肢发育的进化程度有关，进化发育生物学的研究人员已经能在好几个案例上准确定位肢地理系统在发育进化期间出现的一些重要改变。

以翼龙、鸟类和蝙蝠为例，四足动物的前肢经过三次不同的改造，最终成为用于动力飞行的翅膀。为了发挥翅膀的功能，前肢必须具备上下移动和前后移动的能力，而且不用时可以折叠收紧覆盖在身体表面。有趣的是，这三种脊椎动物翅膀的形态在主要细节上各有千秋。帕特·希普曼（Pat Shipman）在《展翅飞翔》(*Taking Wing*）一书中，将翼龙、鸟类和蝙蝠的翅膀按起源部位不同而分别描述为“指头翼”“臂膀翼”和“前掌翼”(见图 7-10)。现在就让我们按进化的先后顺序细看这三种翅膀，从翼龙开始。

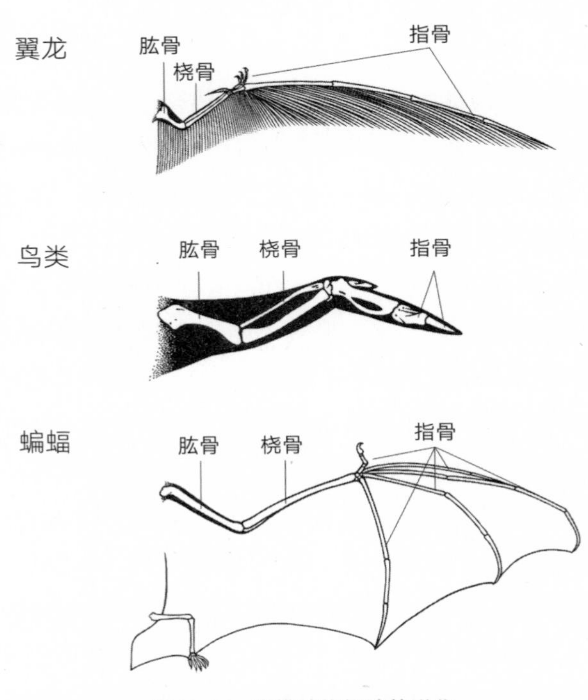


**图 7-10 脊椎动物翅膀的进化**

注：翼龙的翅膀从指头进化而来，翅膜绝大部分附在一根细长的指骨上。鸟的翅膀从臂膀进化而来，羽毛从根部到尖端全面发育。蝙蝠的翅膀从前掌进化而来，翅面附在前掌的多根“手指”上，然后一路延伸到后肢。

资料来源：Leanne Olds.

大约 2.25 亿年前，翼龙率先在天空飞行，大概比鸟类的进化早了 7 000 万年（鸟类是从身上长羽毛的恐龙进化而来的，并不是源自翼龙）。翼龙翅膀最突出的特征是有一个很长的第四指，用于支撑翅膀外侧。前肢和前三个手指完整存在，包含所有的组成部分，指骨融合在一起。前三个手指不是膜质附件的组成部分。翼龙的翼膜沿整个前肢延伸，但大部分翼展均由延长的第四指提供。

到了鸟类身上，翅膀已经不是膜质，而是由许多羽毛组成，羽毛覆盖整个前肢。鸟类的翼展在附肢的“前臂”位置达到最大长度，在上臂、前掌和手指的骨头位置是较短的。的确，鸟的 4 根手指真的很短。

至于蝙蝠，它们的翅膀是由臂膀和大大延长的第 2 ～ 5 指共同支撑的一层薄膜构成的，因此可以称为“前掌翼”。这对翅膀拖在后面的外缘是两后肢之间伸展的一层薄膜，一头附着在足跟处，这有助于蝙蝠在飞行过程中保持稳定。

从这些翅膀的不同构造可以看出，一种常见的四足动物前肢设计在发育阶段经历了不同的改造。我们已经知道鸟类和哺乳动物的前肢形成过程存在大量的相似之处，但还不清楚具体是什么原因导致鸟类和蝙蝠的翅膀出现了鲜明区别。进化发育生物学的科研人员正对此进行深入研究。

蛇与一些特殊的鱼类在发育阶段出现的一些发展转变由于改造了肢而变得广为人知。先说蛇的例子，其整个身体仿佛被狠狠地拉长，与此同时肢发育受到抑制。比如蟒蛇和红尾蚺，尽管它们还会形成一点点后肢残余物，但前肢已完全不见踪影。原则上，肢的形成过程可以对几个时间节点里的任意一个进行抑制，这些时间节点位于从胚胎肢芽还没形成一直延续到较后期的肢细化阶段。

仔细研究蟒蛇胚胎的肢发育进程就能揭晓肢芽在形成初期发生的进化改变，正是这些改变导致肢完全消失。就前肢而言，特定的一些 Hox 基因区在蟒蛇的整个躯干范围出现扩张，一路延伸到头部，直接消除了前肢肢芽的形成发位点。

至于后肢，肢芽其实形成了，但还没等长大就被中止。后肢形成环节横遭中止，跟后肢肢芽里的组织者没有合成一些关键的信号传导蛋白（比如 Sonic hedgehog 蛋白）有关。蟒蛇和红尾蚺确实都在泄殖孔附近长出小小的后肢残余物，比它们更晚出现的其他蛇类就没有这种残余物。很可能，这些后来的蛇之所以完全失去四肢，原因是原本应该在发育更早阶段发生的后肢形成进程根本没有开始。

但肢进化的故事绝不仅仅是脊椎动物主要类群在起源时期发生的这些古老变化这么简单。肢形成的适应性改变和进化仍在继续，并且在更晚近时期进化的物种，比如蝾螈和蜥蜴身上的类似指 / 趾数目等特征具有高度的可变性。鱼类的鳍进化也是动态的。其中一个类群叫三刺鱼，凭一段引人注目的近期史一跃成为脊椎动物骨骼解剖结构进化过程的一个新兴模型。在北美北部的许多湖泊里，鱼群出现了成对的背棘形态，是从较晚近时期出现的同一种海生先祖形态进化而来的。随着上一个冰川期的冰川在大约 15 000 年前开始消退，刺鱼种群被隔离在冰川湖里。然后，在从地质学上看很短暂的一段时间里，这些鱼群就进化出了新的形态，占据不同的生态位，一是栖息在浅水区域、喜欢待在水底的短刺形态，二是栖息在开放水域的长刺形态（见图 7-11）。

区别这些形态主要看它们身上那套“盔甲”，包括身体两侧的硬板以及在上下半身突起的棘刺。棘刺的数量与长度跟猎食压力有关。若是在开阔水域，较长的棘刺更能保护刺鱼，让捕食者感到难以下口。但若换到水底，长长的腹刺也可能摇身一变成为累赘。听起来让人感到有点难以置信吧，蜻蜓的幼虫在刺鱼面前居然也是贪婪的捕食者，有本事抓住刺鱼的棘刺而让对方束手就擒。就是在这种强大的压力之下，棘刺退化的形态在天然种群里发生了反复的进化。

腹刺是刺鱼后肢的一部分，因此缩减腹刺属于后肢骨骼发育的一次改造。发育生物学家已经对涉及前后肢形成与分化的基因多有了解。其中涉及的一个基因叫 Pitx1，跟形成四足动物的后肢以及鱼类的腹鳍有关。通过分析不列颠哥伦比亚省一个湖泊里棘刺缩减的刺鱼的 Pitx1 表达，发现这种鱼恰恰就在腹鳍芽里缺少该基因的表达。你可能也猜到了，Pitx1 调控作用的这种进化改变似乎是由 Pitx1 基因的一个开关发生改变引起的，这一改变消除了 Pitx1 在后肢的表达。当刺鱼发育的时候，这一开关发生的进化改变使Pitx1的功能在腹鳍处有所改变，但在其他部位这种基因的表达不受影响。

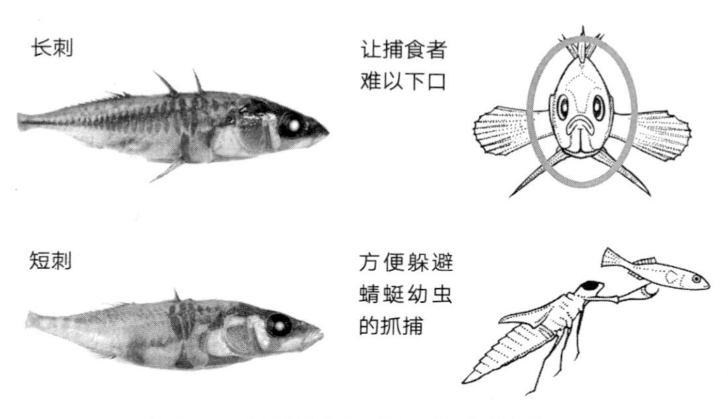


**图 7-11 刺鱼背棘长短形态和数目的演变**

注：生活在开阔水域的鱼可以借助长长的棘刺扩大自己的直径，让捕食者知难而退。一旦改为底栖形态且易被蜻蜓幼虫捕食，长刺就会变成负担，有必要缩减退化以提高对方的捕食难度。

资料来源：David Kingsley, HHMI, Stanford University.

此外，冰岛也有一种刺鱼出现了棘刺缩减的现象。对这些鱼做的分析表明，同一种 Pitx1 表达改变是独立发生的。棘刺缩减的现象在化石物种和这种鱼的远亲鱼属里面也很明显。这就表明腹刺缩减在某些鱼类的进化进程中属于一种频繁且独立发生的现象，可能反复需要 Pitx1 基因开关发生进化改变。这些观察结果以及上一章讨论的颚足进化的例子提示我们，有一些进化改变不是在历史上只会发生一次的罕见事件，而是如果遇到相似的选择压力，不同的种群和物种就有可能发生相似的改变。从这个意义上说，进化是“可复制的”。

的确，鳍或肢缩减的现象不足为奇。两个不同的哺乳动物类群，分别为鲸目动物（包括鲸与海豚）和海牛，随着它们独立从各自的陆生祖先进化到如今完全水栖的生活方式，它们的后肢数目也大大减少。还有，四肢退化或消失的蜥蜴目动物也经历过反复的进化。因此，刺鱼绝不是什么不起眼的怪家伙，而是常见而又影响深远的进化转变的重要模型。此外，在一些特定位置，它们的较晚近化石记录被保存得非常好，好到延续了几千年。从这些记录可以看到，腹刺缩小现象可以在不到 1 万代（不到 1 万年）内进化达成。从实时上看这当然不是“瞬时”，但换成地质时间就是一段非常短暂的间隔。刺鱼留下的精美化石记录、现生种群的详尽遗传学，加上类似的反复出现的进化改变的独立例子，使刺鱼成为最具说服力的进化研究案例之一。

## 进化创新的四大秘密

本章重点介绍的动物和结构揭示了新形态进化的几个重要秘密。我准备就其中四个做简要说明并加以拓展。说到进化创新的秘密，第一个毫无疑问就是用已经存在的东西做点什么，因此也许值得思考的是在这些动物身上还有什么尚未发生。蜘蛛的吐丝器不是从一开始就出现在它们身上的，脊椎动物的翅膀也不是从一开始就有的，而是从一种四足动物的背部或体侧长出来的。恰恰相反，从蜘蛛的吐丝器、脊椎动物的翅膀到所有的其他结构，全是对曾经的肢进行改造得到的产物。20 多年前，弗朗索瓦 · 雅各布写过一篇题为《进化与小修小补》（*Evolution and Tinkering*）的文章，准确抓住了“进化”的精髓。雅各布指出，大自然更像一个修补匠，使用和拼凑手边的可用材料，不断加以改造和修订，而不是像工程师那样，有先入为主的计划和专门的工具。这一总结一直沿用到基因层面，因为我们发现相同的“老”基因能以不同的方式得到再利用。进化创新最常见的路径可以被想象为从点 A 到点 B 的一条曲折的线，而不是一条直线。

第二和第三个秘密分别是多功能性和冗余性，这是由达尔文首先认识到的。前面我已经强调过存在这两个维度所带来的机会。多功能结构的任一部分只要在功能上存在一点确切的冗余，就为日后分工变成两个结构的特化进程创造了条件。

创新的第四个秘密是模块化。在第 1 章我就说过我之所以相信节肢动物和脊椎动物能取得巨大成功，一部分原因就在于它们的模块化设计。看看节肢动物的模块化已经取得的成就——在同一动物身上同时发生多种不同的适应性进化，造就地球上最多样化动物类群的各种创造。以脊椎动物为例，无论是在翼龙身上进化出一根长长的无名指，还是在蝙蝠身上进化出多根长长的手指，从而达到延展翼膜的目的，又或是在蛇的身上进化出几百块椎骨以延长身体，在刺鱼身上选择性地进化以简化腹刺 / 后肢结构，这些能力全都归功于这些动物的模块化设计。模块化使单个身体部件的改造与特化成为可能，有时甚至会走到极致，独立于其他身体部件发生。

成体动物解剖结构模块化的基础在于模块化的胚胎地理系统以及开关的模块化遗传逻辑。这些开关允许在结构的一个部分发生进化改变，同时不会影响其他部分。开关是模块化的秘诀，模块化是节肢动物和脊椎动物成功的秘诀。

这对生物多样性的影响现在已经不言自明。创新为进驻新的生态位铺平道路，进驻行动又引发了进一步的多样性发展。

写到这里，我几乎完全专注于身体和肢的设计的重大变化，正是这些变化产生了更高等的节肢动物和脊椎动物类群。平时聊天的时候笼统提及“鸟”、“蝙蝠”和“甲虫”当然没问题，但请同时记住，这些名词实际上都代表很大的类群，包含许多物种：几百种蝙蝠，几千种鸟类，以及几十万种鞘翅目甲虫。每一个类群的成功都要部分归功于我在前面描述过的主要创新，但每种动物的丰富性也是扩展进入许多生态位的产物，通常还是额外创新的产物，比如蝙蝠的声呐、水禽脚上如织带般的蹼，以及其精心制作的用于交流的歌声等。在下一章，我将聚焦一个类群，即蝴蝶，解释翅这项创新是怎样为后续各回合的创新和爆发性多样化奠定基础的。

ENDLESS FORMS
MOST BEAUTIFUL

# 第8章

# 蝴蝶的斑点是如何形成的

探险家、博物学家亨利·沃尔特·贝茨笔记本中的蝴蝶图画与笔记

资料来源：Josh Klaiss.

进化是偶然抓住的机会。

——斯图尔特·考夫曼（Stuart Kauffman），理论生物学家

《宇宙为家》(*At Home in the Universe*)

(这是对雅克·莫诺《偶然性和必然性》中一句话的精炼解读)

到 1859 年 6 月，亨利·沃尔特·贝茨在亚马孙河流域已经生活了 11 年，收集到 14 712 种不同的动物物种，其中有 8 000 种在科学上属于新发现。他的身体因热带疾病、营养不良以及长时间暴露在阳光和高温下而饱受摧残，外加遭遇抢劫、被仆从抛弃和其他窘境，他决定离开丛林并返回英国。他可是掐在了幸运的时间点上——再过短短几个月，达尔文的《物种起源》就要问世。

这两位旅行者很快就会成为挚友。贝茨是达尔文理论最忠实的追随者，由他开启了两人之间一段长达 20 多年的通信，一直持续到 1882 年达尔文去世。达尔文的理论让贝茨非常兴奋，他确信自己的观察与收藏可以为之提供支持。“我觉得我已经朝大自然制造新物种的实验室瞅了一眼。”他在给达尔文的最初的某一封信里这样写道。

贝茨最大的贡献是发现了“类比模仿”现象，也就是拟态。具体而言，贝茨研究过昆虫的大量案例，尤以蝴蝶为主，看它们怎样换上另一个物种的外观图案

来达到混淆视听的自保目的。他在一篇论文中写道，鸟类已经发现某些蝴蝶是美味的，另一些蝴蝶是有毒的。鸟类可能只需要少数几次体验就能学会区分这些不同的蝴蝶。在蝴蝶这边，一些本来美味的蝴蝶学会用拟态的做法形成那些不可食用蝴蝶的外观图案，让鸟类自动退避，从而保护自己免遭捕食。发生在蝴蝶身上的这个自然选择实例让达尔文激动不已，他告诉贝茨，这篇描述拟态的论文是"我这辈子读过的最引人注目、最令人钦佩的论文之一"。贝茨发现的这一现象，至今仍被称为"贝氏拟态"（Batesian mimicry）（见图 8-1）。

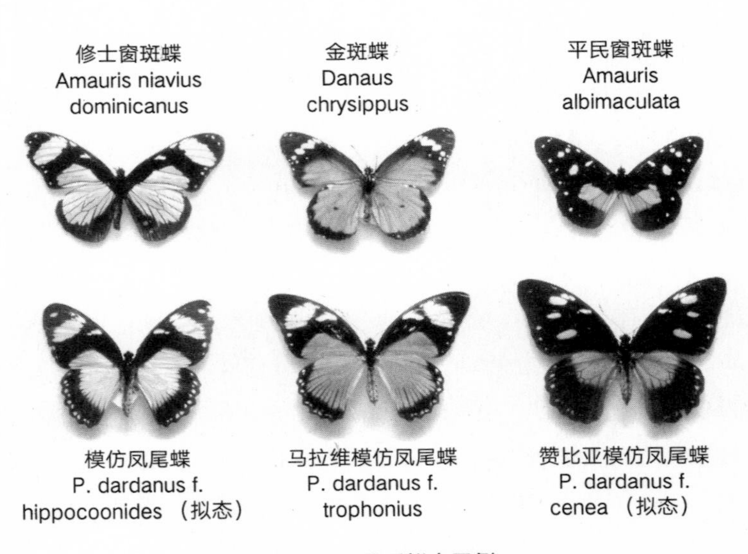


**图 8-1 贝氏拟态示例**

注：上面一行三种蝴蝶对当地鸟类来说都很难吃。下面一行是非洲白凤蝶的三个变种（以小写 f. 表示），每一种的雌性都在自己生活的地区模仿上面一种蝴蝶的模样，最终形成现在看到的不同变种或变型。留意上下两行每一对蝴蝶虽然分属不同科，却呈现高度的外观相似性。

资料来源：Dr. Paul Brakefield, University of Leiden.

达尔文不断从贝茨那博大精深的博物学原创知识中汲取新鲜见解，这在达尔文当时正在进行（如今名满天下）的关于性差异与选择的工作里表现得特别明显。贝茨也从达尔文那儿得到了巨大的鼓励，达尔文特别鼓励他撰写和发表自己的旅行见闻，甚至对贝茨在自己整个职业生涯出版的唯一一部著作《亚马孙河上的博物学家》（*The Naturalist on the River Amazons*）亲自做了审议和编辑，还写下一篇“赏析”。达尔文当时就预言这本书一定会大获成功，他说对了，因为事实证明贝茨的文笔甚至优于达尔文和贝茨自己原来在亚马孙河的搭档华莱士。今天，贝茨这部作品读来依然非常精彩。

在贝茨收集的14 000多个物种里包括许多蝴蝶，仅埃加（Ega）这一个地方就有超过550个物种。贝茨用达尔文主义视角看到了他这批宝贝的价值：

> 言语难以充分描述埃加周边地区这类昆虫之美以及形态颜色的多样性。我特别留意观察它们，发现这个类群在适应性改变方面比几乎任何其他动植物类群都做得更出色，从而成为所有物种都会因局地条件发生改变而在大自然环境中发生改造的实例。

贝茨接着写出了我最喜欢的段落：

> 因此，可以说，在这些舒展的翅膜上，大自然就像在石板上写字一样写下了物种改造的故事，笔触那样翔实，这类生物的所有变化全都被记录在案。

他得出以下结论：

> 此外，翅上相同的图式花色往往很有规律地显示出物种之间的亲缘关系远近程度。考虑到自然规律对所有的生物必定是相同的，因此从这群昆虫身上得到的结论必定适用于整个生物世界；如此一来，对蝴蝶这一度被视为轻率、轻浮代表的生物进行研究不仅不会遭到鄙视，反而终有一天会得到重视，成为生物科学最重要的分支之一。

自从贝茨在100多年前写下这些文字以来，他对蝴蝶的科学价值怀有的热情和信念得到许多博物学家、专业人士和业余爱好者的认同。蝴蝶那层舒展翅膜的故事不仅让达尔文感到很高兴，威廉·贝特森在他的巨著里也特别谈到了具有非典型模式的个体。从那时起，博物学家陆续归纳出其他蝴蝶类型的拟态（模仿其他蝴蝶的翅型花色，猫头鹰的眼睛、枯叶，甚至模仿鸟粪），这一动物类群衍生了许多进化与生态研究课题。当然，成为蝴蝶粉丝的不仅仅是传统科学家。比如作家弗拉基米尔·纳博科夫（Vladimir Nabokov），他对蝴蝶的热爱也持续了一辈子。他在凭写作才华获得广泛赞誉以前，正是他的专业知识使他有机会接管哈佛大学比较动物学博物馆的鳞翅目馆。

本章将探索蝴蝶翅型花色的迷人奇境。在这群昆虫身上，翅充当了画布，成千上万种彩色图案在这里一一进化成型。我准备集中讨论翅型花色生长模式系统这一创造，以及它怎样进化出令人眼花缭乱的各种变体。我们将会看到由蝴蝶提供的精美例子，显示年代再久远的老基因一旦学会新的技巧就能继续进化出新的图式。

## 如何理解蝴蝶的翅型花色

我不必像当年的贝茨那样为了解蝴蝶而跑到地球的另一端，也不必忍受他经历的各种艰难困苦。我的旅程始于北卡罗来纳州达勒姆（Durham），在杜克大学校园的一个停车场里。多年以前我在杜克大学举办过一次研讨会，介绍我的实验室的工作，当时的重点放在基因怎样调控果蝇翅上那些感应短毛的数目与生长位置。按照讲师访问其他大学的学术惯例，当时我的计划还包括跟杜克大学生物学系的几位老师会面。但我要见的一位教授迟到了，因为他家不巧有一根水管爆了。长话短说，那天我差点失去见到弗雷德·尼胡特的机会，假如我当真错过了他，不仅这一章不会存在，我也会错过我在实验室享受到的一些激动人心的时刻。

一直以来，说到理解发育环节一些具有普遍性的奥秘，比如怎么让各结构准确出现在身体的不同位置，果蝇翅上那些感应短毛的生长模式就是一个精彩模型。但是，就在我们匆匆忙忙步行穿过停车场赶去我的下一个会议地点的短短几分钟里，尼胡特问了我一个问题：我们刚刚从果蝇翅上那些感应短毛里找到的规律能不能用来解释他的心头至爱——蝴蝶的翅型花色是如何形成的？坦白说，当时我毫无头绪。

不管什么时候看见蝴蝶的翅，我都会因为平时看惯了果蝇那过于平淡无奇的翅而感到眼前一片混乱。各种迷幻的图案和颜色向四面八方奔去。线条、斑点、弯弯曲曲的短线、更大块的斑……我分辨不出任何的规律，我对现代艺术作品也有这种体会。偏偏尼胡特提的这个问题挥之不去，困扰了我好几个月。我知道蝴蝶拟态、捕食者规避以及性选择这样一些奇妙的知识。如果你对这些图案以及形成这些图案的基因与发育机制也稍有了解的话，这就是一座金矿。

幸运的是，尼胡特很快就出了一本书，作为蝴蝶生物学所有问题的入门读物。我这才知道，原来，从乍看上去一片混乱的翅型图案之中也能理出一定程度的规律。

早在 20 世纪 20 年代和 30 年代，一些比较生物学家就认定蝴蝶的翅型花色存在一套类似总体规划的东西。这份“大纲”代表某种理想化的情形，然后蝴蝶这个大家庭的每个物种以此为基础形成各自的版本，带有不同程度的差异。这份“大纲”由靠近蝴蝶翅根部、翅中部以及朝向翅外缘这几部分的几种花色元素组成，这些元素在翅的每个细分区域重复出现，同时这些细分区域也由翅脉一一进行分隔。这些图案元素由不同宽度的带和眼斑集合组成（见图 8-2）。翅上看到的这些细分区域属于系列同源物，因此每个区域的花色都具有模块化性质。

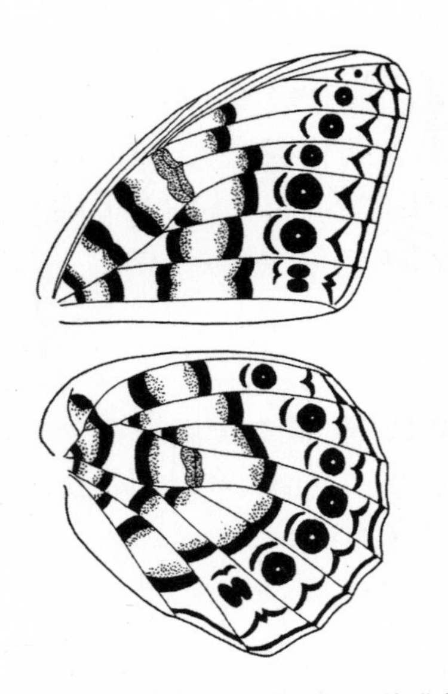

**图 8-2 由可能出现的花色元素构成的“大纲”**

注：这是用蛱蝶属蝴蝶可能带有的全部花色元素组成的理想化翅型花色示意图。留意翅上两个相邻细分区域接合处的系列重复图样。

资料来源：Dr. H. Fred Nijhout, Duke University, from *The Development and Evolution of Butterfly Wing Patterns* (1991), Smithsonian Institution Press, used by permission.

蝴蝶翅的图案通常由这份“大纲”最大图案的某种子集组成，这里说的子集，其大小范围从带有这份“大纲”大部分元素的喜马箭环蝶一直到只带屈指可数几个元素的蝴蝶，应有尽有（见图 8-3）。对现生蝴蝶翅型花色做的一项调查，在核对过成千上万的蝴蝶之后发现，“多样性”问题在很大程度上可以转化为“丢失特定元素”的问题，抑或是这些元素的改造与再定位问题。如果某种蝴蝶翅的图案看上去更混乱一些，那是因为翅上相邻细分区域之间的带发生了错位或错配。

关于这些图案，最重要的规律是每一条带或每一块斑似乎都能在独立于其他元素之外的情况下进化自己的外形、颜色或大小。这表明单个图案元素的发育可能是相互独立的。

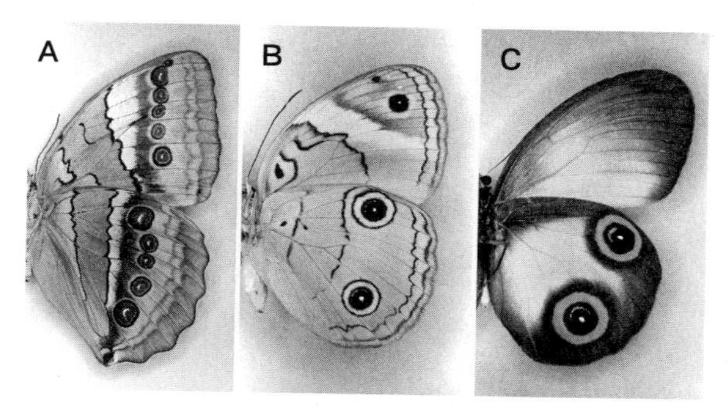


**图 8-3　蝴蝶翅型花色“大纲”的丰富变体**

注：从图中这三个物种——喜马箭环蝶（A）、红褐串珠环蝶（B）、眼环蝶（C），可以看到不同蝴蝶对“大纲”有不同程度的采用，有的几乎包含全部元素，有的只用了屈指可数的几个。

资料来源：Dr. H. Fred Nijhout, Duke University.

## 蝴蝶的进化

万千种蝴蝶翅呈现的这份令人赞叹的美和多样性必须归功于蝴蝶这一谱系在与昆虫家族的其他成员“分道扬镳”之后发生的至少三项创造，分别是翅鳞、自然色彩与几何图案系统。

鳞片是构成蝴蝶与飞蛾翅图案的基本单位。这两大类昆虫均属于鳞翅目，拉丁学名为 Lepidoptera，源自希腊语 lepis 和 ptera，前者意为“鳞片”或“薄片”，后者意为“带翅的生物”。鳞片是在精致的彩色翅图案出现以前出现的，最初可能服务于一个非常实用的目的。假如你也试过徒手握住或用手指夹住一只飞蛾，你一定会留意到它留下的那一点点“粉尘”残留物，这就是鳞片。这些鳞片很光滑，在长有较大面积翅的动物身上成为一种有利条件，便于它们可能从不小心撞上的蜘蛛网之类黏糊糊的地方顺利脱身。

飞蛾和蝴蝶一样，它们的翅完全由鳞片覆盖，每个鳞片都是单个细胞的产物（见图 8-4）。长期以来，昆虫学家一直认为，鳞片是具感觉功能的短毛经进化改造的产物，变得扁平宽阔，不再是长而纤细，也失去了原有的触感神经分布。这种猜测已经通过进化发育生物学研究得到证实。在我的实验室，罗恩·加兰特（Ron Galant）发现这些鳞片在发育时用到一种工具包基因，该基因在果蝇身上也用于制造短毛，这表明鳞片的的确确就是经过改造的短毛。

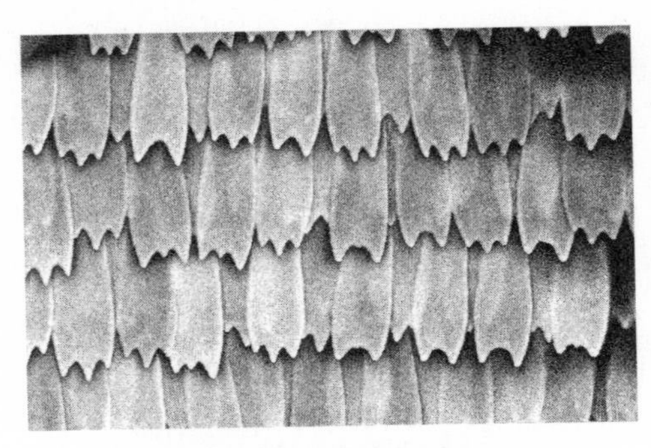

**图 8-4 蝴蝶翅上的鳞片**

资料来源：Steve Paddock.

从蝴蝶身上呈现的色彩难以计数，在昆虫界几乎找不到旗鼓相当的对手。每个鳞片单独看就是一种特定颜色，只要借助高倍放大镜就可以看到，而且每个鳞片都可以与其相邻鳞片的色调完全不同（见彩图 8a）。人眼看到的各种混合或中间色调，全是由许许多多自带不同颜色的鳞片通过空间排列形成的视觉效果。翅的颜色有化学色素和结构色两个来源。因光线而变化的虹彩蓝与绿，还有粉白，都跟鳞片本身吸收、反射和散射光的方式有关。不同的结构色不仅源于鳞片微观解剖结构上存在非常细微的差异，还有鳞片结构与某些化学色素在合成过程中所带来的复合影响。

至于蝴蝶翅上的几何图案，则要归功于组织起这些图案的发育通路的创造与精心制作。以眼斑为例，这是我们最了解的一种图案元素。这些斑点由不同颜色的同心圆环组成（见彩图 8b）。许多研究都调查了它们帮助蝴蝶逃避捕食者的作用。目前发现的眼斑功能，对多种蝴蝶来说，是要将发动进攻的捕食者（通常是鸟类或蜥蜴）的注意力转移到自己翅的外缘，远离实际上不堪一击的身体主干。毕竟，即使是不幸失去相当大的一片翅，蝴蝶依然可以飞行（见图 8-5），但若是身体主干遭受同等规模的创伤，它可能早已一命呜呼。眼斑能吸引捕食者注意，可能是因为它们看上去是如此艳丽夺目，跟翅的其他部分形成鲜明对比，也可能是因为它们看上去很像眼睛，因此刺激了捕食者的本能，转而攻击这些图案所在的位置。

**图 8-5　捕食者对一只蝴蝶造成的伤害**

注：这只丛林斜眼褐蝶曾经遭受攻击，但因为伤处位于翅边缘，所以它还能继续飞行，甚至繁育后代。摄于肯尼亚。

资料来源：Paul Brakefield, University of Leiden.

眼斑在蝴蝶防御体系中所起的关键作用，以及它们在不同物种之间的呈现的丰富多样性，促使我们集中精力研究这些图案元素的形成与进化过程。

## 制造眼斑，教“老”基因学会新技巧

我们从蝴蝶成体上看到的翅图案，是从毛毛虫阶段开始的一个进程得出的结果。每个蝴蝶翅都是从一个扁平的细胞盘开始逐步形成的，这些细胞在幼虫发育进程的几个阶段都在急剧增长（大多数蝴蝶都要经历 5 个幼虫阶段）。从毛毛虫开始，接下来变成蛹，蝴蝶把自己裹在里面，等待不久之后羽化而出，这期间翅上的最终版图案也在一直不停完善。虽然我们肉眼看不见，但蝴蝶成体翅的部分图案正在毛毛虫体内不断形成，那时的翅还只是一个很小的未成熟圆盘，只有未来成体翅的一点点那么大。这时离蝴蝶成虫从貌不惊人的蛹里闪亮登场还有一周或更长一点的时间。我在第 2 章介绍过揭示蝴蝶翅内部早期事件最精彩的实验之一，也就是尼胡特做的眼斑焦点移植实验。这项实验表明，未来眼斑的位置是在毛毛虫时期决定的。具体而言，尼胡特发现眼斑的同心圆环图案是由一种组织者诱导的，该组织者被称为“焦点”，位于正在发育的眼斑的中央。

由于尼胡特的移植实验揭示出正在发育的蝴蝶翅内含有一种新的组织者，因此在我的实验室里，我们开始尝试分辨跟制造眼斑有关的基因。我们要解决的主要问题包括：哪种遗传系统可以创建独立的图案模式？这一系统是怎么一路进化过来的？贝茨把翅膜比喻为大自然写下故事的“石板”，那么，大自然用于写写画画的基因工具都有哪些？以蝴蝶为例，它们是进化出新的基因来制造斑点，还是直接调用已有的基因完成这项新任务？

我们从一开始就有一点预感。就分辨参与构造果蝇翅的工具包蛋白这项工作而言，我的实验室和其他几个实验室都取得相当不错的进展。我们揭秘蝴蝶翅构造过程的逻辑是以昆虫之间的进化关系为基础的。由于昆虫的翅只进化过一次，因此，我们就果蝇翅构造过程了解到的情况，应该也普遍适用于蝴蝶翅的构造过程。我们的想法是，如果足够幸运，那么只要在蝴蝶身上寻找果蝇已知工具包的对应物，就有可能一路引领我们找到揭秘蝴蝶翅独特特征的线索。

我们很幸运。在我的实验室里有一小队科学家从北美眼蛱蝶体内分离出一批工具包基因，当时我们已经知道这些基因的同源物跟果蝇翅的构造与图案形成过程有关。但发现这些基因出现在蝴蝶身上并不能算意外，也不能证明它们在蝴蝶翅图案形成过程中发挥了某种作用。关键还要看我们能不能在蝴蝶翅图案形成过程中定位这些基因当中的某一个，并且是在通过移植实验已经证明的那些图案形成的时间节点上。要完成这个实验，我们需要检测基因在毛毛虫体内那个微小翅盘上的表达位置。我们想借助显微镜寻觅踪迹，关于即将出现的蝴蝶成体翅怎样形成各种美丽的图案。

我们发现，蝴蝶的所有基因在发育中的翅盘上的一些部件都有表达，并且这些部件跟它们在果蝇翅里部署的地理区域是一样的。由此可知，正在发育的昆虫翅带有同样的地理系统。以蝴蝶翅为例，其正面和背面，每个翅的前部和后部，还有翅的边缘，都由蝴蝶与果蝇共有的相同基因表达区占据。这完美地证明了翅的出现是一种古老的传承。但更引人入胜也更令人感到兴奋的是，我们在蝴蝶翅上还看到了在果蝇翅上找不到对应物的基因表达图式。我永远不会忘记那一刻，我的技术员朱莉·盖茨（Julie Gates）喊我去看显微镜下蝴蝶毛毛虫翅盘上的图案，看到那些美丽的斑点跃然眼前，真是令人震撼的体验。我们在每个翅盘上都看到两对斑点，并且它们恰恰位于再有一周就要发育完成的眼斑的位置，也就是弗雷德·尼胡特此前定义为焦点的位置（见彩图 8c）。这太棒了！

在我们研究的十几种基因里，这些斑点仅仅是由其中一种形成的。到这里你已经看过关于这种基因的很多信息——对，它就是 Dll 基因。真令人感到激动，因为这意味着一直以来参与构造果蝇和其他节肢动物附肢的同一种基因，在蝴蝶翅里似乎做了某种全新的工作。Dll 基因依然继续做它的“老”本行，在蝴蝶身上也被部署到正在发育的每一肢的远端部件，就跟其他所有昆虫和节肢动物一样。Dll 基因在蝴蝶翅上表达眼斑属于一种新技能，是这种基因在参与附肢构造这一古老工作很久以后才“学会”的（见图 8-6）。

记住，只要涉及一种工具包蛋白的作用，一切都得取决于现场的具体背景。Dll 基因在特定的地点和时间从事附肢的构造工作，它参与制造翅上的眼斑，这就属于另一个地点和时间的工作，调控截然不同的另一种生长模式。

问题是，Dll 基因怎么就能学会在翅上制造斑点这种新技巧的？答案是这种基因得到了一个新的开关，能响应这些由细胞组成的斑点带有的特定经纬度坐标。由 Dll 基因经手的斑点总是选在两条脉络之间以及沿翅外缘形成。这些斑点的精确、可重复坐标告诉我们，在这些位置上存在活跃的工具包蛋白，是它们打开了 Dll 基因的开关。

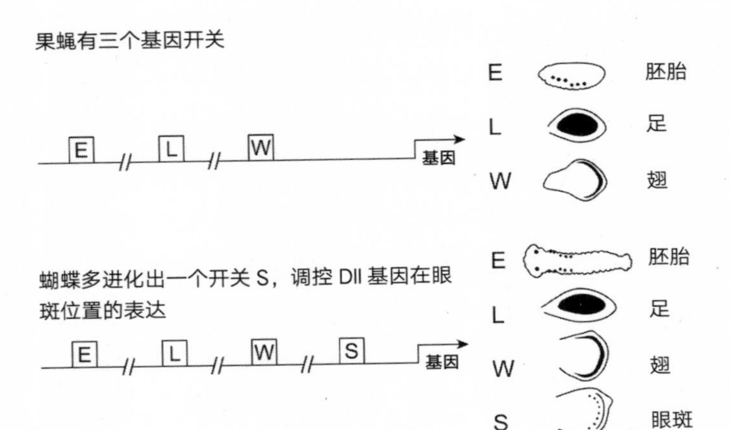


**图 8-6 Dll 基因在蝴蝶身上进化出一个新的开关以调控眼斑的表达**

注：Dll 基因开关一直调控这一基因在果蝇和蝴蝶的胚胎、幼虫的足以及翅上的表达，但蝴蝶还多进化出了一个开关去调控眼斑的表达。

资料来源：Leanne Olds.

从北美眼蛱蝶正在发育的眼斑中发现 Dll 基因表达这一进展为我们提供了期待已久的依据。它预示，我们很快就能理解翅上错综复杂的图案是怎么形成的。我们必须面对的首要难题之一就是是否发现了有关蝴蝶翅型花色的某种普遍信息，又或者，只不过是这一物种的一个特殊之处。于是我们仔细研究了 Dll 基因在其他蝴蝶身上都是怎么用的，并且这些蝴蝶有的带斑点，有的完全不带。结果呈现完美的相关性：我们在所有带斑点的物种身上都看到了 Dll 基因表达的美丽斑点，在所有不带斑点的物种身上都没有看到 Dll 基因表达的斑点（见彩图 8d）。

有了这份好运气的激励，我们立即着手寻找同样可能在发育中的眼斑表达的其他工具包蛋白。我们相信一定还能发现其他工具包蛋白，因为眼斑是由不同色素鳞片的同心圆组成的，每一圈鳞片好像接受了不同的操作指令。尼胡特之前的实验表明，来自焦点的信号诱导环绕的细胞圈不仅呈现出不同的颜色，而且具体跟细胞相对于焦点的距离远近有关。Dll 基因标记了位于中心的细胞，但外围的圆圈也必须以某种方式被描画出来。

我们又一次交了好运。在我的实验室里，博士后研究员克雷格·布鲁内蒂（Craig Brunetti）正在寻找蝴蝶眼斑里的其他工具包蛋白，结果发现两种更令人惊叹的图案。当他非常仔细地观察现在分别被称为 Spalt 和 Engrailed 的两种工具包蛋白的表达时，他发现，它们分别表达在非洲物种偏瞳蔽眼蝶的一个斑点和一个圆环（见彩图 8e）。这种蝴蝶的眼斑具有一个白色的中心，周围环绕一个宽的黑环，外面再环绕一道金环。Spalt 的表达图式精确标记出未来的黑环，Engrailed 的表达图式负责标记金环。仔细看彩图 8e，左边是正在发育的鳞片里的蛋白表达环，右边是终将出现的眼斑环，这两者之间存在的精确对应关系可谓精致绝伦。

Engrailed 和 Spalt 也是非常古老的基因，早就承担了其他工作，因此，对它们在蝴蝶眼斑图案形成过程中发挥的新作用的解释跟 Dll 基因是一样的：通过进化出新开关去调控这些基因，使这些基因在蝴蝶身上能多承担一份新的工作。

## 我的高光 15 分钟

此处我先暂停一下科普，简要插播一件小事，这件小事说的是意外发现可能带来的意外结果。它给我上了很重要的一课，关于“美”对于激发大众对科学的兴趣的重要性。

首次在蝴蝶翅的眼斑里目睹 Dll 基因现身的兴奋劲儿过去之后，我们也把自己的成果写成论文以备正式发表。结果很快发现不是所有人都跟我们一样激动。《自然》杂志拒绝了这篇论文，且不打算做进一步的审议。于是我们把文章转投《科学》杂志。他们显然乐于接受，决定发表我们的工作成果，还在该期封面刊登了蝴蝶翅的照片。这对我们团队来说真是太棒了，使命达成。

没想到，在其他方面，这个故事才刚刚开始。

正常情况下，一篇论文至少要等两个月的时间才能面世，因此，当我稍后出席一场科学研讨会时，我已经把那篇文章置于脑后。那几天我住在一个大学校园的宿舍里，每天吃的是自助餐，快乐享受着学术科学活动一以贯之的魅力。就在听同事做报告的间隙，我收到一条信息，让我打电话给《纽约时报》的科学作家尼古拉斯·韦德（Nicholas Wade）。

我一下有点摸不着头脑，但还是打了电话，这才发现对方正在写一篇专题报道，要专门介绍我们的论文，就是马上要在《科学》杂志上发表的那篇。我心想这应该很酷，我的研究成果终于可以成为我妈妈和邻居的消遣读物，让他们看看这些年来我是怎么利用大学里的时光以及实验室的漫漫长夜的。我们聊了好一会儿，放下电话我回到会场，接着又听了好几天的学术演讲。

媒体的一点点关注可能引发持久的反响。《纽约时报》那篇专题文章吸引了许多其他报纸，它们也要报道这个专题。正值夏天，我从一家著名报纸那儿得知，他们想在头版刊登一些令人振奋的内容，设法将当时正在进行的、臭名昭著的 O. J. 辛普森（O. J. Simpson）谋杀案审判的报道从头版赶出去。于是，很多报纸先后刊发了关于寻找“美的秘密”的报道，还有其他报道也带有类似的标题。

接着，电视台登场。那天傍晚我正坐下来准备吃晚饭，突然认出我们的一张照片出现在一档全国新闻节目上。我大吃一惊，不由继续看下去，原来是罗杰·罗森布拉特（Roger Rosenblatt）做的一个长篇视频报道，这才知道，我们那篇文章促使他思考，科学上的理解会不会削弱或增强公众对奇迹与美的体验。我觉得你能猜到我的看法。

几个月后，《时代周刊》认为我应该跟一群年轻的美国人一道接受表彰。结果是我要穿上燕尾服，与总统、华盛顿记者团以及各路电影明星和政治家共进晚餐。

这波疯狂还没完。完全出乎意料，我还接到好莱坞一位顶级制片人的电话，他说他看了《时代周刊》的文章，想跟我当面好好聊一聊。当然，我去了一趟洛杉矶，我们聊科学、电影和蝴蝶，聊得很开心。

好吧，现在我算是看明白了。蝴蝶的确激发了广泛的兴趣，我对此深怀感激，它也带来了我在聚光灯下的高光 15 分钟。到现在我还会从同行那里听到许多关于这一意外插曲的善意玩笑。

当然了，批评者也无处不在，我忍不住要在这里分享我在那场小小的媒体巡回期间收到的一封匿名邮件（见图 8-7）。

我等不及此君知晓这本书。

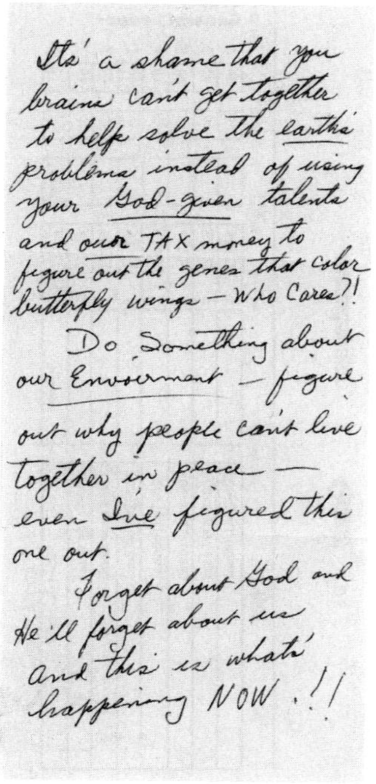

It's a shame that you
brains can't get together
to help solve the earth's
problems instead of using
your God-given talents
and our TAX money to
figure out the genes that color
butterfly wings — Who Cares?!
Do Something about
our Envoirment — figure
out why people can't live
together in peace —
even I've figured this
one out.
Forget about God and
He'll forget about us
and this is what's
happening NOW .!!

**图 8-7　一封读者邮件**

注：大意如下：真是岂有此理，你们不是合力试图解决地球上的问题，而是把上帝赐给你们的天赋以及我们上交的税款用于寻找给蝴蝶翅上色的基因。谁要知道这些！做一点跟我们的环境有关的事情吧！搞清楚为什么大家不能和平共处，哪怕我已经想明白了。一旦忘记上帝，上帝也会忘记我们，这就是此刻发生的事情！

## 蝴蝶如何改变它们的斑点

在吉卜林的童话里，豹子一旦得到了自己的斑点就心满意足，再也不会改变。但蝴蝶的思维方式跟豹子不一样，蝴蝶的进化历程中它们的眼斑改变了很多次。这在观察不同的物种时是显而易见的，但我在这里要从一种蝴蝶的故事说起，改变斑点在它这里属于常态，为的是要跟上马拉维的季节变化。

关于前面提到的非洲物种偏瞳蔽眼蝶，我的全部知识都来自荷兰莱顿大学的保罗·布雷克菲尔德（Paul Brakefield）和他的学生，以及爱丁堡大学的弗农·弗伦奇（Vernon French）。多年以来，保罗一直在研究这种非同寻常的蝴蝶，或是在马拉维的田野上，或是在他位于莱顿大学的实验室里，他在那儿一直饲养着一个巨大的种群。

在马拉维当地的野生状态下，这种蝴蝶通过学习改变自己的眼斑来适应栖息地明显的季节性变化。每逢雨季，周遭树叶变得青翠而茂盛，这种蝴蝶的翅就会带上鲜艳醒目的大眼斑，帮助自己避开鸟类和蜥蜴的攻击而保住小命（见彩图8f，左图）。但若到了旱季，树木早已枯萎，落叶在地面铺成厚厚一片褐色，蝴蝶肯定也要降低活跃度，这时如果再带着那些大如公牛眼睛的眼斑，就会让自己的翅在棕色背景下显得相当醒目，仿佛高声尖叫着“我在这儿哪，来吃我吧！”因此，随着雨季渐渐结束，天气变得冷而干燥，最后一批孵化的毛毛虫和蛹都能感觉到这种变化，于是它们在羽化成蝶之际就不带任何眼斑，只有一些很小很小的彩点出现在原本眼斑应该占据的位置上（见彩图 8f，右图）。这些不起眼的暗褐色蝴蝶会躲在凋落的枯叶堆里，耐心熬过漫长的旱季，一直等到下雨的好天气回归，它们才会出来交配。它们的后代届时会全部成长在温暖潮湿的环境里，也都能感觉到当时的气候，因此全都长出巨大的眼斑，而这将在它们羽化而出、开启比父辈更活跃的生活之际为它们提供另一种类型的保护。

这些蝴蝶所做的这种适应性改变可不是吉卜林故事集《原来如此的故事》里的篇目。保罗和他的学生曾在旱季放生带有巨大眼斑的蝴蝶，结果发现，跟棕褐色的晦暗形态相比，它们更频繁地被天敌吃掉，可见自然选择的证据在野外非常明显。换到实验室里试试看，在不同温度下繁育正在发育的蝴蝶也会再现前述野生模式：在约 23℃的温度下会发育为雨季形态，在约 17℃的温度下会发育为旱季形态。通过改变不同阶段的温度，保罗的团队因此确定了决定眼斑形态的关键时期是毛毛虫阶段的后期。

当我的学生戴维·基斯（David Keys）着手研究在不同温度下饲养的这种蝴蝶的毛毛虫的 Dll 基因表达时，他发现，在温度、表达 Dll 基因的细胞数量与成体蝴蝶眼斑大小三者之间存在精确的对应关系。在低温条件下，只有少量细胞在斑点位置表达 Dll 基因；到了较高温度下，表达 Dll 基因的细胞数量增加了许多。就这一物种而言，Dll 基因的眼斑开关对不同温度有不同的响应。我们不认为开关本身就能直接感知温度，应该是毛毛虫体内其他部位制造的某些激素的水平会随季节和温度不同而发生变化。昆虫体内的激素，就像我们体内的激素一样，对发育阶段以及某些组织的发育有调节作用。激素的水平说到底是由基因开关调节出来的。Dll 基因的眼斑开关已经在这种蝴蝶体内进化出一种激素响应特征序列，使蝴蝶能对环境变化做出反应。

控制斑点发育以响应季节变化的能力，只不过是发育和形态在自然选择之下进化的一个例子而已，尽管这个例子非常生动。在蝴蝶的进化历程中出现了各种各样的斑点图案。例如，仅在偏瞳蔽眼蝶所在的蔽眼蝶属就已经发现有 80 种蝴蝶，就眼斑的大小、位置以及偶尔可见的数量这几个指标上各不相同。这表明蝴蝶要进化出新的翅型花色其实相当“容易”。与其他结构的进化相比，蝴蝶翅型花色的进化可能存在更大的灵活性。这种灵活性背后的原因可能在于翅生长模式的遗传调控方式，这一方式要确保突变发生时只影响翅图案形成而不影响其他身体部位。在很大程度上，蝴蝶进化的本质可以说是“偶然抓住的机会”。

从我们在实验室里和大自然中看到的种类繁多的蝴蝶翅型花色，可以一窥其生长模式的进化方式。保罗和他的同事已经分离出许多引人注目的自发突变体，在这些蝴蝶的翅上带有不同的眼斑图案。其中一些突变体在体型图式上没有显示出其他变化。它们可能代表其中一类突变，由于其影响限定在翅上，属于有机会在大自然产生的变种。的确，其中一种这类突变体被称为 Spotty，在前翅带有 4 个眼斑，而不是通常的 2 个（见彩图 8g）。跟它密切相关的一个物种、同在蔽眼蝶属的萨菲蔽眼蝶，就是经常有人报道在野外看到带有 4 个眼斑的变种 。因此，不难想象眼斑数量在这一种群内部是怎样进化的。与此相仿，保罗已经分离出可以改变眼斑的配色方案、大小或形状（见彩图 8h）的突变体，它们之间的区别很像密切相关物种之间存在的那种差异。

另一个观察蝴蝶翅的进化过程的角度，是在实验室里模拟自然选择做培养实验。在这些研究里，决定蝴蝶具有不同大小斑点的命运的力量来自保罗和他的学生，而不是鸟类和蜥蜴。任何一个蝴蝶种群，翅斑点的大小都略有不同。这可以作为野外自然选择或实验室“人工选择”的原材料。保罗和他的团队培育了两种截然不同的蝴蝶种群，一种是在较低温度下通过选择与交配培育的蝴蝶，带有最大的眼斑；另一种是在较高温度下同样通过选择与交配培育的蝴蝶，带有最小的眼斑。这种人工选择方案进行了大约 20 代之后，他们得到的蝴蝶种群要么制造大眼斑，要么制造小眼斑，但都跟温度无关（见彩图 8i）。

在这些实验里发生的情况，是眼斑大小的现有变异（跟蝴蝶初始种群的遗传变异有关）选择了两个极端，即大与小。由此得到了从形态到遗传皆有不同的种群。从本质上讲，这恰恰就是在大自然中发生的情况，但通常花的时间比 20 代长多了。

围绕蔽眼蝶属蝴蝶眼斑可变性进行的这些研究揭示出蝴蝶翅型花色进化的一些可能性，可以说蝴蝶在可能的选择范围内做了相当出色的探索。至于其他同样带有眼斑的蝴蝶物种，从翅眼斑的数量、大小到配色方案，都已经进化出令人惊叹的多样性。在蝴蝶翅生长模式的多样性背后必然存在不同的发育指令。在眼斑里发现 Dll、Engrailed 和 Spalt 蛋白的表达为我们打开了探索新通路，细究眼斑的各种变异在不同物种中的进化情况。

不同物种的蝴蝶，它们之间最明显的区别就是眼斑数量的演变。在翅盘里观察到的 Dll 基因位点数量的进化，正好对应眼斑数量的进化。这就告诉我们，Dll 调控的进化改变已经在不同的物种中进化，这显示出一种创新，如斑点的进化，如何促成斑点模式出现更进一步的多样性。只要 Dll 表达的眼斑发生进化，对 Dll 表达进行“小修小补”就能在蝴蝶翅上形成眼斑数量或大小的差异，抑或是像偏瞳蔽眼蝶那样，眼斑出现季节性变化。Dll 调控的这些变化，很有可能是通过改变 Dll 基因眼斑开关的特征序列实现的（见图 8-8）。

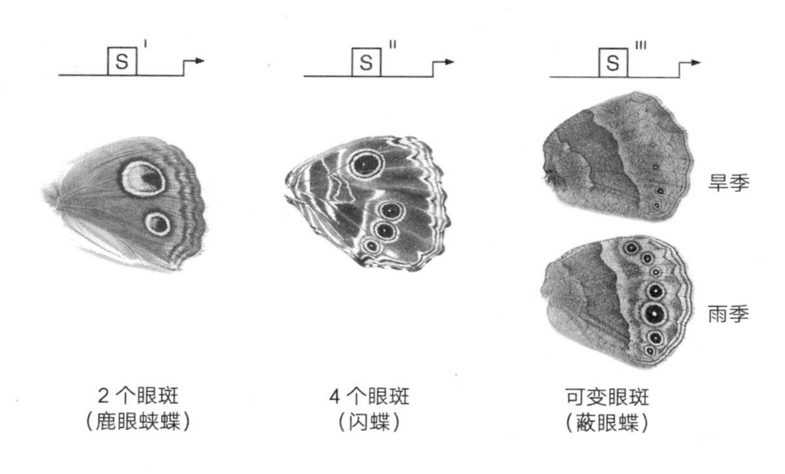


**图 8-8 不同的眼斑图案**

注：眼斑图案各有不同，原因是 Dll 基因的眼斑开关发生了改变。用不同方式改变开关，就能引起眼斑数量的变化，实现对眼斑大小的控制。

资料来源：Leanne Olds.

## 拟态与色彩模式进化

其他构成翅型花色的元素不断改变色彩模式，这主导了大多数蝴蝶的进化故事。在不同的物种之间，抑或是同一物种的不同个体之间，外观差异都可归结为色素合成与鳞片结构色的不同空间模式。固然每个物种各有自己的版本，不过，我准备以拟态进化在自然选择中发挥的重要作用来收尾这一章，况且，从进化发育生物学角度看，它依然属于未解之谜。

外观上的明显差异通常具有相对简单的遗传和发育基础。比如北美东部（包括威斯康星州）有一种蝴蝶，名叫北美大黄凤蝶，这种蝴蝶的雌性个体有两种形态，分别是带有黑色虎纹的黄色形态，以及黑色或者说“黑化”形态（见彩图 8j），后者其实是模仿美洲蓝凤蝶的一种特定拟态。被模仿的美洲蓝凤蝶属于贝凤蝶属，飞行范围跟北美大黄凤蝶一样，但鸟类早就知道它们非常难吃。北美大黄凤蝶在黄色形态与黑化形态之间出现的明显差异似乎源于单一的一种基因差异，即蝴蝶翅中央区域的鳞片具体是合成黄色色素还是黑色色素。虽然蝴蝶个体之间的花色图案差异可能显得很复杂，涉及多种图案元素，但不同形态之间的基因差异似乎相对较小。其他的拟态例子似乎也属于这种情况。

还有生活在中美洲和南美洲的袖蝶属蝴蝶，全都带有警戒色，尤以红色和黄色为主，仿佛正卖力提醒大家，它们一点也不好吃。这些袖蝶在不同的地理种群中都出现了拟态现象。结果变成，尽管同在袖蝶属，位于一处给定地理区域的不同物种渐渐趋同进化出相似的翅型花色模式，反倒是相同的物种形成了看上去各不相同的地理种群。以其中两种袖蝶为例，一为红带袖蝶，一为艺神袖蝶，二者在巴西、厄瓜多尔和秘鲁的每个调研地点看上去都彼此相似，反倒是它们自己的不同地理变种（也叫亲缘种）放在一起显出各具特色的翅型花色（见彩图 8k）。一般认为，喜欢攻击这些蝴蝶的鸟类因地区而异，每个蝴蝶物种为适应这一选择压力而形成了一种最能打消当地捕食者攻击念头的形态。这方面已经做了广泛的遗传学研究，试图确定控制袖蝶翅的大小、形状以及条带和光线色彩的遗传差异。一般来说，一组数量适当的基因层面的差异似乎调控着不同种群之间的差异性。

生物学家目前尚未准确掌握与凤蝶或袖蝶色彩模式和拟态有关的基因。但这只不过是时间问题。一旦识别出这些基因，我们就有了大好机会，尝试在有机体对环境的适应度、基因与带有这些奇妙模式的形态之间建立起联系。

正当蝴蝶的翅型花色生成模式的进化奥秘即将揭晓之际，生物学家最近又在许多其他动物身上对其中一种颜色的进化取得了重大的发现，这就是基本的黑色。黑色或“黑化”形态演变是动物界最普遍的颜色改变之一。我将在下一章介绍有关黑色这一自然色彩的研究怎样让生物学家有能力定格生物进化的进程。

# ENDLESS FORMS MOST BEAUTIFUL

第 9 章

# 大自然中黑色的演变

**非洲风光**

资料来源：Jamie Carroll.

学会在自然万物身上看到值得爱惜、着迷与敬畏的一面的人是幸运的，因为他们一定会找到那把钥匙，打开调剂身心、恢复活力的不竭源泉。

——休·科特（Hugh B. Cott），动物学家

《动物的适应性着色》（*Adaptive Colouration in Animals*）

“你到底对自己做了什么，斑马？你难道不知道，如果你出现在南非的高地草原，我从 16 千米开外就能一眼看到你吗？我之前完全看不见你的形体。”

“是的，”斑马说，“但这里不是高地草原。你难道看不出来吗？”

“我现在看出来了，”豹子说，“但昨天完全不能。这是怎么做到的？”

“先让我们起来吧，”斑马说，“我们这就做给你看。”于是埃塞俄比亚人让斑马和长颈鹿站起来；斑马走进一片带刺的灌木丛，那儿在阳光照耀下就像摇曳着一片条纹，长颈鹿也走到一丛略高的枝条下，那里跳跃着斑斑驳驳的阴影。

“现在，看好了，”斑马和长颈鹿说，“这就是成功的做法。一，二，三！你的早餐呢？”

豹子盯着看，埃塞俄比亚人也盯着看，但他们只能看到森林那边有条纹的阴影和斑驳的阴影，就是看不到斑马和长颈鹿的踪影。它俩就这样消失了，躲进树影摇曳的森林。

“哎，哎！”埃塞俄比亚人说，“这是一个值得学习的技巧。从中吸取点教训，豹子。”

尽管吉卜林在这篇《豹子怎样得到它的斑点》中讲的这个关于斑马如何藏身的故事曾经打动万千读者，但美国前总统西奥多·罗斯福显然不在这些读者之列。1909 年，自第二个总统任期卸任没多久，他就前往非洲开始为期一年的狩猎之旅。1910 年，罗斯福将那段旅程的故事结集出版，名为《非洲狩猎小径》（*African Game Trails*），他在书中严厉批评了当时关于动物色彩的看法：

通常所说的动物“保护色”很大程度上其实没有任何事实依据可言……就拿长颈鹿、豹子和斑马来说吧，它们实际上已经被视为“以保护为目的”进行着色且从中受益的生物的实例。长颈鹿是大自然最醒目的生物体之一……可以确切地说，它对于“保护”自己免遭充满实力的敌人的伤害，这种着色在任何情况下都毫无价值。豹子的情况也是这样：如果它换成一身黑色，毫无疑问就不会那么吸引眼球——但全身黑色的豹子，那些发生黑色素沉着的个体，却跟它们的斑点兄弟一样繁衍壮大……这表明豹子的着色作为劣势其实微不足道，也算不上它的一种优势；反倒是它的生活环境使这种优势或劣势变得不足为道，可以忽略不计……毕竟正常情况下它是夜行动物，而只要到了晚上，它到底长什么样的隐蔽色就变得无关紧要了。

他把最强烈的冷嘲热讽倾泻在斑马身上：

关于保护性着色的这些说法全被套用在某些动物，特别是斑马身上，近年来的流行做法还要把人类也视为保护性着色的一个例子。事实上，斑马这套着色法根本就没有保护作用。恰恰相反，斑马的形态实在是过于显眼，在实际生活的环境里它们可能永远没有办法躲开敌人的目光；真有保护作用的情况只出现在极少见的条件下，几乎可以忽略不计。

这位了不起的“猎人”补充：“真相是平原上没有任何一种猎物能从自己的体色得到任何帮助，让它可以躲避敌人，也没有任何动物会想办法避免自己被敌人看到……在平原上，人们从最远处最容易看到的是角马，接下来是斑马和狷羚，瞪羚排在最后。”总统先生还发出挑战：“如果有人当真认为斑马这种着色法‘具有保护性质’，那就让他穿上斑马图案的狩猎服做个实验，他马上就不会上当了。”

我觉得我不会建议任何人在罗斯福狩猎团队附近任何一个地方穿上斑马图案的外套。那年他和他儿子克米特一共射杀了 512 只动物，其中包括 29 匹斑马，几乎超过其他所有的物种。

动物学家休·科特在非洲度过的时间可比罗斯福长多了，他不同意这位总统的观点。他以自己的广泛研究为基础，写成百科全书般的经典著作《动物的适应性着色》。科特也是一位才华横溢的画家，由于精通绘画技巧，他还就不同配色模式如何帮助动物躲藏、虚张声势或伪装等问题发表了深刻的见解。科特这份专长绝非仅仅来自简单的学术乐趣。他这部伟大著作是在英国卷入第二次世界大战前夕写成的，在战争期间他就以“伪装专家”身份向军方提供建议，帮助设计更好用的伪装。

至于斑马，科特解释，它们运用的是破坏性图案原理，设法隐去了自己的轮廓（见图 9-1）。

黄昏时分，当斑马确定自己会遭到袭击，而它所在的原野也提供不了什么像样的遮蔽时，它却依然跻身最难被认出的猎物行列。科特自称对这些动物积累了广泛的经验，曾在不同的背景下见过成千上万的斑马，并这样写道：

> 不管怎么说，在前面提到的那种稀薄遮蔽条件下，它是最不可见的动物，没有之一。黑白条纹使它与周遭那点遮蔽简直混为一体，以至于在最难以置信的视程也绝对看不到它。

**图 9-1　斑马身上的破坏性着色**

注：在光影交替的背景里竖直条纹有助于斑马隐去轮廓。

资料来源：Hugh Cott, *Adaptive Colouration in Animals*, (1940), Methuen and Co., London, used by permission.

除了这种隐蔽理论，关于斑马的条纹还有其他一些解释。面对一群斑马，很难从所有其他来来往往的条纹组成的背景中分辨出其中任何一匹。也许这在迷惑捕食者方面构成某种优势。另一种理论认为条纹图案可能有助于减少昆虫叮咬的概率，有人认为昆虫更喜欢全身黑色的动物。还有一种可能性是这些图案方便斑马妈妈和小斑马相认，或帮助个体斑马寻找自己的组织，因为斑马明显会被画在板子上的黑白条纹吸引过去。

这些想法跟科特与罗斯福的针锋相对都表明，生物学上关于动物的外观花色到底具有什么功能这一问题，其答案通常不是那么黑白分明。趣闻逸事固然可以激发灵感并得出猜想，却不能提供可靠的结论。我自己在肯尼亚就试过，有两次一直走到树下，却完全没有留意到当时树上躺卧着豹子。我还目睹过一只豹子跟踪一只非洲小羚羊，尽管光天化日之下它能用的遮蔽物只是那一点点灌丛，这跟罗斯福关于豹子习惯夜间出没的断言完全相反。动物身上有或没有斑点，是带条纹还是纯色，是黑色还是白色，这些特征到底属于优点还是缺点，只能经由对照实验检验确定，如你所想，在许多情况下可能很难获得这些数据。

尽管如此，动物身上的色彩对它们跟其他物种以及同类成员的互动具有至关重要的作用，这是很明显的。因此，具体着色的自然史在进化生物学里占有一席之地，主要是担当了自然选择和性选择的实例。在这些例子里一直缺失的部分就是有关性状的精确遗传与发育基础的知识。现在得益于分子生物学和进化发育生物学的发展，有那么一些例子，对于造成同一物种内部或不同物种之间不同个体出现差异的内在机制我们已经有了很不错的认识，在某些情况下甚至可以一路精确追溯到具体负责的那一个或多个基因变化，锁定进化的“确凿证据”。

在这一章，我会将关注点限定在仅仅一种颜色的演变，这种颜色就是黑色。身体不同部件或全身朝深色方向演变是自然界最常见的一部分变化。我将重点介绍黑色在美洲豹、一些鸟类、小囊鼠、果蝇和少数几种驯化物种身上是怎样进化的。在某些情况下，我们既知道起作用的选择性力量，也知道一种性状进化在分子层面的起源。这种存在于形态、对环境的适应性与特定基因之间的联系补上了现代综合进化论的一道关键缝隙。因此，这里要讲的故事就是关于进化的重要的新“代表案例”，足以跻身自《物种起源》发表以来以桦尺蛾和多种加拉帕戈斯雀族鸣鸟为代表的经典进化案例阵容。

我还将讨论进化发育生物学提供的新优势怎样帮助我们解决此前几乎难以回答的问题。这些最烧脑的问题包括：进化到底会不会自我重复？同一种基因改变会不会独立发生在不同的物种身上？或者，会不会存在不止一条路径，仿佛不约而同般通往相似的进化适应？

## 自然界的“黑化”

我们用“黑化”一词描述一个个体或物种以更大面积或数量的黑色或暗色取代其他颜色的现象。黑色素类色素是复杂的化学聚合物，以多种形式出现，具有不同的色调，从基本黑色到棕色、红棕色、浅黄色或棕褐色等。

黑化现象在整个动物界普遍存在，关于昆虫（尤其是飞蛾和瓢虫）、陆生蜗牛、哺乳动物和鸟类一些类群的研究已经做得很深入。黑色素沉着可以发挥许多作用，包括保护自己免受紫外线损伤、调节体温（常见于高海拔地区，让生物更快暖和起来）、伪装与隐藏、选择配偶和其他功能。由于存在如此广泛的一系列可能性，因此，要说明给定的一种黑色模式具体有什么“作用”往往变得很有难度。

剑桥大学遗传学教授迈克尔·马耶鲁斯（Michael Majerus）指出，目前已经知道英国有大概一半的飞蛾物种存在黑化形态。说到黑化现象和自然选择的最著名例子，必须提到一种名叫桦尺蛾的飞蛾在过去 100 多年里在英国和美国北部的工业区不断演变的分布情况。这种飞蛾有两种明显不同的形态：一种是典型的浅色桦尺蛾，白色，带黑色斑点；另一种是近乎全黑的黑化型；另有一些中间形态（见图 9–2）。

在工业区，不仅有污染物可能杀死树上的地衣，还有煤烟灰会使林木的树干变黑。这一背景造成浅色桦尺蛾异常显眼，黑化型桦尺蛾伪装得更好。细究这两种形态的出现频率与鸟类捕食情况，加上对它们栖息位置选择偏好的田野考察，将这些研究结果结合起来就能归纳出以下普遍结论：桦尺蛾这两种形态的出现频率会在不同时间和地区发生变化，是由鸟类捕食的自然选择压力存在差异造成的。尽管过去关于工业黑化现象的个别研究里使用的方法论有一部分引起过批评，但这种桦尺蛾的故事依然是经典的实时观察进化案例。

桦尺蛾黑化的遗传学机制看上去相对简单。用这两类桦尺蛾做的杂交实验表明，动物身上的色素沉着差异在很大程度上是由一个主要基因决定的，外加其他几个基因对具体的黑化程度进行调整。不过，跟工业黑化现象有关的那个基因迟迟未能得到确定。这对一个已有 150 多年的研究性课题来说，算是不错的难度认定。稍带一点讽刺意味的是，各地越来越严格的污染防治法规无疑取得了积极的进展，却也注定了黑化型桦尺蛾“在劫难逃”，可能会在未来几十年内完全消失，分子遗传学家们可得抓紧了。

图 9-2 桦尺蛾的黑化现象

注：上图，浅色形态在漆黑背景下变得很显眼。中图，浅色形态换到昏暗背景下就很隐蔽。下图，带斑点的浅色形态在长满苔藓的树干上也很隐蔽。
资料来源：Tony Liebert and Paul Brakefield, University of Leiden.

目前已经确定了另外几个物种体内与黑化现象有关的基因，这些例子我会在本章后面部分集中讨论。

## 美洲豹如何掩盖它的斑点

大型猫科动物的黑化形态早已广为人知，你很可能已经在某个动物园看到过一头黑色的豹子。黑豹在非洲的稀树草原是非常罕见的，但在东南亚的丛林里往往属于最常见的形态之一。那暗沉的毛色可能成为一种优势，更能逃过潜在捕食者的侦察。我们还知道，黑色的美洲豹在中美洲和南美洲大部分地区都有报道。

不过，尽管这些大猫会被描述为“黑色”，但它们身上的斑点还是很明显（见图9-3）。这样看来，暗沉的着色更像是叠加在原本的橙色加黑色模式之上，而不是直接将原来的模式消除。

**图 9-3　橙色型与黑化型的美洲豹**

资料来源：© Nancy Vanderney, EFBC/FCC; used by permission.

在哺乳动物体内，皮肤与毛囊的色素细胞产生两种黑色素，分别是真黑色素（eumelanin）和褐黑素（phaeomelanin），分别负责皮毛的黑色 / 棕色和红色 / 橙色（或黄色）着色。每种色素的产量由几种蛋白质控制。有一种关键蛋白质叫黑素皮质素受体 1（melanocortin-1 receptor，MC1R）（见图 9-4）。

这种蛋白质位于色素细胞的细胞膜上，一部分延伸到细胞外，另一部分延伸进入细胞内。还有一种激素称为促黑素（α-melanocyte stimulating hormone，α-MSH），只要跟 MC1R 结合，就会在色素细胞内触发一系列事件，包括启动真黑色素合成酶的合成。一种名为 Agouti 的蛋白可以阻断 MC1R 与 α-MSH 的结合，如果发生这一阻断，就会改为启动褐黑素合成。因此，具体出现的色素类型取决于 MC1R 的活性状态。

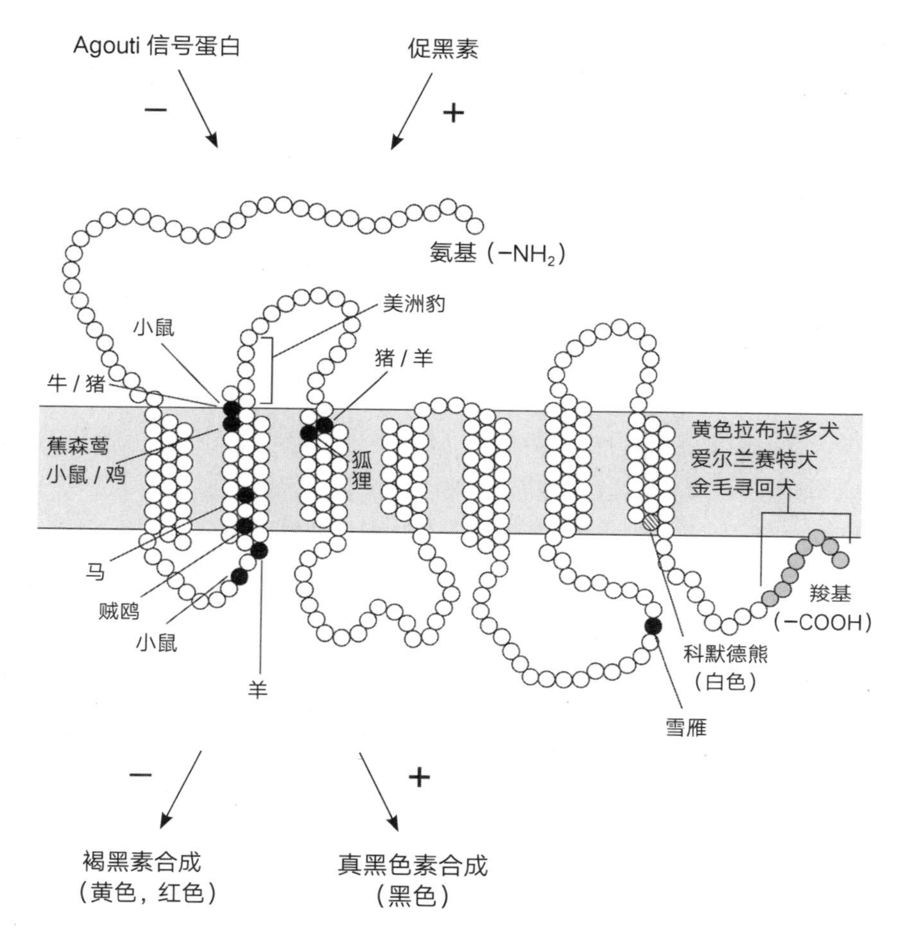


**图 9-4 MC1R 发生变化**

注：MC1R 发生变化与哺乳动物和鸟类身上出现黑化现象存在关联。MC1R 分布在黑色素细胞的细胞膜上，不仅会在促黑素刺激下产生黑色的真黑色素，还会受 Agouti 信号蛋白抑制，改为生成褐黑素。图中，深色圆圈标出该蛋白上与各物种黑化现象相关的位置，比如发生在这个分子尾部的变化就跟科默德熊的白化现象以及狗的各种皮毛颜色相关。

资料来源：Leanne Olds; adapted from M. Majerus and N. Mindy, *Trends in Genetics*, 19:585 (2003).

仔细检测正常的橙色型美洲豹与黑化型美洲豹的MC1R基因编码就会发现，该基因存在一种特定突变，只见于所有的黑色美洲豹。这一突变不仅在MC1R上删除了5个氨基酸，还改变了另一个氨基酸。一只美洲豹同时带有一份MC1R突变拷贝和一份正常MC1R基因拷贝，而它是黑色的，因此可以认为黑化型属于显性性状。这意味着该蛋白的突变型掩盖了正常型的存在。发生在MC1R上的这一改变使其保持激活状态而不断刺激真黑色素合成；不管是不是存在激素或抑制剂，它一概视而不见。

这是我在本书第一次描述发生在一个蛋白质序列而非基因开关的一种变化，并且这一变化很显然会表现在动物外观的一种差异上。MC1R之所以有能力做出改变，原因在于这种受体在很大程度上是专用于调节色素合成的。它的活性若有改变，并不会损害身体的其他功能。MC1R是一组共有5种受体的受体群中一员，这些受体在哺乳动物生理机能的多个层面具有特化功能，能对相关的一组激素有所响应。色素沉着可以在不影响其他功能的情况下进化，这能力要归因于MC1R调控发生进化（使它表达在色素细胞里）以及它的蛋白质结构进化。

若MC1R基因发生突变也会导致其他物种发生黑化。以细腰猫为例，黑化现象也跟MC1R的一种改变有关，但这种改变发生在MC1R的另一个略有不同的位置。这就是说，美洲豹和细腰猫这两种猫科动物的毛色如果显示出显著改变，原因在于同一个蛋白质发生了改变。

现已确定MC1R基因突变也能导致鸟类羽毛出现黑化现象。例如，蕉森莺是广泛分布在加勒比地区的一种鸟类。它们大多数会在胸部带有一大片亮黄色的羽毛，眼睛上方也有一道条纹，由白色的羽毛构成。但在圣文森特岛（St. Vincent）和格林纳达岛（Grenada）上发现了几乎全黑的黑化蕉森莺（见图9-5）。这一黑化现象与MC1R里单个氨基酸发生改变有关。有趣的是同一种氨基酸改变也发生在家鸡和小鼠身上。这就是说，在野外的猫科动物和鸟类身上，发生在同一个蛋白里的独立突变引发了相似的进化改变，并且其中一些改变也发生在已被驯化的家养品种身上。因此，进化不仅可以而且确实是在重复进行的，发生在一种特定的基因层面上，甚至同一种蛋白的同一个氨基酸层面上。

**图 9-5　蕉森莺的黑化现象**

资料来源：Andrew MacColl.

我们当然知道家养物种的黑化现象是由人类选择出来的，但我们还不知道影响野外猫科动物或蕉森莺黑化频率的选择压力到底来自何方。从捕食者角度看，黑色个体有机会在捕猎时帮自己避免被猎物察觉；再从蕉森莺角度看，黑化可能会影响其对不同海拔高度栖息地的选择，但这都只是猜测。不过，在另一个物种身上，黑化现象的选择优势或劣势就是显而易见的，这种动物给 MC1R 的黑化进化故事带来了一种令人惊讶的转折。

## 岩小囊鼠，黑化的方法不止一种

位于美国西南部的沙漠拥有种类丰富的局部栖息地，对寄居在那儿的动植物成员提出了不同的要求。可以说，这片广阔区域为我们理解进化适应现象提供了一个了不起的天然实验室。

在亚利桑那州西南部的皮纳卡特（Pinacate）地区，有一些色泽暗沉的岩质栖息地，那是不到 100 万年前熔岩流过后留下的产物。岩小囊鼠就住在这里，它们的栖息地还有同在西南部的其他岩质地区。早在 20 世纪 30 年代就有博物学家指出，在当地熔岩地带发现的这种小鼠通常是黑色的，但在较浅色沙质土壤一带栖居的常见形态则变为浅色（见图 9–6）。其栖息地选择偏好与皮毛颜色之间存在的这种相关性，被视为对捕食者，特别是猫头鹰的一种适应性改变。从详细的记录可以看到，一些鸟儿确实以这类小鼠为食，而且实验已经证明猫头鹰可以区分深色和浅色的小鼠，即使夜幕降临也没问题，因为沙漠常有的晴朗天空使月光得以充分照耀在岩石与沙质土壤之上。通过在大量分布区域对这种小鼠进行观察，发现了相似的模式，为证明它们的皮毛颜色具有适应性价值提供了进一步的证据。

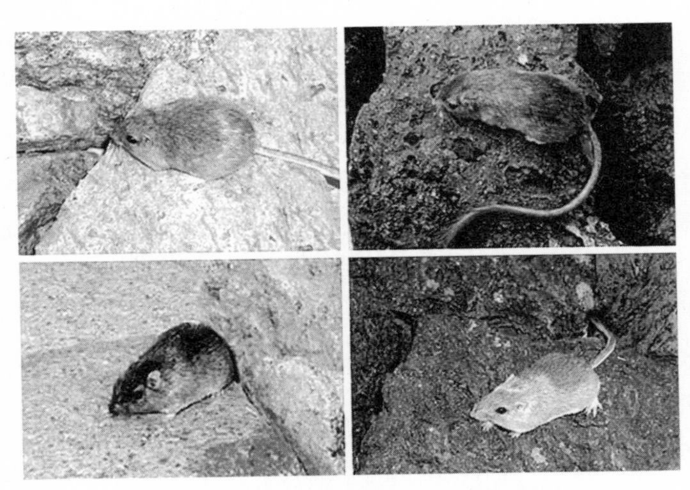

**图 9–6　岩小囊鼠的毛色与栖息地的联系**

注：岩石颜色偏浅的地方更容易发现浅色岩小囊鼠，要找深色岩小囊鼠就得去深色的冷却熔岩流一带，在那儿它们有更多机会隐藏起来。

资料来源：Michael Nachman, University of Arizona, from Nachman et al., Proc. *Natl. Acad. Sci. USA,* 100:5268 (2003), used by permission.

美国亚利桑那大学的迈克尔·纳赫曼（Michael Nachman）和他的同事近期检测过浅色小鼠和深色小鼠的 MC1R 基因序列，目的是要弄清楚这些小鼠的黑化现象背后的遗传基础 。他们发现深色小鼠的 MC1R 基因存在 4 种突变，导致它们的 MC1R 蛋白跟浅色小鼠相比有了 4 个氨基酸的差异，这跟其他小鼠的

MC1R 蛋白形成完全相关。这些差异表明，就像前面看过的美洲豹、细腰猫和蕉森莺一样，在这个种群存在 MC1R 处于持续激活状态的形态，由此产生了黑色的毛色。基因证据、不同毛色小鼠的分布情况，外加更多的野外和分子证据，描绘出令人信服的画面，显示动物可以怎样在自然环境的选择下进化自己的外貌。

这是一个非常令人满意的说法，但研究并未就此止步。纳赫曼和他的同事还检测了来自第二个地点的浅色小鼠和深色小鼠的 MC1R 基因序列，距前面提到的那个亚利桑那州种群约 750 千米，位于新墨西哥州的熔岩流一带。尽管从生态角度看故事是相同的，但从遗传学角度看就有了区别。在新墨西哥州，深色小鼠根本没有携带任何 MC1R 基因的突变，也没有携带 Agouti 基因的突变，但小鼠也能黑化。Agouti 基因能抑制 MC1R 基因，如果这个抑制剂发生突变，MC1R 基因就有机会全面激活。这就是说，在 MC1R 和 Agouti 之外，还有其他基因可以通过突变而导致动物发生黑化。这样看来，在相似的同样不到 100 万年历史的熔岩流地貌上，同一物种在两个不同地点形成了两种黑化种群，这显示它们已经找到了黑化进化的不同方式。进化不必一直依循完全相同的遗传路径，即使是同一物种也可能各有奇招。

## 黑豹、白熊与人类的红发

豹子和其他一些野生猫科动物的情况也是这样，黑化现象是通过 MC1R 和 Agouti 以外的其他基因发生突变而进化形成的。我们从许多物种那儿了解到，对皮毛颜色的影响并不仅仅来自这两个基因，还有色素沉着基因（pigmentation gene）的特定组合。以黄色的拉布拉多犬、金毛寻回犬与爱尔兰赛特犬为例，它们的毛色似乎源于一种突变，从而消除了 MC1R 的功能，而由其他基因决定黄色、橙色或红色的毛色。目前生物学家正努力分辨这些跟黑化现象和皮毛颜色有关的其他基因，肯定能找到导致物种和品种之间出现差异的具体改变。

黑化现象通常是由激活 MC1R 基因的突变引起，不过，发生在 MC1R 基因的突变还有其他一些类型，导致出现其他一些值得注意的着色模式。比如太平洋西北地区白色的科默德熊（又叫白灵熊）一度被视为一个独立物种，但后来发现它只是黑熊的一个白色变种（见图 9-7）。科默德熊的 MC1R 基因发生了一种突变，破坏了这一受体的功能。由于 MC1R 不能发挥受体功能，结果导致黑色素不能合成，熊体不得不披上一身纯白的皮毛。

图 9-7 黑熊与白色的科默德熊

资料来源：Charlie Russell.

最后，以我们人类为例，MC1R 基因发生突变会让人长出红色的毛发。这种突变还要对这些个体出现雀斑、光致色素沉着以及对阳光敏感等情形负责。人类的晒黑效果与真黑色素形成有关，这种色素在紫外线刺激下开始合成，其合成过程由促黑素刺激 MC1R 加以调节，导致人类长出红发的那种 MC1R 突变似乎可以削弱 MC1R 对促黑素的响应能力。

## 哺乳动物的条纹与斑点进化

关于动物皮毛颜色和鸟类羽毛，我在前面提到的所有例子普遍涉及整体皮毛或羽毛图式。我们已经知道，所有的黑色、白色、红色或黄色皮毛的进化都涉及与合成色素相关的基因突变，最常见于 MC1R。但是，野生型皮毛和羽毛图式更常见的情况其实是由两种或两种以上的多种颜色的某种空间图案组成的。这就意味着色素沉着基因必须在身体的不同区域有不同的表达，只有这样才能在这些区域看到不同的颜色。要做到有选择地在一个位置，而不是另一个位置表达这些基因，就必须存在开关，通过这些开关调控色素沉着基因表达和着色模式。

以哺乳动物为例，我们对这些开关的理解才刚刚起步。哺乳动物身上最常见的一种皮毛色彩模式是背部和体侧呈浅黄色、棕色或深色，腹部呈浅色。事实上这就是野生型家鼠的配色方案。要让动物的腹部和背部出现不同外观，发挥关键作用的是 Agouti 基因。有一个特定的基因开关可以促使 Agouti 基因在动物腹部毛囊表达。由于 Agouti 蛋白抑制 MC1R 活性，因此造成腹部的毛色变浅。

不过，尽管我们已经了解哺乳动物皮毛纯色和双色图案形成方式的一些细节，但更缤纷的花色图案，比如斑马身上的条纹，又是怎么来的呢？古生物学家古尔德写过一篇文章，是我最喜欢的文章之一，他在文章中提了一个问题："斑马是带黑色条纹的白色动物，还是带白色条纹的黑色动物？"多年以来，自然史上这一谜题引发了大量的争论。意见的天平现在开始倾向"斑马是带白色条纹的黑色动物"这一判断。但在我带你深入研究某一种看法之前，让我先聚焦一个问题：斑马是怎样得到它的条纹的？

与我在这本书里告诉你的其他所有内容形成对比，摆在这里的事实是：我们还没找到直接答案。据我所知，还没有人研究过斑马的胚胎学。但我们可以利用在研究其他哺乳动物时得来的不同类型的信息片段，尝试拼出某个片段的情形。这其中用到的知识有：合成黑色素的细胞在胚胎里是怎样发育的；观察小鼠、马和其他哺乳动物的毛色突变体；斑马和马杂交繁育的后代的外观，以及斑马在同一物种内部和不同物种之间的条纹图案变化。

说到条纹的起源，最重要的线索在于黑色素细胞的起源，这种色素细胞负责为条纹上色。在脊髓附近有一个区叫神经嵴，里面包含黑色素母细胞，是黑色素细胞的前身，黑色素细胞就从它们演变而来。黑色素母细胞从神经嵴分流，沿大概垂直于脊髓方向的轨迹向外迁移。这些迁移细胞似乎一路上都得到并跟从了某些指引。由于迁移轨迹都从胚胎背部最高处开始，然后向下方延伸，因此腹部和胸部就是它们最后抵达的位置。很明显，若是发生减缓或减少黑色素细胞迁移的突变，就会在腹部和胸部留白。这就是马、狗的胸部和猫的肚子变成白色的基本原理。

回到斑马这个例子，它们皮毛上醒目的黑色条纹所在区域肯定有黑色素细胞迁移抵达。目前还不清楚白色条纹的成因到底是因为这些区域缺乏黑色素细胞（这些细胞要么没有迁移到这里，要么全部死亡），还是因为这些区域有黑色素细胞但合成功能受到了抑制，不能合成色素。不管黑色区域和白色区域之间的差异具体源于细胞的迁移、死亡，还是黑色素合成受到了抑制，每一种机制都要由一个特定进程以条纹模式进行调控。以第一种情况为例，我们已经知道许多信号传导分子在脊椎动物的神经管和体节里表达为条纹模式。如果黑色素母细胞在迁移路上被其中任何一种信号传导分子导流或耽误，就会出现条纹模式。还有一种可能，如果抑制黑色素合成的物质在皮肤或毛囊以条纹模式表达，也有可能导致皮毛出现条纹模式。因为斑马的腹部通常都是白色，我赞成的解释是斑马条纹的纯白色是由黑色素细胞缺失造成的。不过，即使这个猜测是正确的，造成黑色素细胞缺失的方式也有好几种，确切的发育机制目前还是未解之谜。

那么，斑马到底是白底黑条纹还是黑底白条纹呢？再插叙一条有趣的小花絮，看它能不能帮我们做出判断。已经有报道描述过非常罕见的斑马，它们在正常情况下应该出现条纹的地方出现了白色的斑点。如果斑马皮毛图案的“默认模式”是全黑色，这种意外情况就是可能的。但我认为这种“默认模式”的想法不一定适用于斑马。此外，2004 年 3 月，肯尼亚野生动物管理局报告他们那儿诞生了一匹全白的斑马驹子。从发育的角度看，黑色条纹和白色条纹都得到了积极的“绘制”。因此，我更愿意说斑马是一种兼备黑色条纹和白色条纹的动物。

事实上，黑色素细胞从垂直于脊髓方向的神经嵴迁移出来这一点已经表明，带上条纹的潜在可能性是这一发育进程的固有特性之一。正常情况下呈现纯色外观的动物，比如小鼠和马，它们的突变体就有可能带上条纹。此外，繁育马和驴的民间经验处处可见带上一定程度条纹的动物的例子，比如褐色为底的斑块或条纹图案。达尔文在《物种起源》一书中对带条纹的马和驴做了广泛的记录，尤以杂交种为主。如果雄斑马与雌马交配，就有可能产下马与斑马的杂交种。这种杂交后代通常带有条纹，但如果雌马是白色的，杂交后代就只在身上的暗色区域出现条纹。该现象与白色基因影响黑色素母细胞迁移，以至于条纹只出现在黑色素母细胞迁移所到之处这一猜测相吻合。也许更发人深思的是，通过实验观察到马和斑马的杂交种往往比斑马亲本显示出更多条纹。

进化生物学家乔纳森·巴德（Jonathan Bard）利用这种奇怪的情形，外加三种现生斑马之间的条纹数量差异，为所有斑马的外观图案建立了一个神奇的模型。巴德认为，细纹斑马大约有 80 道条纹，山斑马大约有 43 道，普通斑马有 25 ～ 30 道，条纹数量上的差异，是由每个物种的黑色素细胞在发育的不同阶段发生迁移决定的（见图 9-8）。

巴德留意到，如果斑马身上的条纹比较少，那么这些条纹就比较宽；反过来，如果斑马身上的条纹比较多，那么这些条纹就比较窄。他提出，如果条纹是由早期斑马胚胎的某些机制在不同斑马物种间，从不同时间开始以恒定间隔（大约每 0.4 毫米）形成，就能解释这一关系。条纹越早开始形成，这些条纹就越宽，因此整体而言动物身上可以承载的条纹数就越少。相反，条纹开始形成得越晚，每道条纹相对于整个胚胎而言就越小，但动物身上就能承载更多数量的条纹。巴德推断，斑马与马的杂交种之所以带有数目较多的条纹，是因为杂交种的条纹形成时间比斑马亲本有所延迟。这是一个非常合理的想法，因为杂交种通常比其亲本个体发育得慢一点。

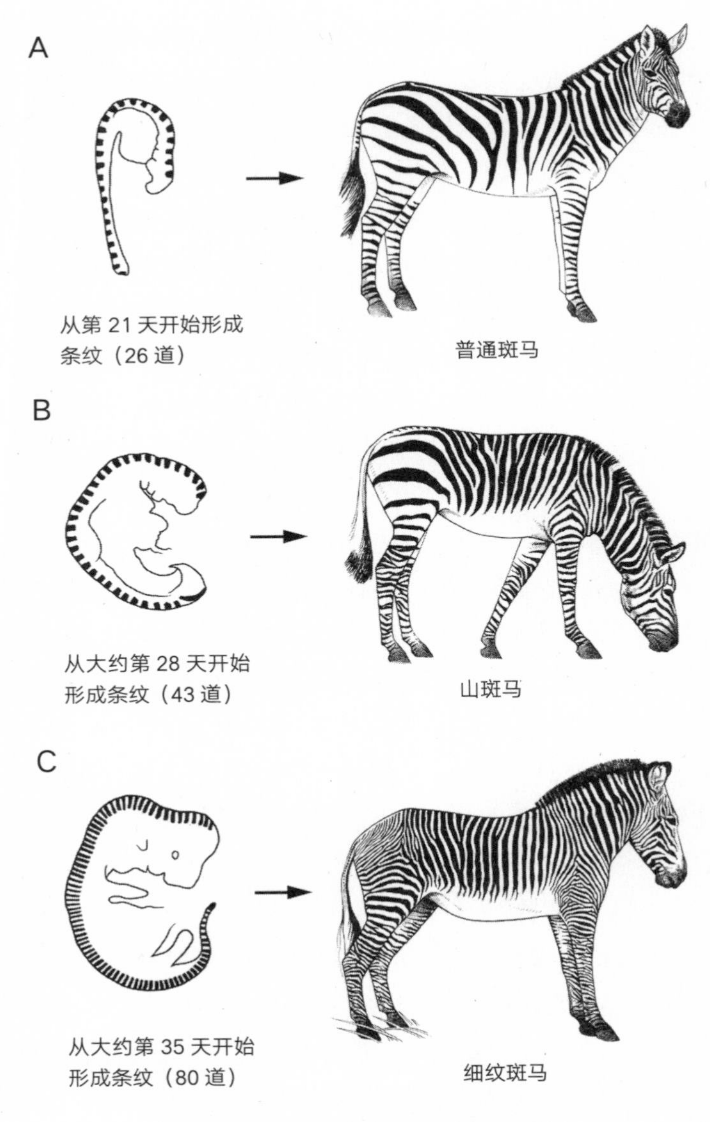


**图 9-8　三种斑马形成不同数目条纹的模型**

注：按照巴德的理论，如果不同斑马是在不同的时间点（A、B 和 C）开始按一样的间隔（每隔 20 个细胞）形成条纹，就会在普通斑马、山斑马与细纹斑马之间形成数目与宽度都不一样的条纹。

资料来源：Leanne Olds; modified from J. B. Bard, J. Zool. 183:527 (1977).

巴德模型有一个关键要素，即斑马形成条纹的进程从胚胎还很小的时候启动，比皮毛色素沉着真正开始还要早 6 个月。就大型动物皮毛图案形成过程而言，这是非常重要的一点。以细胞之间可能存在且仍能相互交流的距离为基准，负责形成图案的发育进程可以说是在适度的距离上运行。无论是新生斑马还是年长斑马，如果它们身上的条纹两两相距太远，那么一道条纹里的细胞已经没有办法跟另一道条纹里的细胞交流。动物外观图案的大致轮廓从胚胎发育之初就早早被确定下来，然后，随着当时还不可见的各种设计陆续就绪而渐渐变大。

假如条纹数量不一的成因确实在于不同物种启动各自条纹形成进程的相对时间不一样，那一定是负责黑色素细胞迁移的基因具体激活的时间发生了变化。从根本上说这一时间变化属于调控性质，因此，条纹数量差异一定跟控制黑色素细胞迁移的时间或空间模式的基因开关有关，是这些开关发生进化变化的结果。

那么，动物身上的斑点又是怎么形成的？我也很希望自己有能力告诉你，豹子怎样形成它的外观图案，但至少就哺乳动物而言，关于这类图案的精确数据更少，甚至比不上条纹图案。

昆虫则不同，关于黑斑和条纹之类复杂图案是怎样形成的，学术界已经积累了相当丰富的素材，并且这也是我的实验室特别感兴趣的一个方向。以果蝇为例，有许多物种从身体到身体部件都带有各具特色的黑色图案。在这些昆虫身上大显身手的也是黑色素。比如黑腹果蝇在腹部和胸部带有图案，身上的短毛色泽暗沉，但翅通常显得苍白透明。

再看果蝇的其他物种，分量十足的黑色素可能遍布全身，抑或仅限于出现在特定部位。比如，有一种斑翅果蝇，雄蝇在翅尖端带有一个显眼的黑斑（见图 9–9）。这个黑斑用于求偶，届时雄蝇要在雌蝇面前不断扑腾，努力展开自己的翅，以确保自己心仪的雌蝇可以看到这个斑点，很显然这就是它们的求爱秘籍。

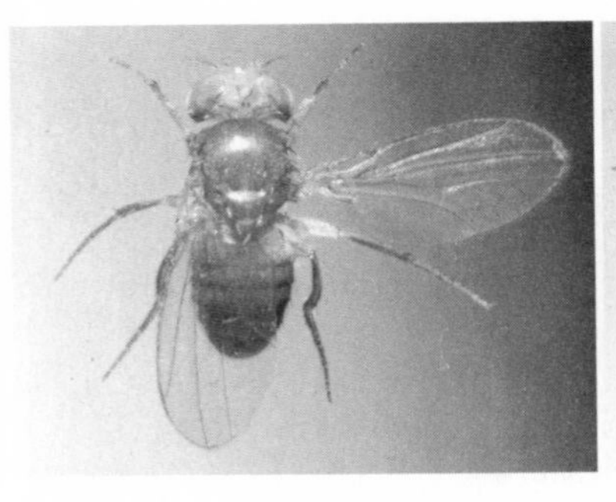
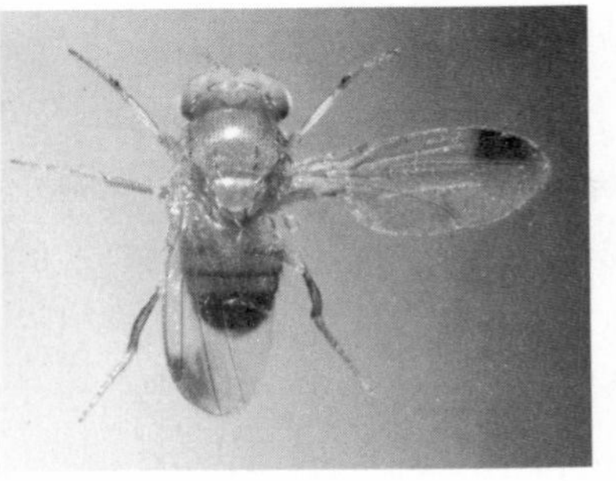

**图 9-9　斑翅果蝇的翅斑**

注：对于带斑点的物种来说，斑点是求偶利器。不同物种的斑点也有不同，由色素沉着基因的开关调控。

资料来源：Nicolas Gompel.

对于不带斑点的果蝇物种，其翅上所有的细胞都会合成一种特定的黑色色素生产蛋白，只不过数量很少。但在斑翅果蝇体内这种蛋白质数量很多，并且是由将要形成这个黑色翅斑的细胞合成的。我们认为，这种差异的成因可能是其中一个开关发生了进化改变，并且就是这个开关负责调控这种蛋白质在果蝇翅细胞的具体表达方式。色素沉着基因带有开关，用于调控这些基因在果蝇其他身体部件的表达。这些开关具备的独立性使果蝇可以在一个身体部件进化出一种新的花色，同时不会影响其他身体部件的花色。根据我们从果蝇身上学到的知识，我预测鸟类、哺乳动物、鱼、蛇和其他动物也已经进化出开关，用于调控它们的体表着色基因，并且这些动物的外观花色变得如此缤纷在很大程度上应该归因于这些开关发生了进化改变。

## 自然选择、基因与适合度

我在前面两章提到了蝴蝶眼斑图案、黑化型猫科动物、毛色或深或浅的岩小囊鼠和斑马外观图案，以及果蝇翅上作为性选择实例的斑点，在某些情况下，作为自然选择实例的论据与证据，这些色彩图案为携带者提供的优势可能是显而易见的。但是，一种优势要发展到怎样的程度，才能使这一选择变得有利于携带者？1910 年，西奥多·罗斯福看不出豹子身上的斑点或斑马身上的条纹怎么给这些动物提供优势。跟许多人一样，我也在思考这个问题。罗斯福认为“优势”必须易于看出或量度，才能促成自然选择偏爱某一种花色模式而不选另一种。关键问题因此变成了：一种差异要达到多大程度才会产生重大影响？

这是群体遗传学的研究领域，作为遗传学的一个分支，其关注个体之间的变异、引起变异的遗传基础以及进化过程形态与基因频率的变化。对“多大的差异才会产生重大影响？”这个问题，简短版本的回答是自然选择要起作用，两种相对成功的形态之间就得出现一点差异，只不过这里所需的差异小得让人感到意外。这种差异在野外可能往往难以察觉或量度，却足够令自然在两种形态之间做出进化选择。

群体遗传学家开发了一些公式，可以揭示一种特定突变的优劣势与该突变在种群或物种内部命运之间的基本关系。我们可以利用这些公式研究，一种形态要比其他形态更好，具体更好到什么程度才足够扩散到整个种群？还有，达到这种程度要花多长时间？

这里有几个因素和概念要考虑。当我们说“更好”的时候，到底是什么意思？这一概念被称为“（有机体对环境的）适合度”，对动物来说就是两大指标的综合得分，一是生存度，指存活在世的时长；二是繁殖力，指的是它能产生多少后代。要让自然选择生效而让一种新的突变成为主流，就必须在适合度这个项目上具备一定程度的相对优势。例如，假设带有一种新突变的个体（比如飞蛾或岩小囊鼠的黑化型）平均留下 101 个后代，没有突变的个体留下 100 个。这就意味着在相对适合度上的差异只有 1%。套用到上面提及的群体遗传学的公式里，先把数字换算为一个选择系数，记为 $s$，此时 $s = 0.01$。

这么细微的一点差异有意义吗？只要这 1% 的优势保持下去，你就可以认为答案是肯定的。一个突变在群体里的发生频率要加速，依据的就是群体的规模和选择系数的大小。下面给出用于决定突变在群体里扩散的时间（以代为单位）的公式：

$$\text{时间} = 2/s \ln(2N)$$

其中，$N$ 为群体里的个体数量，ln 是以自然常数 e 为底数的对数函数。在我们前面提到的例子中，如果 $N = 10\ 000$，这是一个大而合理的数字，并且 $s = 0.01$，那么它将需要 $2/0.01 \times \ln(2 \times 10\ 000) = 1\ 980$（代）。若是小鼠或飞蛾，这表示 2 000 年或更短的时间。如果 $s = 0.001$，意味着只有 0.1% 的优势，那么这个突变在大约 20 000 代之后仍然有机会固定下来。这些计算表明，即使是很小的一点优势，突变也能在地质上在很短的一段时间里传播扩散。不过，选择系数并不总是这么小。比如英国工业区的黑化型飞蛾或对杀虫剂形成抗药性的昆虫，个体出现频率的快速增长是在几年，而不是几千年的跨度就变得足以能测量出来。这些案例的选择系数估计为 0.2 ～ 0.5，相当大，反映出巨大的选择优势。

另外，说到研究选择的力量，我们还必须同时考虑适应性突变扩散的反面，也就是对不利突变的消除。我不会在这里从数学层面展开介绍，只想说哪怕是只造成了一丁点轻微劣势的突变，要在大规模群体里扩散的可能性也微乎其微。与此同时，仍以岩小囊鼠为例，若要研究黑白两色皮毛各有什么优缺点，还必须同时考虑我们在自然界里看不到的花色，比如带斑点的岩小囊鼠。假如出现这种突变，那么这些动物无论是在明亮还是在黑暗的环境中都能“脱颖而出”，特别容易被盯上。至于这种形态为什么找不到，有可能是因为这种突变从未出现过，但我认为并非如此。更有可能发生的情况是，它们一旦出现就会处于特别不利的地位，以至于它们在野外根本没机会大量繁殖。

作为本章的结尾，让我们回到关于斑马的讨论，利用我刚刚套用在斑点岩小囊鼠身上的相同逻辑。在判断这些条纹的价值之际，难道不值得思考一下，为什么我们看到的所有斑马都带有条纹？假如条纹真的无关紧要，我们此刻是不是应该看到很多不带条纹的斑马？的确如此，我们应该看到的。皮毛着色突变体在哺乳动物群体非常普遍，就连戏剧性的突变体（比如白色的老虎或带斑点而非条纹的斑马）在野外也会以一定程度的频率出现，尽管比较罕见。并且，在驯养动物中，培育者千百年来都在选择自发形成的稀有品种，比如马的多种皮毛花色，而马是斑马的近亲之一。因此，我认为，非洲平原这个“实验室”要告诉我们的就是条纹对斑马确实很重要。

我们只不过还不知道斑马条纹的具体用途而已。你可以选择自己喜欢的理论，要记住的重要事实是只要带条纹的“版本”有那么一丁点最最轻微的相对优势，就足够让这个版本保留下来。自然选择获得或保有一种特征（包括性选择）的力量，其基本原理跟所有物种的进化有关，包括人类在内。进化发育生物学关于模块化、基因开关以及形态进化的基本原理也是如此。最后，我将在下一章讨论智人的形成及其特征。

ENDLESS FORMS
MOST BEAUTIFUL

第 10 章

# 美丽心智，智人的演变

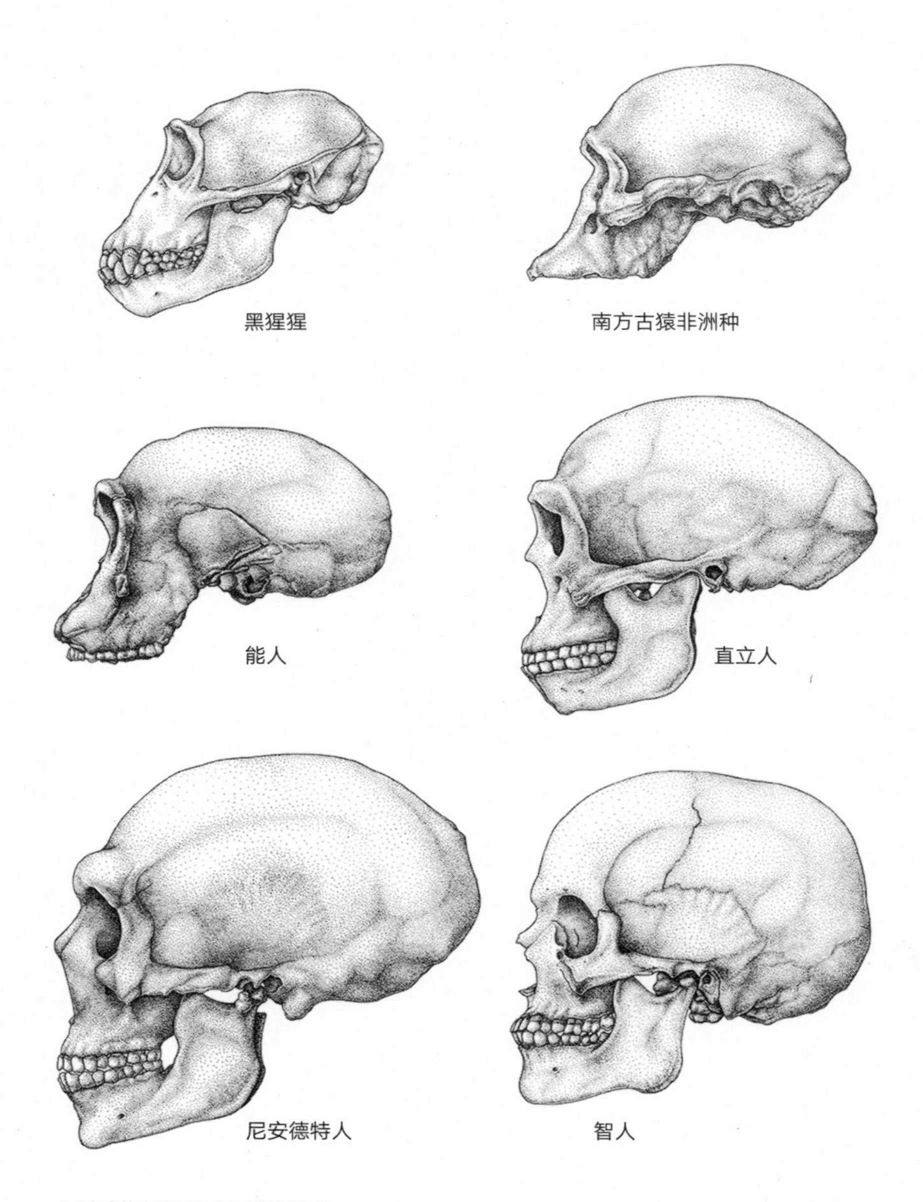


**人科动物颅骨尺寸与式样进化**

资料来源：Deborah Maizels, ©Deborah J. Maizels, Zoobotanica.

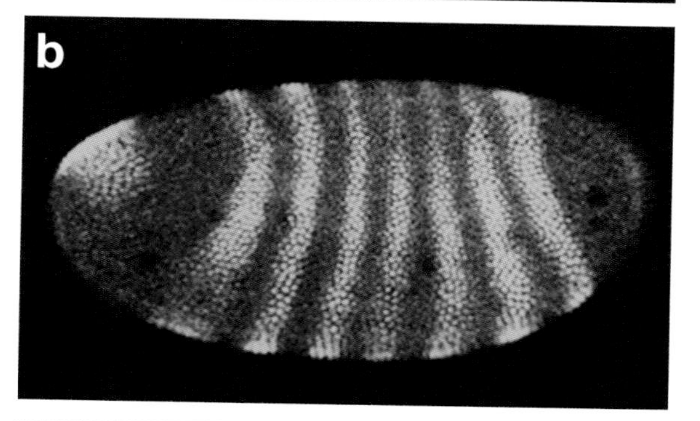


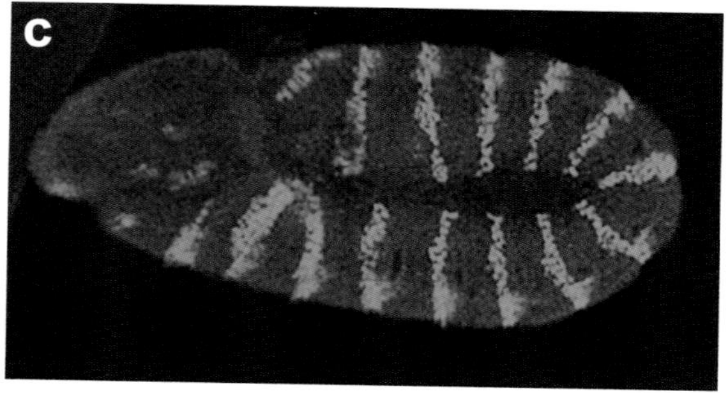


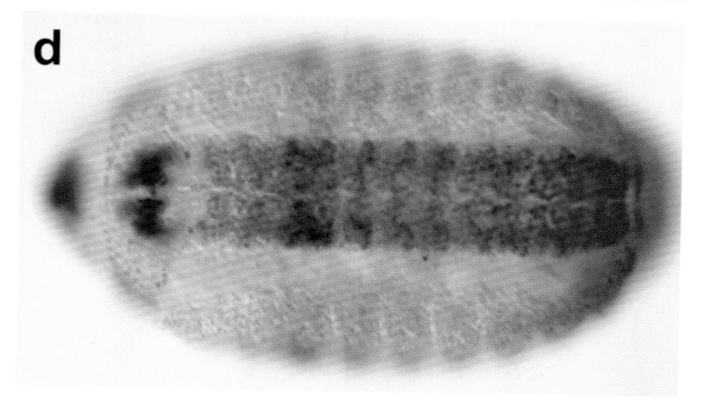


彩图4a：两种工具包蛋白的表达标记出早期果蝇胚胎的西部和中部区域（分别呈现绿色和红色；重叠呈现黄色）。每个实心圆都是一个单独的细胞核。

彩图4b：随后一组工具包蛋白将果蝇胚胎东部 2/3 的区域细分为双节段间隔，每一对即将出现的体节之间都有一道条纹。

彩图4c：胚胎随后被 14 道细线细分，这些工具包蛋白标记了每个未来节段的后部。
资料来源：Jim Langeland and Steve Paddock.

彩图4d：Hox 蛋白在不同的经度表达。这里展示了 4 种 Hox 蛋白（大体呈现 4 种颜色）。
资料来源：Nipam Patel, University of California-Berkeley.

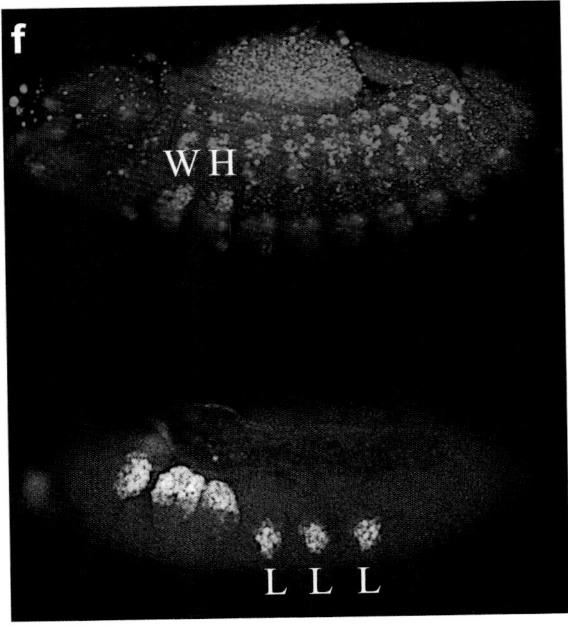


彩图4e：工具包基因在胚胎最北端（顶部）、赤道（中部）和南端（底部）区域的表达刻画了早期胚胎的纬度。
资料来源：Michael Levine, University of California-Berkeley.

彩图4f：在经度和纬度的特定交叉点表达的工具包蛋白标记了未来附肢的位置。未来的前翅(W)、后翅(H)和腿(L)的位置由两种不同的蛋白标记。
资料来源：Scott Weatherbee.

彩图4g：不同的工具包蛋白细分出生长中的翅的上表面（红色）和下表面（品红色）以及后部（左侧）和前部（黄色和右侧）。每个实心圆都是翅细胞的细胞核。
资料来源：Jim Williams and Steve Paddock.

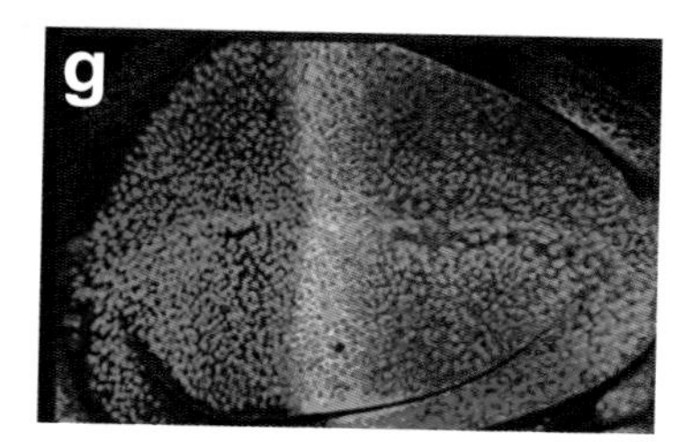


彩图4h：在翅的特定坐标上，促进特定结构形成的工具包基因被激活。这里，显示为黄色和绿色的工具包蛋白正在促进感应短毛的形成，它们沿着未来翅的边缘（即红色区域消失的地方）分布。
资料来源：Seth Blair, University of Wisconsin.

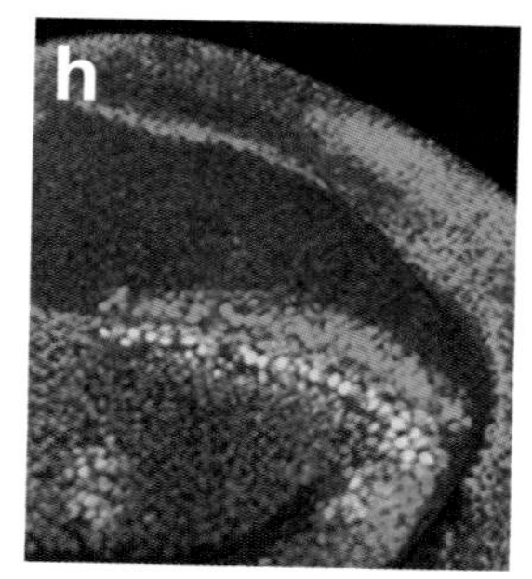


彩图4i：前翅和后翅虽然大小不同，但都由相同的工具包蛋白细分（比较两翅之间的紫色、红色和黄绿色区域可知）。
资料来源：Jim Williams and Steve Paddock.

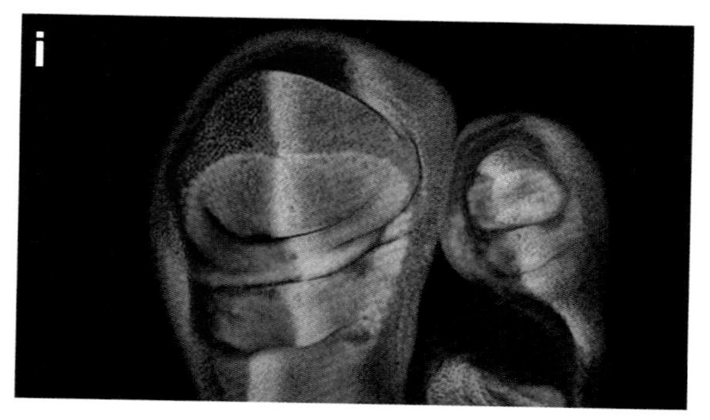


彩图4j：Hox 蛋白区分后翅（右一）和前翅（左二）。左边的大圆盘将发育为翅；未来的翅细胞都不表达 Ubx 基因（黄色）。所有形成后翅的细胞（右数第二个圆盘中的深黄色细胞）都表达 Hox 蛋白。
资料来源：Scott Weatherbee.

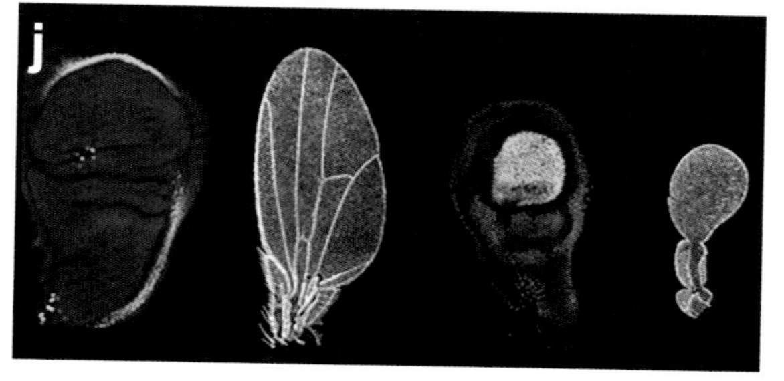

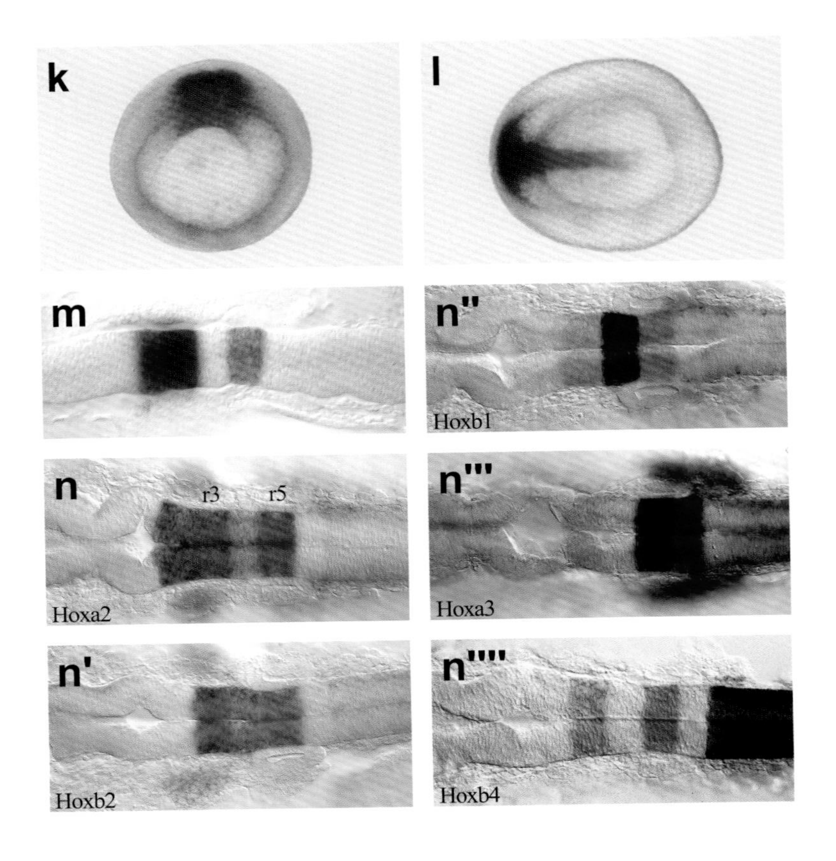


彩图4k：脊索蛋白是在青蛙胚胎裂殖孔背唇周围的细胞中合成的。
资料来源：Eddy de Robertis, UCLA.

彩图4l：Frzb 蛋白在朝向胚胎即将出现的头部的细胞里表达。
资料来源：Eddy de Robertis, UCLA.

彩图4m：工具包基因标记脊椎动物后脑的细分区域。这里显示了三种条纹（分别呈现蓝色、黑色和橙色），它们标记了菱脑节 r2、r3 和 r5。
资料来源：Cecilia Moens, Howard Hughes Medical Institute, Fred Hutchinson Cancer Center, Seattle.

彩图4n：脊椎动物后脑的 Hox 表达区。在每一帧中，菱脑节 r3 和 r5 均由工具包基因 Krox 20 标记为粉红色和橙色。在后脑中 5 种不同的 Hox 表达图式以紫色显示，并且从 r2 (Hoxa2) 到 r7 (Hoxb4) 都有不同的边界。
资料来源：Cecilia Moens, Howard Hughes Medical Institute, Fred Hutchinson Cancer Center, Seattle.

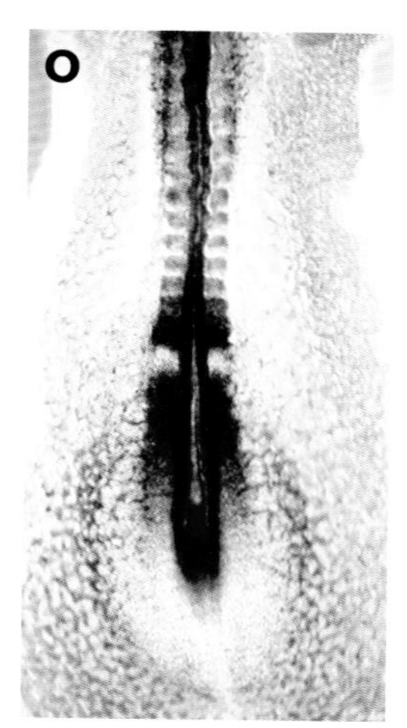


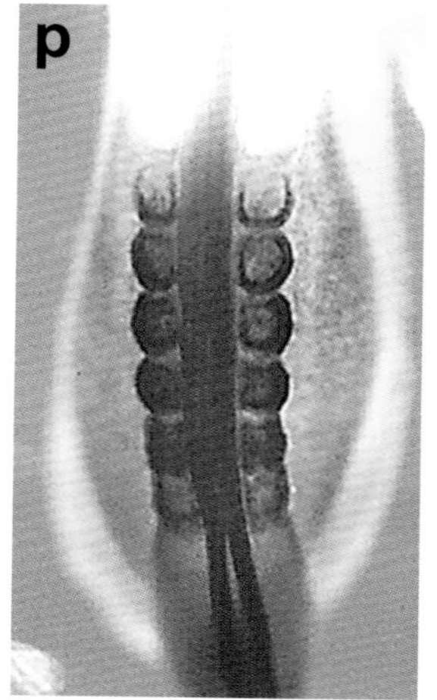


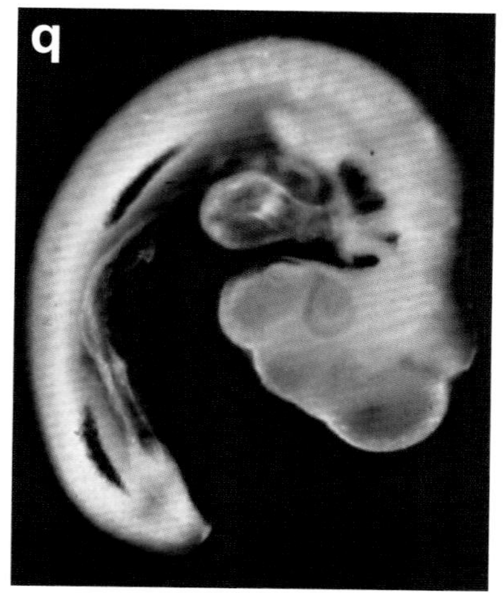


彩图4o：体节（包括那些尚未成形的体节）的形成由每个发育的体节中工具包基因的表达为标志。
资料来源：Olivier Pourquie, Stowers Institute, Kansas City, Missouri.

彩图4p：Hox 基因的表达图式是沿着主体轴的特定体节建立的。
资料来源：Olivier Pourquie, Stowers Institute, Kansas City, Missouri; reprinted from Cell106 (2001): 219－32, by poermission of Elsevier.

彩图4q：一个工具包基因的表达标记出发育中的翅和肢芽的位置。
资料来源：John Fallon, University of Wisconsin.

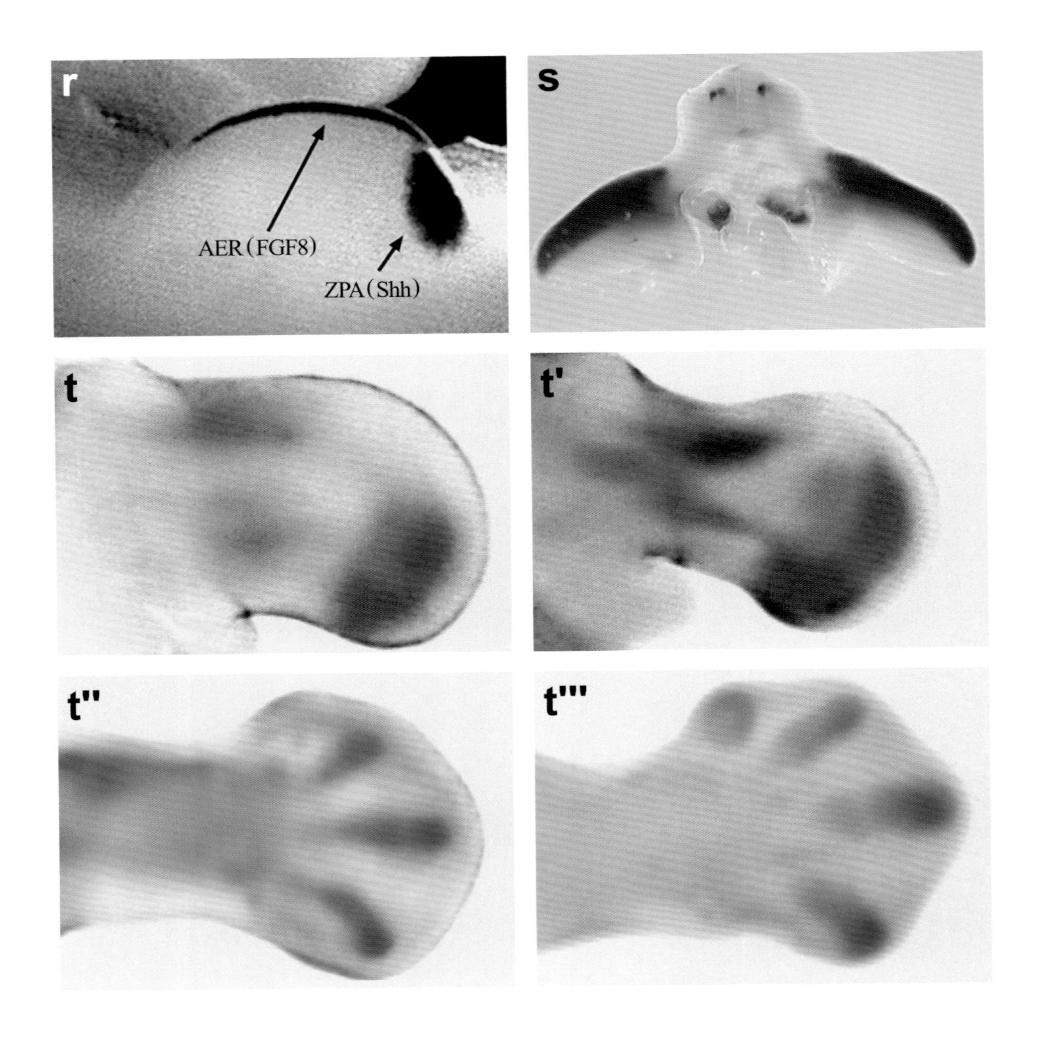


彩图4r：工具包基因的表达标记出小鸡肢芽的两个关键区域。Sonic hedgehog 基因在 ZPA 表达，FGF 8 基因沿肢芽的整个外脊周围表达。

资料来源：Cliff Tabin, Harvard Medical School, Cambridge, Massachusetts.

彩图4s：Lmx 工具包基因标记了未来肢体的上半部分。这里显示了两个肢芽，注意每张照片上半部分的紫色斑点。

资料来源：Cliff Tabin, Harvard Medical School, Cambridge, Massachusetts.

彩图4t：工具包基因的表达揭示了肢体发育和软骨形成的进展。在第一帧中，So4t 工具包基因的表达揭示了肢体发育和软骨形成的进展。在第一帧中，Sox9 基因的表达标志着芽基部上肢的形成。其余几帧则显示了前臂、手和指的渐进形成过程。

资料来源：Dr. Juan Hurle, Universidad de Cantabria, Santander, Spain; reprinted from Developmental Biology257 (2003): 292 – 301, by permission of Elsevier.

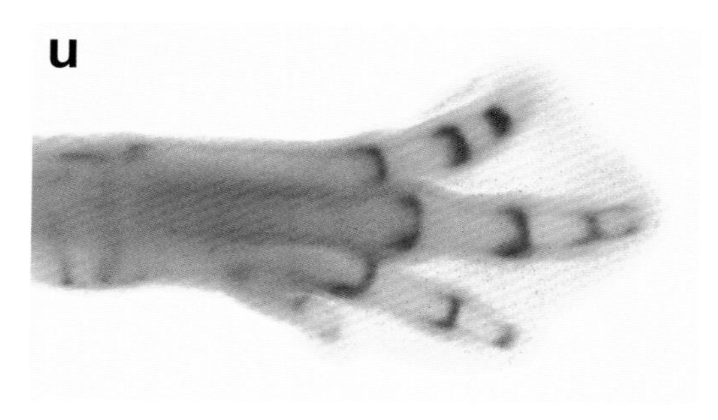


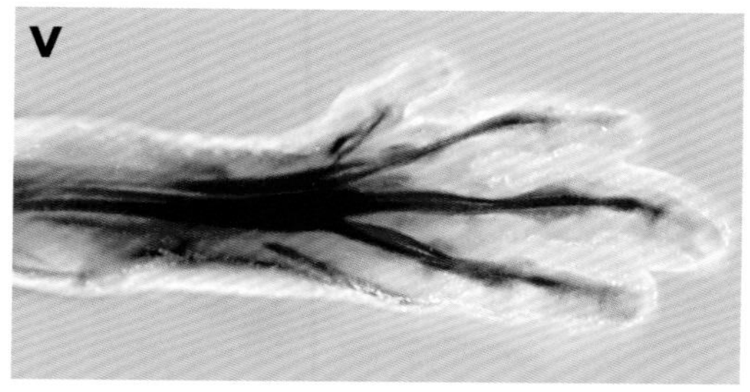


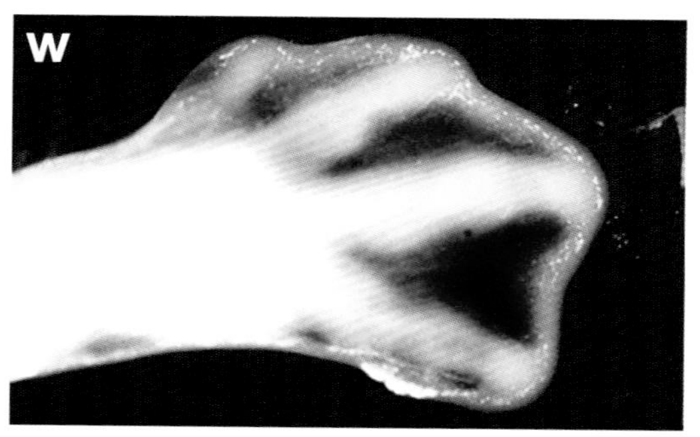


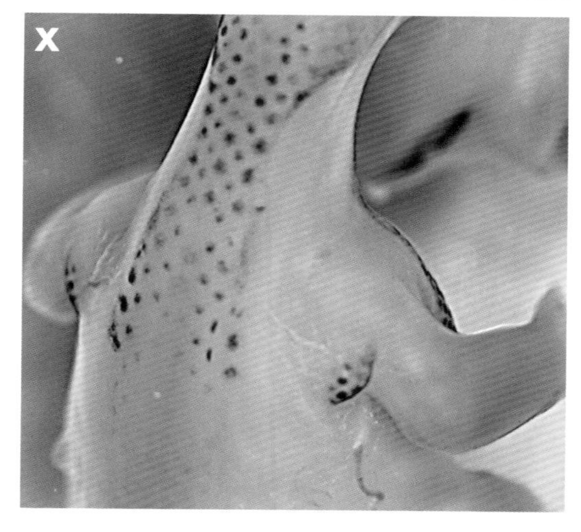


彩图4u：GDF5 工具包基因的表达标记出未来指 / 趾关节的位置。
资料来源：Dr. Juan Hurle, Universidad de Cantabria, Santander, Spain; reprinted from Developmental Biology257 (2003): 292 – 301, by permission of Elsevier.

彩图4v：scleraxis 工具包基因的表达标记出四肢和指 / 趾未来肌腱的位置。
资料来源：Cliff Tabin, Harvard Medical School, Cambridge, Massachusetts.

彩图4w：BMP4 工具包基因的表达标记出将要凋亡的指 / 趾间组织的位置。
资料来源：Cliff Tabin, Harvard Medical School, Cambridge, Massachusetts.

彩图4x：patchedt 工具包基因的表达沿着发育中的鸡的背部标记出发育中的羽芽的位置。
资料来源：Cliff Tabin, Harvard Medical School, Cambridge, Massachusetts.

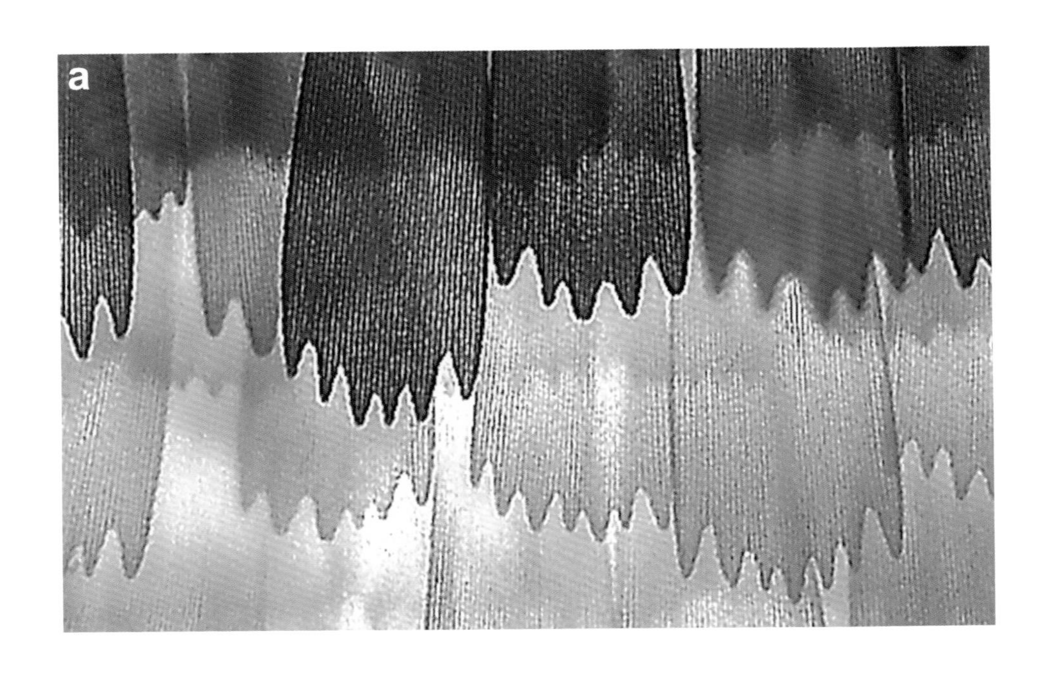


彩图8a：蝴蝶翅上鳞片的特写镜头。每个鳞片都是单个细胞的产物。

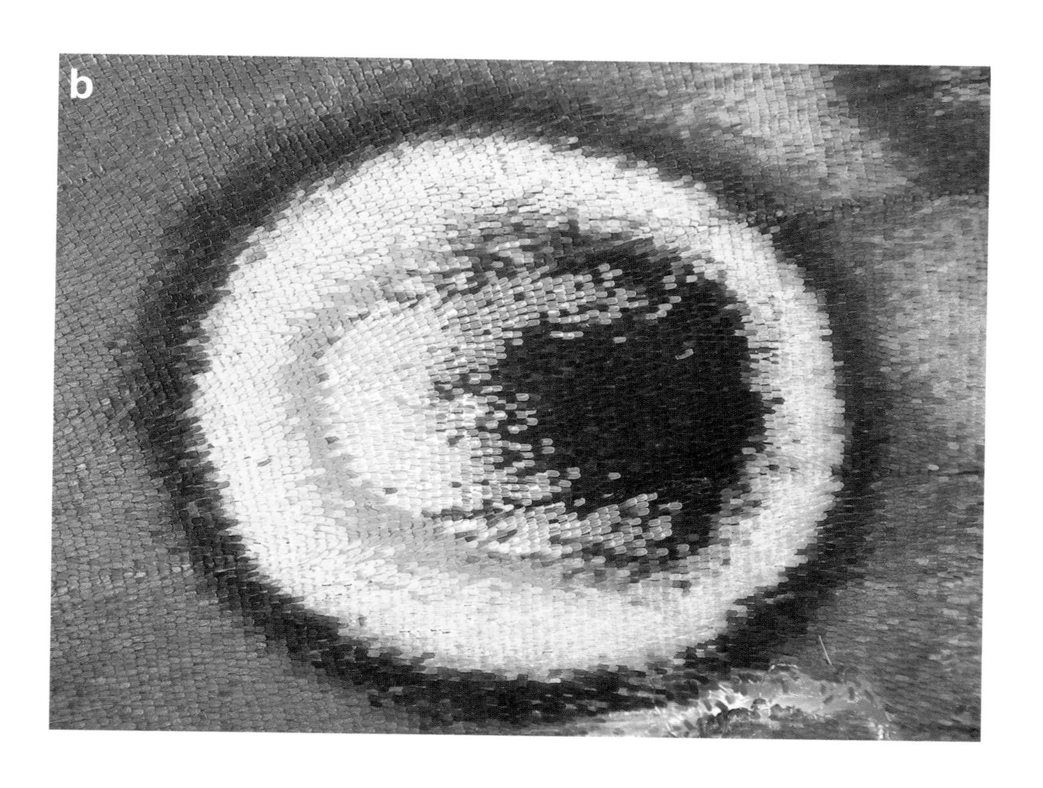


彩图8b：一只蝴蝶眼斑的特写镜头显示了由鳞片形成的彩色图案。请注意，每个鳞片呈现出一种颜色，“杂散”的鳞片存在于其他颜色的鳞片的区域中。

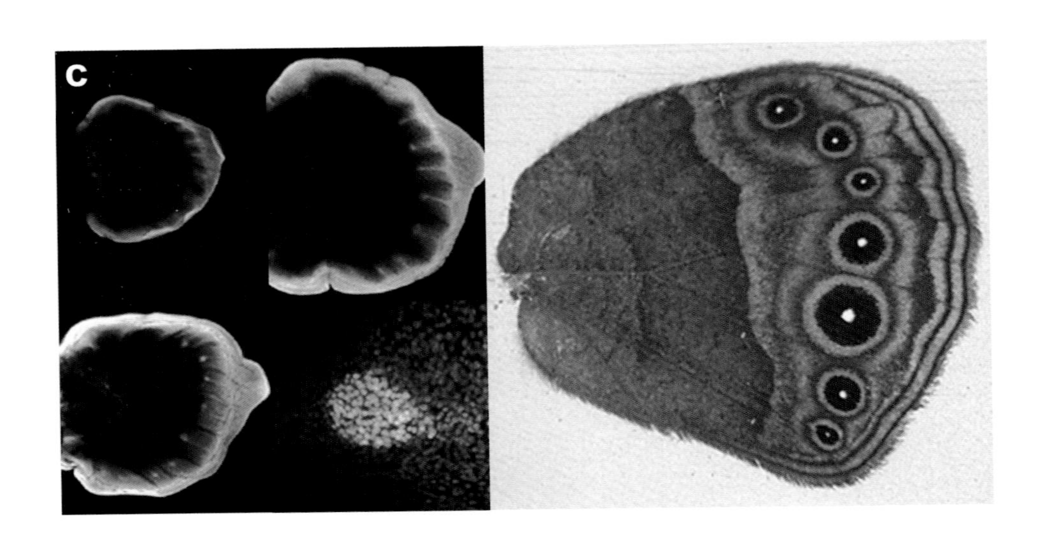


彩图8c：Dll 蛋白在毛毛虫翅中的表达标记出蝴蝶眼斑的未来中心。Dll 蛋白（呈现绿色）分解成小斑点（在右下角的高分辨率照片中可见）。这些斑点标记出将在一周后发育完成的眼斑的白色中心的位置（大图）。

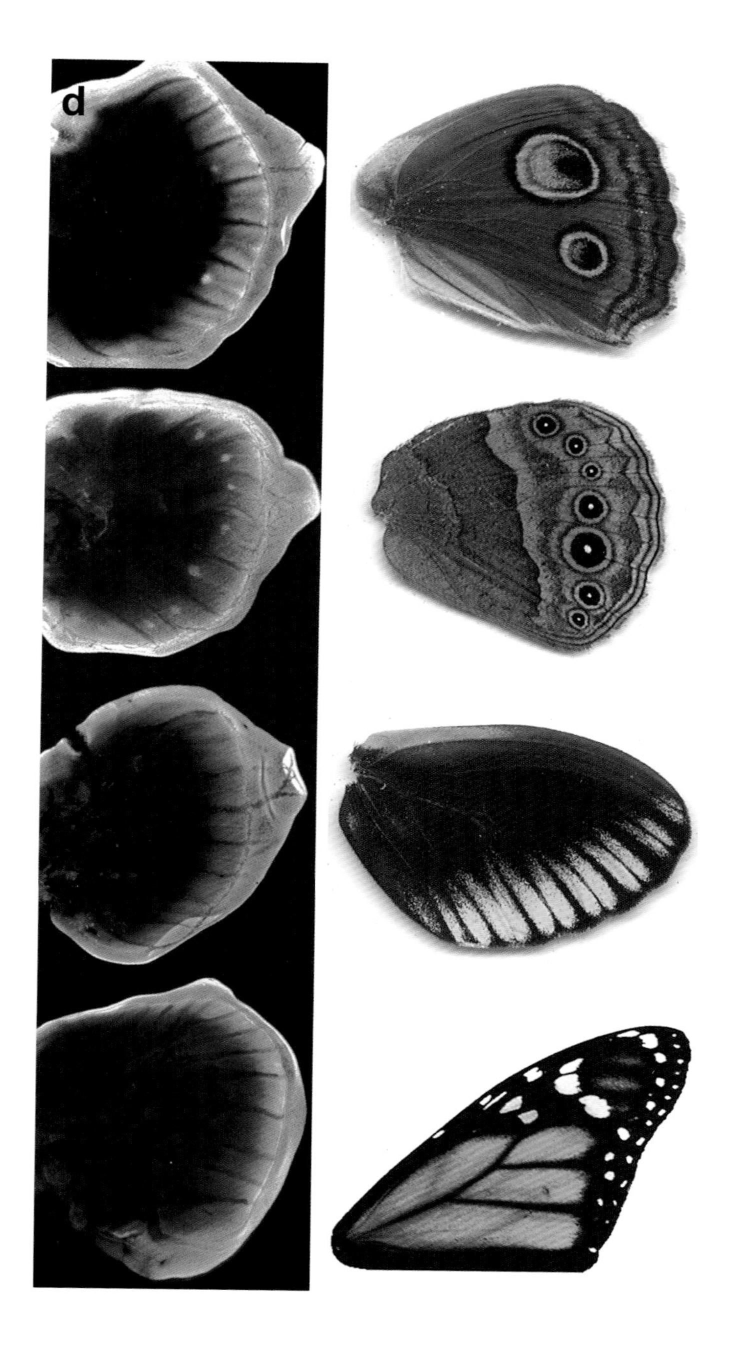


彩图8d：斑点中 Dll 蛋白的表达与不同物种中斑点的存在与否相关。左栏图片展示了 Dll 蛋白在 4 种毛毛虫的发育的翅中的表达，相应的成虫模式如右栏图片所示。

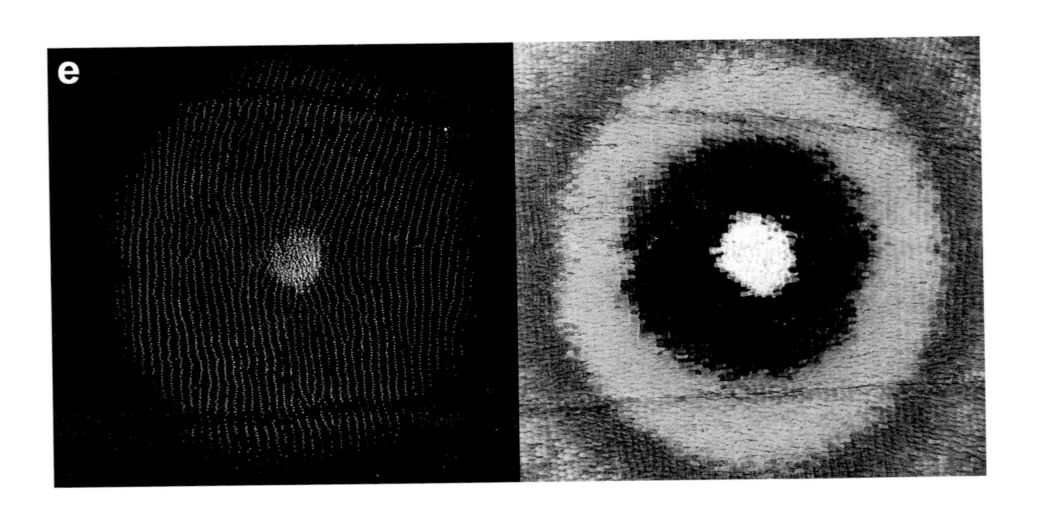


彩图8e：蛹阶段中两种不同工具包蛋白的表达标记出未来成虫眼斑的不同环（呈现绿色和紫色，并在中心重叠）。这些环标记出未来成虫的白色、黑色和金色环，它们将在一周后形成。资料来源：Craig Brunetti.

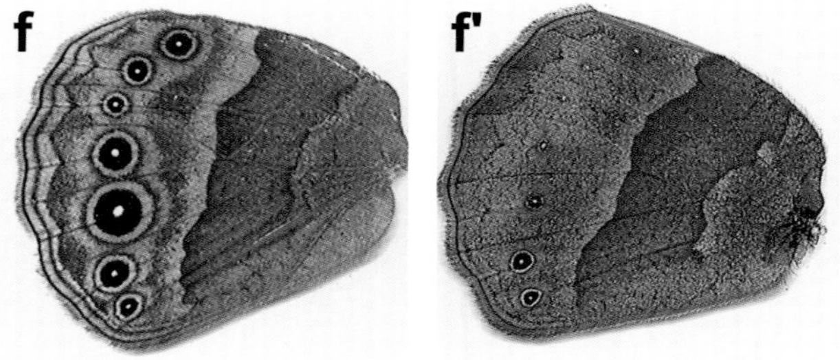

彩图8f：不同季节形态的非洲偏瞳蔽眼蝶。左图为雨季形态的后翅；右图为旱季形态的后翅，其上有微小的眼斑。
资料来源：Paul Brakefield, University of Leiden.

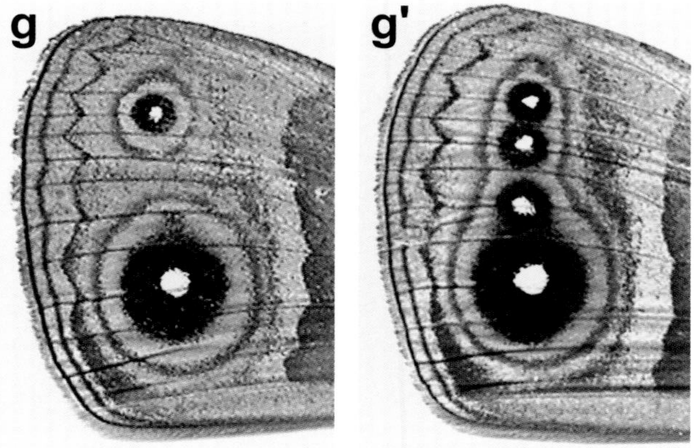

彩图8g：突变体 Spotty 的前翅上多了 2 个眼斑。
资料来源：Paul Brakefield, University of Leiden.

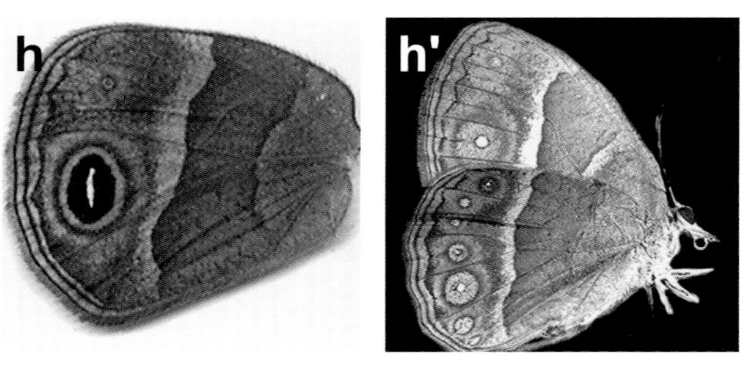

彩图8h：具有大型眼斑、不规则眼斑或眼斑颜色发生改变的突变体蝴蝶。
资料来源：Paul Brakefield, University of Leiden.

f

f'

g

g'

h

h'

彩图8i：偏瞳蔽眼蝶眼斑大小的选择。最上面一行为旱季和雨季形态；中间一行为旱季或雨季温度下生长的小眼斑品种；最下面一行为旱季和雨季温度下生长的大眼斑品种。资料来源：Paul Brakefield, University of Leiden.

彩图8j：北美大黄凤蝶的两种形态。其中黑色的雌性个体是美洲蓝凤蝶的一种特定拟态。

彩图8k：袖蝶属蝴蝶的拟态。红色和黄色是蝴蝶的警戒色。每行的两种蝴蝶都是在同一地理区域发现的红带袖蝶（左）和艺神袖蝶（右）的标本。注意物种间的地理差异和在同一地理区域发现的不同物种个体间的显著相似性。

资料来源：H. Frederik Nijhout, *The Development and Evolution of Butterfly Wing Patterns*; used by permission of Smithsonian Institution Press.

人与高等动物之间的心智差异，再大也不过是程度差异，谈不上种类有别。

——查尔斯·达尔文，生物学家

《人类的由来》（*The Descent of Man*）

环球航行结束后没多久，达尔文就去拜访了珍妮，她是伦敦动物园展出的第一只猩猩，也是英国有史以来展出的首批类人猿之一。她给这位博物学家留下了深刻的印象。达尔文看珍妮与其看守者互动，看到目不转睛、目瞪口呆，他钦佩她的俏皮和机智。她的情绪看上去就跟一个孩子差不多，以至于从第一次见面开始，达尔文就以比较灵长目动物学者的身份看待小朋友，包括他自己的孩子。

与类人猿进行亲密接触，既可能让人看得入迷，也可能让人感到不安。比如英国维多利亚女王在看过另一只猩猩（也叫珍妮）之后写道，她是“可怕的、充满痛苦的、令人讨厌的人类”。

从黑猩猩、猩猩和大猩猩脸上的表情、它们的独特习性以及美丽而又灵巧的手上，我们看到了自己的影子。这些影子一直在提出发人深思的问题，关于人与野兽之间那道分界，并且这些问题让一些人感到如鲠在喉。当类人猿发现外面来了身上没毛的、用两条后腿行走的访客，它们其实看到了什么？在一只大猩猩长时间的凝视背后发生了什么？掷了几轮的生态与基因骰子，才让我们得以站在那些围场外面朝里面张望，而不是遭遇相反的情况？

我的侄女凯蒂在 14 岁时对佛罗里达州坦帕市举行的一次类人猿展览印象深刻，转而请教她的父亲："你总是告诉我们，人类跟黑猩猩的相同之处高达 99%。但究竟是什么让我们有了区别？"

这问题真棒！

凯蒂说的是那个经常被引用的数字，也就是我们从 DNA 序列上看跟黑猩猩有接近 99% 的基因是一样的。在本章里我会给出她这个问题的答案的开头部分。有两个原因让我不得不强调这是"开头部分"。第一个原因是，关于人类跟类人猿之间都有哪些具体的遗传差异，生物学才刚刚发展到我们有能力探索这一问题的地步。有待发现的远比已有发现多得多。第二个原因是，某些类型的数据在人类胚胎方面是稀缺的，比如基因表达模式的可视化，大大增长了我们掌握关于动物形态进化知识的时间。

心理学家艾里希·弗洛姆（Erich Fromm）[①]说过："人是唯一的这样一种动物，会把自身的存在视为他必须求解的一个问题。"很明显，这个问题的解决方案需要一个横跨科学多个领域的整体图景，不仅包括诸如古生物学和比较神经解剖学这样一些传统领域，他长期以来一直试图了解人类历史以及心智功能的生物学基础，还包括新兴学科，比如当时刚崭露头角的比较基因组学、人类医学遗传学和进化发育生物学。

①美国心理学家、精神分析学家、社会哲学家，认为人的个性是文化与生物学的共同产物。——译者注

在距今大约600万年前，人类跟黑猩猩从最后一位共同祖先那儿“分道扬镳”，作为两个不同的分支“各奔前程”，这一路上人类从形态到功能发生的变化都是人类发育与基因进化的产物。我们最感兴趣的一些特征，比如骨骼（双足直立行走、肢的长度、手和拇指、骨盆和头骨）、生命史（妊娠周期、青少年时期与寿命），尤以脑容量、说话能力和语言最引人注目，要搞清楚这都是怎么进化出来的，我们就要面对生物学，尤其是进化发育生物学上一些重要的难解之谜。

在这一章，我将从化石记录、比较神经生物学、胚胎学和遗传学这几个角度细究人类形态的进化过程，探讨这些领域的四大问题：

- 依据最终导致现代人类出现的不同物种之间发生的变化，人类进化的实际模式到底是怎样的？
- 人类的进化历程跟其他哺乳动物相比，有什么不同？
- 人类特有的能力由大脑的什么部位支配？
- 在人类的 DNA 里，人类跟其他类人猿的区别出现在什么位置？

本章要强调的核心信息是，我们迄今为止从其他动物，比如蝴蝶和斑马、果蝇和雀科鸣禽、蜘蛛和蛇身上了解到的形态进化知识，完全适用于人类形态的进化。人类的身体进化跟其他物种没什么不同。至于人类的特征，包括直立行走、较大的脑容量、相对于其他几个手指生长的拇指、说话的能力和语言，其进化要归因于发育过程发生改变，对已经存在的灵长目动物或大型类人猿结构做出修改，经历数百万年和许多物种形成事件积累而来。今天，人类跟现生类人猿之间存在的一些具体的遗传差异终于被慢慢揭晓。

## 寻根问祖

关于人类独有性状的起源，不论我们想要了解到哪种水平，都必须先精确把握人类的历史，锁定使人类与众不同的特征。不能简单给人类、黑猩猩和其他现存类人猿拍一张快照，然后推断几种不同形态之间的差异是怎样形成的。每个物种都有一套独立的谱系，可以回溯到距今 600 万年或更早以前。要了解物种内部或物种之间发生的各种改变及其幅度、速率和顺序，我们可以依靠的只有化石证据。从达尔文时代到现在，一代又一代古生物学家一直在设法揭开人类的起源史。

1856 年，记录了人类深远历史的化石首次浮现。当时工人们正在德国尼安德特河谷（Neanderthal Valley）一处石灰岩洞穴的泥泞里挖掘，无意中发现了一具头骨，一些肋骨、臂骨和肩骨，还有骨盆的一部分。起初，一名工人认为这副骨骼是一头熊留下的遗骸，但头骨上的眉脊和其他一些特征让当地学校的一位老师相信，这一发现可能属于某种特殊事物——到底是什么呢？要从各种猜测中理出一个头绪，大家还要花好几年时间。

例如，德国解剖学家赫尔曼·沙夫豪森（Hermann Schaaffhausen）[①]得出结论，认为这副遗骸跟欧洲古代的“野蛮人”有关，属于其中一个种族的一名成员。当时一位德国病理学领域的领军人物还说，此人不同寻常的骨骼结构应该是佝偻病造成的。还有一位解剖学家断定其中的腿骨应该是由于长期骑马而发生了弯曲，是一名哥萨克（Cossack）[②]士兵的遗骸，此人在与拿破仑大军交战时受了致命伤，于是爬进这个山洞等死。

以上这些解释没有一个能让托马斯·赫胥黎感到满意。作为达尔文的忠勇支持者，他怎么也想象不出来，一个奄奄一息的人有什么办法能一路爬上 20 多米

---

①当时刚刚发现的尼安德特人遗骸首先被送到波恩，请沙夫豪森帮忙辨别。——译者注

②一群生活在东欧大草原的游牧社群。——编者注

高的山洞，并且，死的时候身边没有任何的装备或衣物。不，应该不是他们说的那样。赫胥黎得出的结论是，这具骨骼呈现类似类人猿的一些古怪特征。他是我们所在的人属的一部分，但也有区别。加上伟大的地质学家查尔斯·莱尔已经确认在那附近发现的一些骨头属于一头早已灭绝的猛犸象和一些长毛犀牛，情况变得明朗起来，这具现在被称为“尼安德特人”的头骨来自非常久远的古代。图10-1 比较了智人与尼安德特人的颅骨特征及差异。

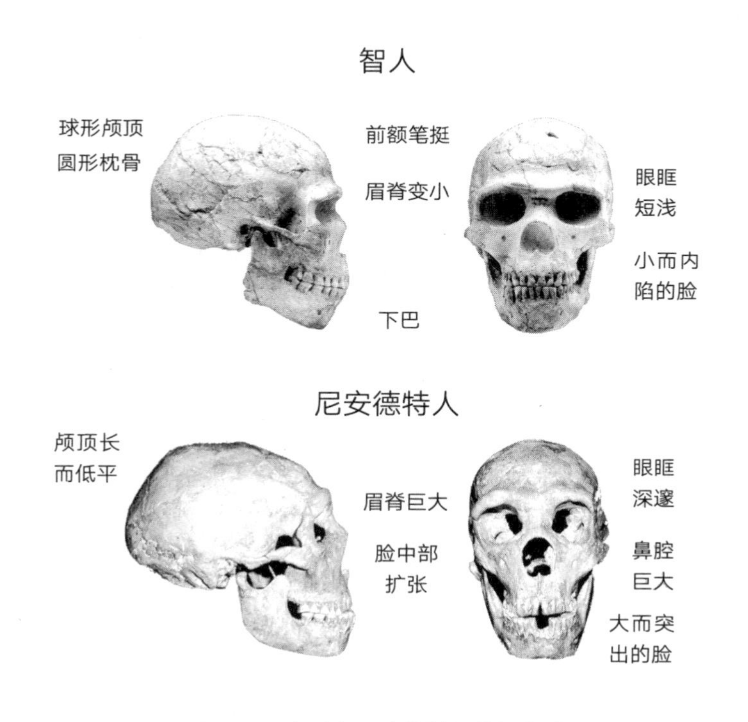


**图 10-1 智人与尼安德特人的颅骨对比**

资料来源：Dr. Daniel Lieberman, Department of Anthropology, Harvard University.

将这些骨骼识别为化石证据的时机堪称恰到好处——对这些骨骼的判断以及更深入的了解刚好赶上《物种起源》一书在 1859 年出版之后掀起的一大波浪潮。尽管达尔文在他这部著作里小心翼翼地避开了人类的进化这一话题，只提了一句

“这将为探索人类的起源与历史带来启示”，但人类的进化当然是最激动人心的话题，无论在那时或现在。

正是赫胥黎引领了关于人类起源的明确讨论。他的杰作《人类在自然界的位置》以卷首插画形式展示了大型类人猿和人的骨架图（见图 10-2），生动说明了人类的亲缘关系状态。当时英国的文艺周刊《雅典娜神殿》（*The Athenaeum*）还发文嘲笑赫胥黎和他的支持者，说他们是在贬低人类的高贵性，是要让人类“变得有 10 万岁那么老”。具有讽刺意味的是，这其实是一个了不起的猜测，因为目前我们已知最早的智人化石就来自距今约 16 万年前。

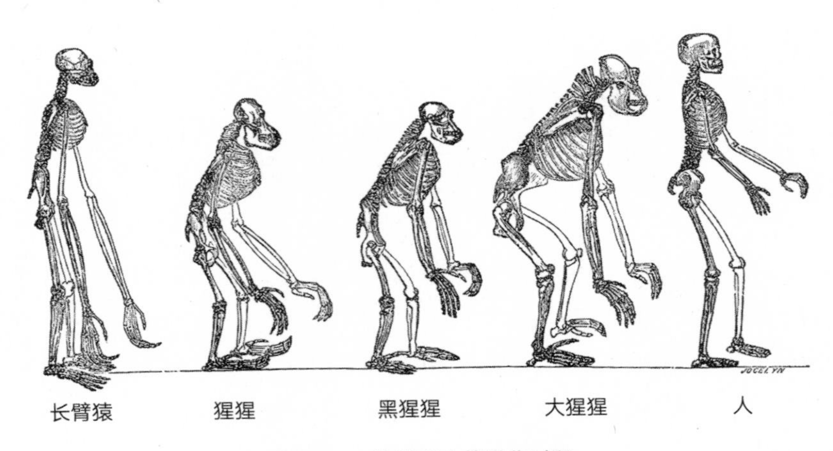


**图 10-2　从猿到人的进化过程**

资料来源：T. H. Huxley, *Man's Place in Nature,* (1863).

自当时开启了古人种学研究的第一个黄金时代以来，我们在这方面的研究又有了长足的发展。化石记录继续增加我们的知识，就在过去这几年又出现了一些发人深思的发现。目前的化石谱系给我们带来了关于人科进化三大最关键问题的线索。这里所说的“人科”既包括人类，也包括非洲的类人猿，到了人科下面的“人亚科”就仅指人类，只有唯一一种，包括了自人类脱离类人猿分支分道扬镳之后出现的历代祖先 。这三大问题分别是：人亚科的谱系跟类人猿相比有什么不同？现代人（智人）跟较早期的其他人亚科动物相比有什么不同？人亚科动物与黑猩猩的最后一位共同祖先具有怎样的本质？

在过去这几十年里，人亚科无论是得到确认的物种还是建议纳入的物种都在数量上有了显著增长。我们认识了距今六七百万年前出没过的 15 ～ 20 个人亚科物种，确切数目取决于多个不同的解释要素，比如某些化石是否属于同一物种的变种，抑或“年代种”（chronospecies），后者是指随时间推移而进化出的一个具有明显不同形态的分支。图 10-3 显示了关于人科动物进化树的一种保守看法。保守的意思是有人认为另有几种化石也可以纳入以代表更多的分类群，但大家对那些化石的确切地位尚未取得共识。目前已知最古老的人类是乍得沙赫人，又称乍得人猿，它的脑容量跟黑猩猩的脑容量一般大小，但牙齿和面部特征则跟人亚科动物相仿。随着人亚科进化树变得越来越充实，包括回溯到我们认为黑猩猩与人类分为两支各自发展的位置，有一点也变得越来越明显：在接近这棵树底部的位置可能存在过许多的类人猿物种，从其中一种诞生了后来的人亚科。

目前人亚科的已知情况是只找到一小部分的身体化石或头盖骨，因此我们还没有办法对解剖结构的各个方面得出结论。不过，若说最终将我们跟类人猿区分开来的人亚科特征，倒是有了足够的材料，可以用于识别出这些特征的部分进化趋势。关于人亚科动物的进化，最值得关注的形态或发育特征列举如下：

- 脑容量的相对大小
- 肢的相对长度
- 头盖骨的大小与形状
- 身体与胸部的形状
- 拇指变长，其余手指变短
- 小犬齿
- 咀嚼结构缩小
- 妊娠期和寿命较长
- 头骨垂直位于脊柱上
- 减少的体毛
- 骨盆尺寸
- 出现下巴
- S 形脊柱
- 大脑的拓扑结构

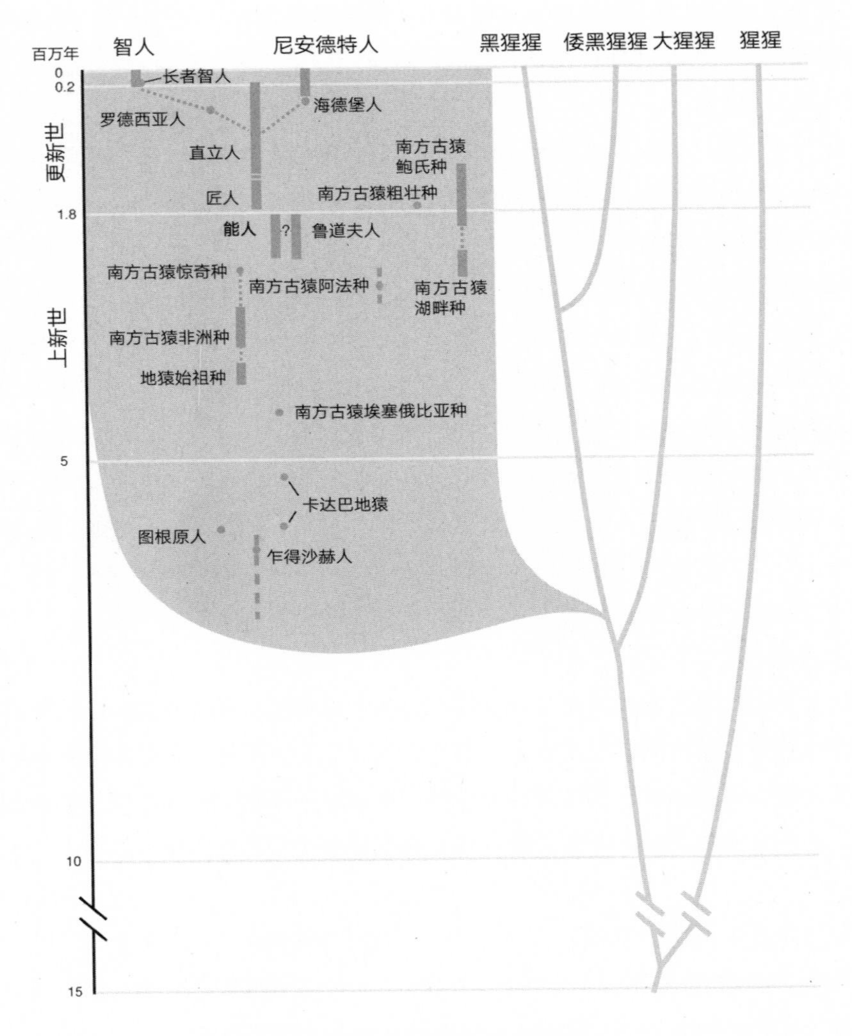


**图 10–3　人科动物进化树**

注：图中可见几种类人猿与人类在化石谱系上的关系。这是一种偏保守的进化树，并未囊括所有可能推演出来的物种（见图中标注）。图中化石谱系延续的时间由深色条块分别标出。请留意人科动物的进化时间线，智人这一支在最近大约 600 万年的进化史长河中只占了很小的一段。

资料来源：Leanne Olds; Drs. Tim White and Bernard Wood.

此外，相关的人类学证据，比如工具，反映出每个不同物种的具体能力与行为，以及某些认知或运动技能的进化情形。早在 250 万年前，能人使用工具的情况就已经很明显了。

一般说来，较晚近的物种都以较大的体型、相对较大的脑容量、较小的牙齿以及与身体主干相比显得较长的双腿而著称；相比之下更古老的物种往往脑容量和身体都更小一点，牙齿更大，双腿相对于身体主干显得较短。有几个重点值得记住，即时间尺度、特征变化幅度以及发生这些变化的物种数量。无论我们所在的人亚科进化树到底具有怎样的分支模式，改变都是在很长的一个时间跨度上发生的，并且涉及许多物种。至关重要的一点是我们要认识到，在人亚科进化的漫长征途上，我们所在的这个物种，也就是智人，才刚刚出场很短的一小段时间，约占总时间跨度的 3%。最值得关注的身体进化之路早在智人起源之前已经走了一大半。

将我们跟其他物种区分开来的一些主要身体特征并不是由于单独的一项变化造成的，而是涉及骨骼和肌肉组织的共同进化。以双足运动方式的进化为例，不仅需要脊柱、骨盆、双脚以及肢的比例做出改变，还要解放双手，从而进化出更高的灵巧性。若有必要，黑猩猩也能用两条腿走路，但它们的步态跟我们截然不同，它们不能伸直膝关节，也就没办法伸直双腿。

证明早期人亚科动物具有双足直立行走能力的证据来自骨骼形态特征。不过，最令人感到目瞪口呆的证据还要数 1976 年在坦桑尼亚莱托利（Laetoli）考古遗址附近的一大发现。当时，古人种学家安德鲁·希尔（Andrew Hill）正在做一些典型的灵长目动物的行为，即向他的一名同事投掷大象粪便，没想到偶然遇见一组人亚科动物的足迹，这些足迹在一片火山灰层上留下了大约 25 米的脚印（见图 10-4）。仔细看，这组令人震惊的印记是至少两个不同个体留下的，一大一小，他们一起在距今约 360 万年前从一片刚刚落下不久的火山灰上走过。他们的脚印随后就被覆盖起来，直到希尔这次意外发现，再由玛丽·利基（Mary

Leakey）带队在现场进行考古挖掘与研究。在这之前，当地唯一已知的同时代人亚科物种是南方古猿阿法种，这是一种脑容量较小、直立行走的动物，最早由唐纳德·约翰逊（Donald Johanson）在 1974 年发现，即大名鼎鼎的“露西”骨骼，地点在埃塞俄比亚。

**图 10-4 远古人科动物足迹**

注：这些足迹是 1976 年在坦桑尼亚莱托利一片古代火山灰层中发现的，推测分属南方古猿阿法种成年与青少年个体。

资料来源：Peter Jones and Tim White (University of California-Berkeley).

单看智人的谱系，双足直立行走能力及其相关特征从更早的时期就开始进化了，较大的脑容量相比之下显得有点姗姗来迟。至于南方古猿，包括阿法种和非洲种这两种，它们的脑容量为 450 ～ 500 立方厘米，比黑猩猩（约 400 立方厘米）也大不了多少。在过去的 200 万年里，人属动物从脑容量到身体规模都发生了急剧的增长（见表 10-1），但这同样不是一种简单的稳定增长。相反，看上去更像是脑的绝对容量在更新世（距今 180 万年前）早期和中期（距今 16 万～ 60 万年）各有一次爆发式增长，中间隔了一段相对停滞期，足有 100 万年那么长。

表 10-1　人科动物大脑容量与体型大小的进化

| 物种 | 估算历史（百万年） | 体型大小（千克） | 脑容量（立方厘米） |
|---|---|---|---|
| 智人 | 0～0.2 | 53 | 1 355 |
| 尼安德特人 | 0.03～0.3 | 76 | 1 512 |
| 海德堡人 | 0.3～0.4 | 62 | 1 198 |
| 直立人 | 0.2～1.9 | 57 | 1 016 |
| 匠人 | 1.5～1.9 | 58 | 854 |
| 能人 | 1.6～2.3 | 34 | 552 |
| 鲍氏傍人 | 1.2～2.2 | 44 | 510 |
| 南方古猿非洲种 | 2.6～3.0 | 36 | 457 |
| 南方古猿阿法种 | 3.0～3.6 | NA | NA |
| 南方古猿湖畔种 | 3.5～4.1 | NA | NA |
| 卡达巴地猿 | 5.2～5.8 | NA | NA |
| 乍得沙赫人 | 6～73 | NA | 320～380 |

注：从远古到较晚近物种普遍存在体型与脑容量增大的趋势。并非所有物种都已找到身体或完整颅骨化石（缺失者以NA标出）。此表未列出全部待辨别或推测物种；仍有时间与物种间关系待确认。资料来源详见本章延伸阅读。

为什么人属动物的脑容量会在这两个时期突然增大这么多？为解释这一现象提出的理论越来越多。我在这里只提其中一种，即对气候变化的适应性改变，因为这体现了一种得到越来越广泛认同的观点，关于外部力量在推动进化步伐方面所起的作用。距今大约230万年前，全球气候开始变得更凉爽、更干燥，这导致非洲的森林面积开始缩减，取而代之的是较为干燥的稀树草原。尽管大型类人猿一直生活在气候更稳定的热带雨林，但人亚科动物渐渐适应了更多变的栖息地。经过一段相对稳定的时期之后，在最近这70万年里，地球的气候平均看来一直比距今6 500万年前恐龙灭绝以来的任何一个其他时期都要凉爽。气温的突然波动已经出现过多次，每次都能在短短几年内发生一些重大的变化。总而言之，不断变化的气候，以及由此对食物供应、水、狩猎与迁徙产生的影响，可能为人亚科动物选择了更能适应这种持续变化气候条件的成员。面对不断变化的气候，脑容量在100万年时间里大约增加了一倍，就人亚科动物而言可能经历了5万代。这当然令人赞叹，但远非瞬间完成。

有趣的是，尼安德特人从体形和脑容量来看，都比现代人类更大一些。在我们身上没有找到任何明显的迹象，可以解释为什么我们就能取得成功，而现代人类这位表亲在大约 3 万年前就已全部消失，没留下任何后代。早在 50 万年以前，智人这一支就跟尼安德特人分道扬镳了。可以说尼安德特人对智人基因库没有做过任何贡献。一项引人注目的研究就此做出了结论性的证明，成为遗传学对古人种学做出的真正的巨大贡献之一。当时在慕尼黑大学的斯万特·帕博（Svante Paabo）和他的同事设法对提取自一具尼安德特人标本的一块骨头做了 DNA 测序工作，该序列证明，尼安德特人就是人类进化树上一根早已死去的枯枝。

智人与尼安德特人的确一度共存，已经发现了好几处遗址，显示这两个物种在同一时间都在现场。这两个物种都有使用工具和生火的经验，还有其他迹象表明他们可能有文化、语言和自我意识，但最终只有其中一种占了上风。但不管现代人类在取代尼安德特人之际，可能相对后者拥有怎样的智力优势，从神经解剖学层面看这点差距很可能只能算是微妙程度，而且难以确定。相比之下，与大型类人猿相关的，也是更重要的人亚科动物大脑发育与进化历程这一课题似乎更容易研究一点。

## 美丽心智的形成

较晚近出现的人亚科动物的脑容量出现显著增长，但这只能算一种粗略的量度，说明认知能力可能出现提升。绝对脑容量不一定都能指向更强大的能力。更能说明问题的是脑容量与个体体重对比的相对增长。单看能量消耗这一项，大脑是一个运营成本很高的器官，需要消耗一个成年人高达 25% 的能量，对一个婴儿来说这一比例高达 60%。进入更新世，人亚科动物的脑容量与体重相比有了更快的增长，明显偏离典型哺乳动物和灵长目动物的比例。固然鲸和大象的脑容量比人类要大很多，但人类的脑容量在总体重中的占比是这些哺乳动物的 15～20 倍。神经解剖学家面临的挑战是，要分辨在脑容量变大这一过程里哪些层面对人类的能力最有意义。

IBM 公司的计算机研究科学家爱默生・皮尤（Emerson Pugh）看到了这一挑战背后的难度等级，他写道："如果人脑简单到我们就能搞明白，那么我们就该简单到连自己也搞不明白了。" 在生物学领域，理解大脑和人类行为的生物学基础属于依然有待攻克的两大前沿领域。

以哺乳动物和灵长目动物（包括人类）为例，大脑的某些区域在视觉、运动和认知功能上发挥的作用已经得到充分研究。我们大脑的顶部是大脑皮质，这是一层覆盖几乎整个大脑的神经组织。其中的新皮质又可分为 6 层，这一结构仅见于哺乳动物。具体到人类，大脑皮质仿佛任意划分为几个圆形区域，称之为叶，每一叶的边界均由大脑表面的特定凹槽与凸起定义。神经生物学家在确定每个脑叶的具体功能这项工作上做得特别出色（见图 10-5）。其中包括：额叶，参与思考、做计划和产生情感；顶叶，参与感觉疼痛、触碰、味道、温度与压力，以及处理数学和逻辑问题；颞叶，主要与听觉、记忆以及情绪处理有关；枕叶，参与视觉信息的处理；边缘叶，参与情绪与性行为以及记忆处理。

大脑皮质首批确定具体功能的区域，其中一个在 1861 年由保罗・布罗卡（Paul Broca）率先标记出来。当时他遇到一名中风患者，对方只说得出一个词"tan"。布罗卡对患者大脑做了检查，在额叶发现一处病变，他由此得出结论，认为这就是说话能力区（见图 10-5）。此后，他的观察得到多种证据的支持，包括拥有正常大脑者在说话时的脑成像结果。从布罗卡时代开始，比较神经解剖学家就一直在寻找可能对人类天赋本领的进化历程具有至关重要意义的区域。从大脑解剖结构对比得出的主要观点，很容易就能让人想起我前面讲过的关于其他进化的故事，比如蝴蝶翅上的斑点、蜘蛛的吐丝器以及昆虫的翅，具体而言就是，某一结构的当前形态必须归功于远远早于我们现在所见的众多创造。哺乳动物的大脑与之前出现过的大脑存在明显的区别，早期灵长目动物的大脑以哺乳动物为基础做了进一步的调整，接着，类人猿和人类大脑的进化又叠加在灵长目动物的高级版本之上。

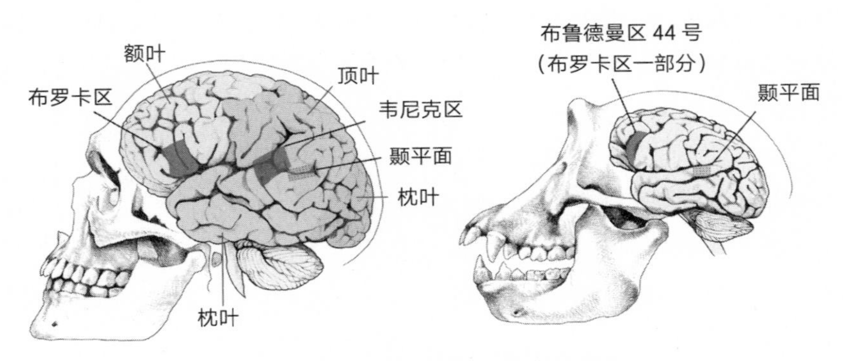


**图 10-5　人类与黑猩猩大脑物理分区图**

注：人脑颞平面上的布罗卡区（Broca's area）和韦尼克区（Wernicke's area）与说话能力相关。有报告显示，黑猩猩的大脑也存在与这些结构相关的解剖学特征。

资料来源：Leanne Olds.

一个关键的早期创造当然要数哺乳动物的新皮质。这不仅给大脑带来了处理能力，还为特定功能子系统的进化和特化打开了通路。哺乳动物脑容量的大小变化可不是按比例放大或缩小大脑内部所有组成部分这么简单。相反，大脑的进化历程呈现一种马赛克般的镶嵌模式，因此某些部分的进化可以跟另一个部分协同进行，同时跟其他部分毫无关系。以非洲马达加斯加一种无尾猬为例，它叫马岛猬，属于食虫目，是一种以昆虫为食的小型哺乳动物，若只看不含新皮质的脑容量，它比灵长目动物、产于美洲的一种小型长尾猴——狨猴还大，但狨猴脑容量加上新皮质几乎反超其 10 倍之多（见图 10-6）。若将灵长目动物视为一个整体，平均而言它们的新皮质已经扩张到比体重相似的非灵长目动物还要大 2.3 倍的水平。对于灵长目动物来说，从依赖嗅觉慢慢转向更多地依赖视觉这一转变，跟每项任务牵涉到的皮质区域大小发生相对变化有关。

除了在比例上发生变化，新的中心也在不断进化。灵长目动物大脑有一个区看起来很新颖，就是协调由视觉引导的运动活动的中心。伸手去拿、抓握以及摆弄物体这些本事对灵长目动物的生活方式显然非常重要。有一个称为腹侧前运动区的位置，在由视觉引导的运动期间就会被激活，并且，非常有趣的是，当猴子观察到这些任务正在执行时，腹侧前运动区也会被激活。这就表明，灵长目动物这一运动区可能对通过视觉观察进行学习也是至关重要的。

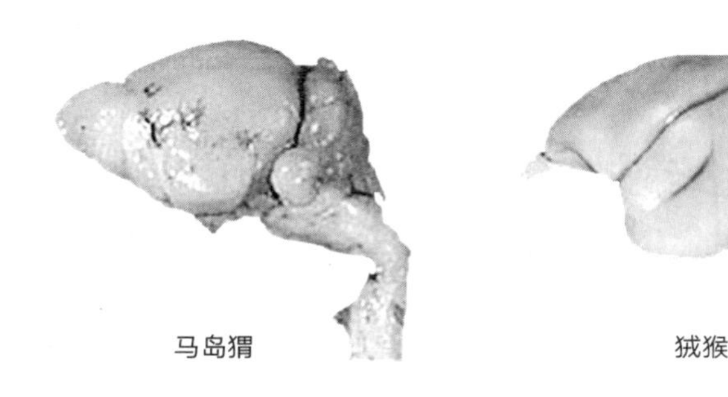


**图 10-6　哺乳动物大脑分区的进化**

注：马岛猬是一种以昆虫为食的哺乳动物，与灵长目动物狨猴相比，前者的大脑皮质要小得多。大脑各区规模发生相对变化是特化进程的一种普遍特征。

资料来源：Carol and Dizack and Wally Walker, the Wisconsin Comparative Mammalian Brain Collection, University of Wisconsin.

由于说话能力和语言在人类的进化过程中具有重大的作用，因此，围绕这些能力的起源引发了人类浓厚的兴趣。人类大脑的布罗卡区位于前运动区，可能是为说话能力和语言做的一种特化。于是最令人激动的问题就变成：与这些活动相关的脑区是否人类独有？细看与布罗卡区有关的解剖特征，其中肉眼可见的一项是该区的大部分位于大脑左半球，只有一小部分位于大脑右半球。我们知道大脑的左半球主导话语生产，让我们得以说出话来，因此，有人认为布罗卡区这一不对称性体现了左半球的特化。左半球还控制右利手（right handedness，惯用右手的习惯），手势也是交流过程的一个组成部分。另有一个第二语言区，称为韦尼克区，位于颞叶（见图 10-5）。该区有一个位置叫颞平面，与口语和手势交流以及音乐天赋有关，这些能力也全由左半球主导。大多数人的韦尼克区也呈现出左右半球的解剖结构不对称性，其中一道特定的裂隙在左半球的延伸深度超过了右半球。

这类解剖结构不对称性的证据在大型类人猿身上也有过报道。这就提示我们，最终在人类身上发生特化的解剖结构区可能在人类与类人猿的共同祖先身上也存在过。另有一些证据表明，比如关在笼子里的类人猿，它们的交流是由左脑主导的，因此支持以下推论：用于交流的解剖结构可能比人亚科动物更早出现，并且早很久。但较近期进行的更多大规模样本研究并不支持这一点。

现在已经有了来自人类自身的明确证据，表明这些解剖结构不对称性对语言产生或惯用某只手的习惯而言并不是必不可少的。例如，大约每 1 万人当中就有 1 个人的内脏器官分布跟正常的左右不对称情形是相反的，这在医学上称为“逆位”（situs inversus）现象，但一般而言这些人从功能上看都是正常的。近年来对这些逆位人士做脑成像研究的结果表明，他们的额叶和颞平面也呈相反的左右不对称性。但他们的说话功能依然由左半球主导，而且通常都是右利手。这些观察表明，人脑内部这两种早已确认的解剖结构不对称性对说话和语言功能发育而言并不是必需的。

对比人类和类人猿大脑的工作，从肉眼可见到深度研究都在进行，目的是要找出有可能负责功能性倾向的其他区域。一个长期存在的观点认为，牵涉到做计划、组织行为、个性和其他一些“高级”认知进程的大脑区域可能是不同的。这些属性对应标记在额叶皮质各区，人类的额叶皮质比黑猩猩要大一些，但还不至于大到不成比例的地步。有没有可能，让我们与众不同的关键所在其实更微妙一点？答案是肯定的。关于人类进化的发现更有可能在我们大脑的“显微解剖学”层面，包括皮质区域之间的互连、局部连接回路构造或皮质的神经元排布。以颞平面的神经元垂直柱为例，黑猩猩和人类的尺寸就不一样。我们的远古祖先在大脑各个特化区发育过程中发生的神经元数量、排列与连接性的进化式小修小补，最有可能成为人类能力起源的途径。神经生物学家现在正忙着用多种高分辨率技术研究类人猿和人类大脑之间潜在的细微差异。

## 人类形态与发育过程的镶嵌式进化

现代人类、早期人类和大型类人猿这三者在形态上存在的物理差异，属于发育过程的进化变化产物。要充分理解这些变化的本质，必须对人类和黑猩猩的成长和成熟速率进行详细研究，还要加上从化石材料得出的一些推论。

说到黑猩猩和人类的发育，长期公认的根本差异之一是头骨生长与成熟的相对速率。就外形而言，人类婴儿的头骨成熟度低于年幼的黑猩猩，尽管人类的头骨和大脑都比黑猩猩大多了。与黑猩猩相比，人类头骨的成熟速率明显减慢，这就使其初始尺寸变得更大。最终黑猩猩和人类的头骨会长到同样大小，但面部大小和脑容量就大不一样。头骨成熟速率的这一相对变化表明，相似的发育进程在成熟时机上已发生了变化。

与此同时，对人亚科化石的研究揭示了其他的一些发育进程也在时机上出现了进化变化。古生物学家可以从牙齿化石的牙釉质模式看出，跟现代人类相比，南方古猿和早期人属物种的牙齿形成的时长都更短。牙齿的发育阶段是青少年发育各阶段与性成熟相对年龄的可靠指标。从化石记录可以看到，现代人类的这些方面晚于其他变化出现，后者包括脑容量和身体比例等。与此形成对比，跟我们用两条后腿行走的姿势相关的所有骨骼变化，都源于骨骼与肌肉组织发生的结构性变化，而且都能较早实现，与头骨的较慢成熟没有关系。总体而言，人亚科的进化历程可以看作某种镶嵌模式，不同的特征出现在人亚科历史的不同时间，以不同的速率进化。

从进化发育生物学的角度看，这种镶嵌模式对人类进化的重要性告诉我们，不同结构的发育在很漫长的一段时间里以一种分散的非线性方式进化。化石记录打消了所有关于人类形态曾经有过突然的瞬间变化的想法。相反，我们的历史说的是数量上的变化，包括脑容量、身体比例、头骨大小、妊娠时间、青少年发育等，经由数以万代慢慢同化。此外，与人类进化历程同期的其他哺乳动物发生进化的情况相比，人类特征的变化速率也没有什么特别之处。举例来说，化石马在体形和其他特征方面就表现出相似的变化速率。

已经有大量证据表明，人类形态的进化并不是其他动物的特殊型或非典型型。因此我们应该预期，目前关于动物形态进化的知识一般而言也应该适用于人类。事实上，我们跟黑猩猩之间极其密切的遗传关系，以及灵长目动物跟其他哺乳动物之间的遗传相似性，都强调了一个现在已经广为人知的主题。分别负责制造这些动物和人类的基因集合非常相似，这些物种之间的外在形态差异无论是大是小，其根源一定都在于这些基因集合的具体使用方式，包括没有用上的情形，我们马上就要看到后者的一个案例。

## 98.8% 悖论与智人的演变

在人类进化过程中发生的发育和身体变化，其终极肇因在遗传。我们跟类人猿和较早期人亚科物种之间的差异，应该就在 DNA 的某个位置上。那么关键的问题来了：

- 到底存在多少种显著差异？
- 这些差异具体都在什么位置？
- 它们对形态上的差异形成起了什么作用？

好消息是，我们现在已经拥有人类、黑猩猩和小鼠的各一份完整基因组序列。

坏消息是，我们还得动手做一点计算。

人类的 DNA 序列包含大约 30 亿个碱基对。在黑猩猩的 DNA 里，约有

98.8% 的碱基与人类是相同的。差异只有区区 1.2%，是我们与地球上任何其他动物相比得到的最小的 DNA 序列差异。但这 1.2% 的差异换算过来就是两者有大约 3 600 万个碱基对是不一样的。由于人类和黑猩猩是在距今约 600 万年前从一个共同的古老祖先那儿分化的，我们可以假设，这些差异中一半是黑猩猩特有的（发生在黑猩猩那一支），一半是人类特有的（发生在人类这一支）。这就是说，自我们最后一个共同古老祖先以来，人类这一支又发生了 1 800 万处变化。为便于讨论，我在这里稍稍对数字做了简化。我没有考虑在内的细节包括碱基的删除或插入，以及更大规模 DNA 元件的增添或损失。

所有这 1 800 万处变化都那么重要吗？又或者，有没有哪些只能算无用的“噪声”？我们怎样才能从这么多种差异里找出真正促成进化的那一部分？

的确，我们已经知道，基因上的所有突变并不是都有意义。首先，因为遗传密码本身就有冗余，有些碱基可以发生改变而又不至于连带改变一种蛋白质。类似这样“默默无闻”的替代往往可以随时间推移而积累下来，因为根本没有或只有很小的选择压力试图消除它们。其次，我们的 DNA 真正参与编码或调节功能的部分只有大约 5%，因此，若是在堪称广阔的人类 DNA 序列另外 95% 的部分发生突变，其要么根本没有影响，要么影响甚微。还有一个事实需要同时考虑：平均而言，任何两个没有亲缘关系的人也有大约 300 万个碱基对的差别。虽然从绝对值来看这是一个很大的数字，但在 DNA 的所有碱基里只占了 0.1%，而且，尽管有这些差异存在，我们显然还是属于同一个物种。这就说明，可能有数以百万计的差异是无关紧要的。因此，事实上也没有人知道，到底有多少种变化最终塑造出人类现在的形态。我的猜测是有几千种。此刻我们面临的挑战就是找出真正重要的差异。

在我进一步分析黑猩猩与人类的差异之前，我想指出，只要将人类基因组与另一种哺乳动物（比如小鼠）的基因组进行对比，小标题里提到的 98.8% 悖论及其一般解决方案就会变得更加清晰易见。小鼠属于啮齿目，啮齿目和灵长目在很久以前就分开成为两支，距今大约有 7 500 万年。小鼠的大脑很小，它们也有新皮质，但跟灵长目相比却小得多，当然了，若跟人类相比就更是微不足道了。但尽管这样，将小鼠和人类的基因组进行对比，就会发现人类有超过 99% 的基因都能在小鼠那儿找到对应序列，反过来也一样。事实上，人类有 96% 的基因在人类染色体上的相对顺序，跟在小鼠染色体上的相对顺序是完全相同的。这个相似度可是非同寻常。这些数字告诉我们，纵观长达 7 500 万年的哺乳动物进化历程，以及至少也有 5 500 万年的灵长目动物进化历程，我们的基因组跟一种啮齿目动物的基因组相比，不仅包含基本相同的基因，而且组织方式也大致相同。无论是在基因数量还是组织方式上存在的差异，对人类或灵长目动物的起源都没有发挥多大的作用（如果真有作用的话）。

如果答案不在于基因的数量或组织方式，那么，小鼠和人类之间存在的巨大差异该如何解释？小鼠基因和人类基因编码的蛋白质序列确实是不同的，平均相差约 30%。但是，就我们目前了解的情况看，蛋白质序列上的差异真有可能决定了形态上的大部分变化吗？

一般而言，我认为答案应该是否定的。我提出这一观点的依据，更多地来自从其他物种了解到的信息，而不是来自关于人类的直接实验数据，但我认为这个结论是不可避免的，理由是以下几条证据线。首先，体内的蛋白质绝大部分并不会影响形态，因为它们承担的是其他生理作用。与诸如嗅觉、免疫力与生殖等生理机能有关的蛋白质可能存在一些很有趣的差异，但这不会影响小鼠或人类的外观。其次，工具包蛋白只占体内所有蛋白质的很小一部分，而且我们前面已经讨论过，由于每种工具包蛋白往往要在发育过程中承担很多的不同工作，因此，它们以富有影响力的方式发生变化的概率也变得更低，因为突变通常都会影响所有的功能，而不是仅仅影响其中一种。相反，正如我们在前几章看到的那样，动物在形态上呈现的差异，许多要归因于基因开关发生了变化。因为人类进化在很大程度上就是全身各种结构在大小、形状和精细解剖结构上的进化，外加发育时机的进化，所以，接下来这一点同样符合逻辑：开关进化对人类进化很重要。构成我们身体的一切可以说是哺乳动物或灵长目动物模板的一种变体。这样一来，我相信遗传证据的重要性是要告诉我们，灵长目动物、大型类人猿和人类的进化更多是要归因到基因调控发生了变化，而不是基因编码的蛋白质发生了变化。

我不是第一个得出以上结论的人。早在大约半个世纪前，玛丽·克莱尔·金（Mary Claire King）和艾伦·威尔逊（Allan Wilson）就做过一项经典的研究，证明了黑猩猩和人类的蛋白质序列几乎完全一致，并从中得出结论，认为进化差异来自基因调控发生了变化。在20世纪60年代和70年代，许多著名生物学家，包括美国理论物理化学家、分子生物学创始人莱纳斯·鲍林（Linus Pauling）①、奥裔法国生物学家埃米尔·扎克坎德（Emile Zuckerkandl）②、美国生物学家埃里克·戴维森（Eric Davidson）③、美国分子生物学家罗伊·布里顿（Roy Britten）④和弗朗索瓦·雅各布，也得出了同样的结论。但当时关于动物身上的基因开关的逻辑与功能，甚至是调控发育的单个基因的逻辑与功能，我们都一无所知。现在，来自进化发育生物学和比较基因组学的大量证据告诉我们，早期得出的这些推论是正确的。

不过，尽管基因开关这么重要，但要研究人类的基因开关还是比研究其他物种困难许多，因为我们没有办法研究这些开关在人类活胚胎中承担的功能。识别人类基因开关的进化变化因此而变得充满挑战性。虽然目前正在进行各种尝试，但到目前为止，相对更容易做到的是从有可能负责或参与人类进化某个方面的蛋白质编码序列上看出一点差异。接下来我会把讨论聚焦于与人类进化有关的两种

---

①迄今唯一两次独获诺贝尔奖的学者（1954年化学奖、1962年和平奖）。——译者注

②与鲍林同为分子进化领域创始人，合作提出“分子钟”概念（每个给定的基因或蛋白质的分子进化速率几乎恒定，从而可以根据分子的变化来推断进化的时间），使分子进化的中性理论成为可能。——译者注

③是研究基因调控网络等多个领域的先驱者。——译者注

④DNA与基因组研究的先驱者。——译者注

基因。从它们的故事中可以看到，要将特定的基因跟人类特征的进化历程建立关联需要做一番侦察工作。我们应该把这些例子看作建立这种关联的说明，它们是我们通过新的基因望远镜看到的第一批星星。与此同时，要说人类特征进化最重要的，甚至是唯一的遗传原因，它们还不一定能排得上号。

## 人类颚肌系统的进化

说到将我们与其他类人猿或早期人亚科成员（比如南方古猿）区分开来的特征，其中之一是我们的颚肌变小了。现存的其他灵长目动物，比如猕猴或大猩猩，都具备大而有力的颚肌用于咀嚼食物。可以提起下颌骨的肌肉叫颞肌，在现存灵长目动物的头骨沿大部分颞区呈扇形依附生长，但就比例而言，在人类身上出现了明显的缩小（见图 10-7）。

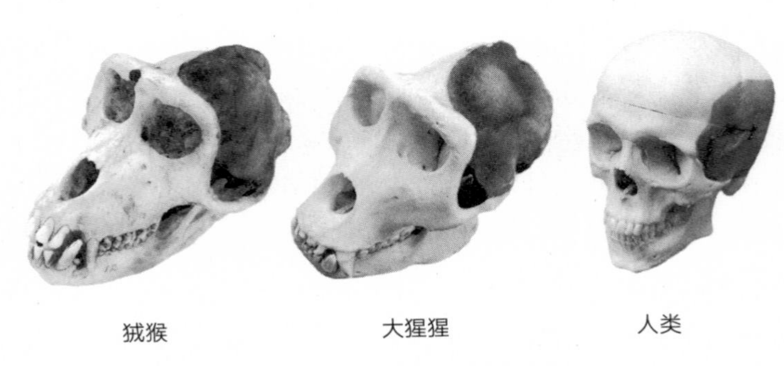


**图 10-7　灵长目颚肌系统的进化**

注：猕猴与大猩猩都有宽大的颞区，颞肌附着其上。这些动物巨大的颚与用于咀嚼的压力要形成足够的力道就少不了这宽大的区域。但在人类身上，颞区反而大幅缩小，这特征至少跟一种肌肉纤维蛋白的一种突变有关。

资料来源：Dr. Hansell Stedman, University of Pennsylvania; from *Nature* 428:415 (2004).

宾夕法尼亚大学的汉塞尔·斯特德曼（Hansell Stedman）及其同事发现了颚肌大小变化的起源的一个遗传线索。他们注意到，有一种蛋白质叫“肌球蛋白重链 16”（myosin heavy chain 16，MYH16），具体编码这种蛋白质的人类基因存在一处突变，导致该蛋白质序列的绝大部分遭到破坏。肌球蛋白重链作为肌肉纤维的一部分具有至关重要的作用，能通过收缩产生力。一旦这些蛋白质缺失或发生改变，纤维和肌肉通常都会缩小。

MYH16 是一种经过特化的肌球蛋白，仅见于一部分肌肉里。以猕猴为例，MYH16 在颞肌及其附近另一块肌肉里产生，但在其他肌肉里就看不到。人类的 MYH16 基因在颞肌表达，如果这个基因发生突变，蛋白质就会失活。人类颞肌的肌肉纤维只有猕猴的 1/8 左右。这一遗传和解剖结构证据表明，在某种程度上，MYH16 蛋白失活跟人亚科进化过程中某一时期发生的颞肌开始缩小现象有关。

这种基因上的改变可能发生在什么时候？肯定是在人类和黑猩猩分道扬镳各成一支以后，因为黑猩猩以及其他的类人猿和猴子都有完整无损的 MYH16 基因，能编码完整的 MYH16 蛋白。参考人类基因相对于其他物种的变化数量，宾夕法尼亚大学的研究团队估计这一失活突变发生在距今 210 万～ 270 万年的某个时期。这非常接近人属动物起源的时间。

颚肌系统这种进化性质的缩小现象，其意义可不仅仅关系到人亚科动物咀嚼食物的方式。肌肉的解剖结构对骨骼生长具有巨大的影响，比如，实验研究已经表明，颚肌生长对颅面骨骼的大小和形状具有显著的影响。如果缩减颚肌系统的规模以及加在下颌骨上的力，可能减小头骨内骨骼的压力。这就使脑壳有机会变得更薄、更大。因此，早期人属发生的脑容量扩大，在某种程度上可能是由颚肌系统与相关头骨特征发生变化促成的。此外，颚肌系统变小可能促成我们最终进化出对下颌骨的更精细控制，这是说话能力不可或缺的条件。

所有这些联系和关联看上去都很让人好奇，但我们必须同时保持谨慎，避免轻易将所有这些解剖结构变化归因于一个单一的突变。尽管原本具有功能的 MYH16 基因失活必然属于一次值得关注的事件，但我们还不清楚，这次失活突变是迈向颞肌缩减的初始遗传变化，还是许多连续或平行的变化之一，抑或是当MYH16蛋白对颞肌的作用变得可有可无之际发生的最后一次变化。我马上就要解释，为什么说我们不能断言这是一次单一的、关键的进化触发器。要确定与人类进化有关的任何一种基因，比如近期发现的与人类说话能力进化有关的基因，一直困难重重。

## 影响语言的基因的进化

若要搜集具有潜在进化收益的人类基因，我们有一个优势，那就是我们的人口规模很庞大，现在约有80亿，一旦有人发现自己身体有某种功能不太正确，他们多半就会出现在医疗诊所。这样一来，即使是非常罕见的突变也有机会被发现，这些突变可能每10亿人只会出现一次。类似这种非常罕见且信息丰富的突变，有一个小家庭就贡献了一个引人注目的例子，这个家族的祖孙三代都表现出严重的说话能力和语言障碍。仔细检查这些受影响的个体，最特别的一点在于，他们这一障碍并非源于跟说话相关的肌肉出了某种问题，而是他们的神经回路存在一些缺陷，影响了语言的处理。借助最先进的成像技术就可以看到，受影响个体在大脑的几个区域出现了一些可以检测到的异常情况。此外，对受影响个体在执行无声思考和带发言的任务期间做的磁共振成像显示，他们在布罗卡区和其他一些语言相关区呈现活动不足。患者似乎在一个神经网络存在某种缺陷，这一神经网络刚好参与话语序列的学习、规划与执行。

这一家人携带的发生突变的基因已经确认，被称为FOXP2。FOXP2蛋白是一种转录因子，属于能跟DNA结合并调节其他基因表达的工具包蛋白。该突变改变了FOXP2蛋白的一个氨基酸，这似乎导致FOXP2蛋白丧失了原有的功能。因为这些患者还同时携带一份正常的FOXP2基因拷贝，所以他们依然具有某些FOXP2功能。说话能力和语言障碍的根源在于功能正常的FOXP2蛋白总量有所减少，而不是完全消失。也许说到FOXP2，有人首先想到的问题是，这是不是一种新出现的、独特的人类基因？

我希望我在前面几章讨论的内容已经让你做好准备猜出这个问题的答案。没错，答案是否定的，FOXP2 不是我们人类独有的基因。这个基因目前已经在一群灵长目动物、啮齿目动物乃至一种鸟的身上发现。这样的分布对人类工具包基因来说属于典型情况，因为大多数的人类工具包基因（如果不是全部的话）在其他物种那儿都能找到对应序列。事实上，与小鼠相比，人类 FOXP2 蛋白在总共 716 个位置上只有 4 个不同，与猩猩相比只有 3 个不同，与大猩猩和黑猩猩相比更是只剩下区区 2 个不同而已。跟大多数的蛋白质相比，这是一种更细微数量的序列变化，提示在整个哺乳动物进化过程中存在巨大的压力，必须保证 FOXP2 蛋白序列正确。

那么，FOXP2 基因的进化是不是在说话能力和语言的起源中发挥了作用？这是一个更棘手的问题，发生在 FOXP2 的改变可比 MYH16 的失活突变还要微妙得多。测试一种基因是否在进化过程较晚近时期发挥过作用的另一种方法，是寻找被称为“选择性清除”的迹象。在选定一种有利突变之后，自然选择的这一作用会以 DNA 序列变异模式的形式留下一条证据线索。除非自然选择支持一种特定的变异，抑或是直到自然选择变得支持这一特定变异，否则，发生在 DNA 序列长度上的变异就会随时间流逝而不断积累。一旦自然选择选定一种变异，该基因就会被快速固定下来，造成整体变异频率下降。因此，根据一个基因跟它的邻居们相关的变异频率下降，遗传学家可以判断一个基因是否经历过选择性清除。研究表明，在人类 FOXP2 基因座上出现的一次选择性清除信号，是所有人类基因上看到的最强信号之一。这是一个好的迹象，表明在过去大约 20 万年里有过一段时期，在我们这个物种的进化过程中，发生在 FOXP2 上的突变得到自然选择的青睐，随后在整个智人家族快速扩散。

FOXP2 的哪些变化可能促成了说话能力的进化？人类 FOXP2 蛋白和黑猩猩 FOXP2 蛋白相比只有区区两个编码的差异。尽管这可能就是原因，但还有几百种差异出现在 FOXP2 周围的非编码 DNA 以及影响 FOXP2 表达位置与数量的开关和区域上。要用当前技术准确锁定可能对人类进化富有影响的变化，难度很大。我愿意押注在非编码区，因为只要对 FOXP2 的开关进行小修小补就有可能在神经网络形成过程中对 FOXP2 的表达进行微调。众所周知，在发育中的人脑内部，多个位置都有 FOXP2 表达。与此同时，这些位置在小鼠的对应区也能看到 FOXP2 表达，这样看来 FOXP2 似乎在哺乳动物大脑发育过程中作用广泛。目前还不清楚 FOXP2 在发育过程中的确切作用，但它很可能影响大脑各个子区域的形成方式及其与身体其他部件的连接方式。正如我一再强调的那样，这是因为既要改变工具包蛋白，又要确保这一改变只影响一种功能或多种功能的一个子集是很难做到的，我也怀疑，正是控制 FOXP2 的开关发生进化，使大脑各区的精密差异进化成为可能。

## 人类进化复杂而微妙的遗传基础

发现 FOXP2 和 MYH16 这两种基因在科学界、医学界乃至新闻界都引发了一大波的激动情绪。但是，具体到关于人类颚部肌肉系统与颅面形态的发育和进化，以及说话能力和语言的发育和进化，它们属于这其中的哪一个题目，是否代表了那个题目的全部内容？当然不是。它们只不过开了一个头。包括科学家和新闻媒体在内的多个圈子长期以来存在一种趋势，更愿意想象进化就是通过一次单一的戏剧性突变来一次大飞跃，我们必须先摆脱这种趋势，才能正确看待 FOXP2 和 MYH16 的发现以及两者的作用。类似大飞越的想法早已有人提出，并用于解释说话能力和语言的起源以及其他复杂的人类性状，往往还跟某些特征的进化堪称“快速”的想法结合在一起。但我们已经看到，脑容量、骨骼的解剖结构、牙齿的发育、颅骨的形状，还有其他的特征，都经历了好几万代甚至更多代的漫长进化。没有必要将一次单一的戏剧性突变视为形态与功能大飞跃的源头，或用于解释人类性状的起源。那样做没有任何科学依据。

“遗传构造”（genetic architecture，又称遗传结构）是指跟一种特定性状的进化有关的基因数量以及个体基因的相对影响。过去数十年来对量化特征（比如身体规模或某种特定结构的数量）的研究已经表明，物种内的变异和不同物种之间的差异通常是由许多遗传差异造成的，并且就每一种遗传差异单独而言只会引起相对较小的影响。这就提示我们，特征的进化可能是通过数量很多的基因纷纷发生变化，以一次一点点的小步前进方式实现的。人类特征进化的遗传构造应该也是这样，事实上，对人类变异的研究显示，许多基因参与引发了身高、体形和其他量化特征上的差异。我们不知道 MYH16 失活到底属于颞肌系统进化的早期步骤，还是属于发生在 MYH16 功能变得无关紧要以后一个非常晚期的步骤。很有可能，其他基因的变化参与造成了颚部肌肉系统在一段较长时间内缩减规模。与此相仿，FOXP2 一定只是人类说话能力进化故事的一部分而已。我们应该预期，对其他基因的进化变化做的选择，或者说得更具体一点，就是对其他基因的开关的进化变化做的选择，也会有助于这种专属于人类的天赋的进化。今天我们能认识 FOXP2，完全是因为运气好，一种十亿分之一的突变出现在一份基因拷贝里，而且恰好能通过临床检测看到。至于发现 MYH16，是因为我们很容易就能看出这个基因是失活的。要想拼接出人类的进化史，还有更多的基因有待发现和研究，其中一些的作用和历史可能比这两个基因还要微妙许多。

既然还有更多像 FOXP2 和 MYH16 这样的故事有待发现，我们应该抵制将新发现（关于一种化石、大脑重要构造或特定基因等）视为人类进化之谜“唯一”正解的自然倾向。恰恰相反，大多数的发现都是一种更复杂的镶嵌模式的某个组成部分。古人种学家已经认识到，人亚科的进化是一种复杂模式，涉及更多的物种，数量超过较早期观点的判断，并且带有许多已经死去的“枯枝”，而不是由一条直线从遥远古代的祖先一路演变成现代的人类。事实上，研究人员已经发现越来越多的化石，它们聚集分布在人类和黑猩猩这两大谱系之间的分叉附近，因此，如果遇到任何声称找到那位“正确”祖先的说法，我们都要抱着怀疑的态度进行仔细考查。与此类似，比较神经生物学家现在必须寻找对人类能力更微妙的解释，因为大脑里面那个最明显的重要解剖结构似乎有着比我们最初想象的情形还要深邃的起源，而且不能严格用于解释人类行为。与此相仿，任何定义人类群体的特征，比如双足直立行走、骨骼形态、颅面形态、脑容量或说话能力，其进化历程不太可能仅对几个主要的基因进行选择就能得出结果。FOXP2

和 MYH16 属于人类进化之谜最先被破解的拼图版块，我们没有理由相信它们就是最大或最重要的版块。相反，更有可能发生的情况是，自然选择在成千上万代的持续时期对许多基因发生的变异做出选择，分别负责在大小、形状和组织组成等方面造成微小增量的差异，最终促成了人亚科的进化。

我对过度简化新发现的做法提出这一警告，可不只是给这些发现激发的热情泼冷水，而是考虑到破译人类进化的物质基础的工作存在一些更严峻的问题。进化生物学自诞生以来就一直面临阻力，从雀科鸣禽、飞蛾或果蝇那些确凿数据总结的基本概念一直难以获得普遍的接受。随着越来越多的可用数据一一出现，关于人类进化的一些说法肯定需要修改，就像古人种学领域在过去一个世纪不断发生的情况那样。进化科学的反对者总是试图利用科学家哪怕是带有恰如其分谨慎语气的陈述作为怀疑或不确定性的证据，以及不应该教授进化原理的理由。作为新闻报道可能确实需要有所简化，但这么做有可能扭曲进化模式与机制更复杂、更微妙的现实情况。

进化发育生物学的发现以强有力的新方式阐明了进化进程和特定的进化事件。进化发育生物学拓展了进化生物学的基础，改变了我们的思维方式，也提供了一个新的机会，让我们得以改变进化生物学的报道、教学和讨论方式。接下来，在总括全书的最后一章，我会探讨进化发育生物学在一套全面综合进化论中的位置，以及它在讲授进化生物学、引领有关进化的持久社会争议这两件事上必须发挥的作用。

# ENDLESS FORMS MOST BEAUTIFUL

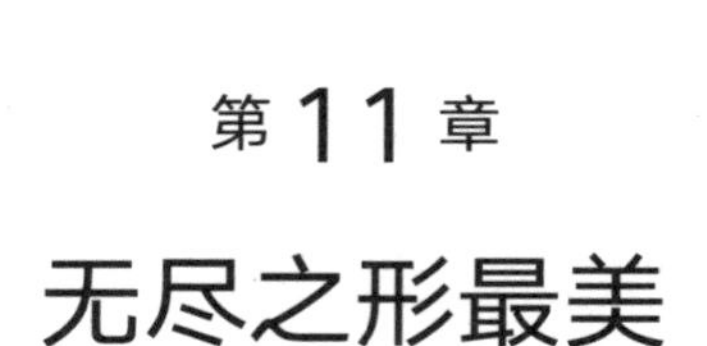

第 11 章

# 无尽之形最美

**各种海贝的几何美感与多样性**

资料来源：Jamie Carroll.

要始终注意到，一切皆为改变的产物，要让自己惯于思考，大自然最乐于改变现有形态并创造与之相似的新版本。

**——马库斯·奥里柳斯·安东尼（Marcus Aurelius Antoninus），罗马帝国皇帝**

达尔文用以下这段话结束他的《物种起源》第一版，这可能已经成为整个生物学领域受到最广泛引用的内容：

> 这套生命观蕴含一种恢宏，自带好几种威力，从一开始就化为几种或一种形态；然后，随着地球这颗行星继续按固有的万有引力定律运转，从那么简单的一个起点进化，并且继续进化出无穷无尽的形态，美丽且奇妙至极。

达尔文用了差不多20年的时间才最终敲定这段文字。此前他先后在1842年和1844年就这些想法写过概要，但从未发表，那时这段话不仅篇幅更长，而且有明显的区别。比如1842年的版本是这样的：

> 这套生命观蕴含着一种不折不扣的恢宏，自带生长、吸收与繁殖的力量，从一开始就化为一种或几种形态的物质，然后，随着我们这颗行

星按固有规律运转而大地和水在一种转换循环里不断相互替代，从如此简单的一个起点，通过带来极微小变化的渐进选择，就有了无穷无尽的形态，美丽且奇妙至极。

到了 1844 年，达尔文对其中几个词做了小修改，但主要的变化还是源于《物种起源》的准备工作，后者计划于 1859 年出版。达尔文删除了关于“带来极微小变化的渐进选择”这一说法，还精简了其他短语，从而简化文本并赋予其诗意的节奏。

我选择了在所有草稿版本以及最终发表版本里从未做过改动的一个短语，“无尽之形最美”，作为本书末章的灵感来源和主题。这个短语跟本书的主题形成最完美的呼应，准确把握了进化发育生物学这门新学科的精髓。接下来我准备探讨进化发育生物学带来的发现和视角怎样进一步拓展了进化论生命观的恢宏壮丽，使我们对达尔文关于无尽之形已经并且继续进化的观点有更丰富的理解，而且拓展和深化了进化思想的根基。

出版商告诉我，我可没有 20 年时间仔细推敲我认为最合适的措辞，当然了，我也不指望自己能用像达尔文一样精湛的文笔道出这门全新学科的精髓，但我准备通过做概括和下结论的方式，尝试阐明有关进化发育生物学的影响与重要性的四个要点。

第一，我认为，进化发育生物学在持续发展的现代综合进化论中构成了重要的第三幕。进化发育生物学不仅提供了“现代综合进化论——胚胎学”其中一个关键缺失部分，还将其与分子遗传学以及诸如古生物学等传统学科整合起来。这一学科领域的一些关键发现完全出乎意料，为解决一直悬而未决的问题提供的证据具有前所未有的质量与深度，足以赋予它一种革命性的特征。

第二，进化发育生物学提供了一种新的方式，可以在更有效的框架内教授进化原理。通过聚焦形态进化这幕大戏，同时说明发育和基因发生的改变怎样成为进化的基础，支撑生命统一性与多样性的深层原则也渐渐浮现出来。此外，胚胎内部基因表达模式的可视化形式，以及不同物种工具包基因集的具体清单，提供了比以往更抽象、更有效的新方式，用以说明进化的概念。

第三，进化发育生物学能以可感知的方式揭示和说明进化的进程及其原理，这对争取全社会推动进化生物学教学具有关键意义。

第四，进化生物学的重要性远超哲学范畴。大自然无尽之形的命运，包括人类的命运在内，直接取决于我们能不能就人类对进化的影响形成视野更广的理解。

## 进化发育生物学，现代综合进化论的基石

> 对我来说，胚胎学提供的证据是迄今为止支持形态改变最有力的一类事实，我觉得我的评论者没有一个稍有提及这一点。
>
> ——达尔文于 1860 年 9 月 10 日写给阿萨·格雷（Asa Gray）的信[①]

从上述引文可以看到，胚胎学一直是进化与共同起源理论的证据之一。在达尔文之后 100 多年生物学家面临的挑战，就是解释胚胎以及由它们产生的成体形态是怎样发生变化的。现代综合进化论固然为宏伟的进化大厦加上了遗传学，但那个时代的遗传学家在很大程度上仅限于研究物种内的微小变异，并不了解基因（也就是 DNA）的化学本质，更不用说基因如何影响形态。现代综合进化论

①收录于《查尔斯·达尔文生平及其书信集》（*Life and Letters of Charles Darwin*）。——译者注

的主要成就，是在古生物学界关于物种层面以上的“宏观进化”观点与遗传学界关于物种内可检测变异的“微观进化”观点之间达成了和解。现代综合进化论认为，从化石记录中观察到的大规模的形态变化可以解释为自然选择在很长一段时间内作用于微小的基因改变，而这些改变最终在物种内产生了变异。这一推断建立在一种共识意见的支持之上，但没有人知道，调控大规模改变的基因机制跟影响物种内变异的基因机制是不是同一套，还是说可能不一样。关于基因影响形态的方式、哪些基因影响形态进化以及基因里有哪些改变引发了进化，当时依然一无所知。

此外，一旦搞明白 DNA 和蛋白质的结构，现代综合进化论的构造者与追随者的普遍观点就变成，随机突变与选择进程会对 DNA 和蛋白质序列做出足够的改变，以至于只有亲缘关系非常密切的物种才会携带同源基因。

我从第 3 章到第 10 章描述的所有内容实际上都是在过去这二三十年间发现的。由这些发现带来的深刻见解不仅填补了我们在理解进化进程时出现的巨大空白，而且迫使生物学家重新思考他们对形态进化方式的看法。之前你已经看过一些具体证据，证明古代工具包基因的不同用法可以影响从原始两侧对称动物一直到智人的动物形态进化之路。接下来我会总结，我们怎样以这一大批新的证据为依据，拓展、解释或重新思考主流的进化思想。

## 关于构造的传承

**用于构造动物界的工具是古老的。**

进化发育生物学的第一个发现，可能也是迄今为止最令人感到震惊的发现：用于构造各种动物的基因具有古老的起源（详见第 3 章和第 6 章）。看上去形态千差万别的动物是由非常相似的一组组工具包蛋白塑造的，这一事实完全出乎意料。这些具有革命性的发现带来的影响不仅强大，而且可以分为多个方面。

首先，这是全新的深刻证据，佐证了达尔文最重要的一种思想：所有的形态都起源于一个或几个共同祖先。不同动物共有的调控发育的工具包基因揭示这些群体之间存在深层的联系，这些联系单从它们那千差万别的外观形态根本看不出来。

其次，诸如眼睛、心脏和附肢这样一些器官和结构长期以来一直被视为不同动物独立完成的相似进化，现在却发现它们的组装过程其实受控于相同的基因组分，这就迫使我们彻底改变关于复杂结构产生方式的看法。每一只眼睛、每个附肢或每一颗心脏都不是反复从零开始进化的，恰恰相反，它们的进化是由相同的一个或一些主控基因控制改造一些古老的基因组实现的（详见第 3 章）。这些基因组当中有一部分可以一路回溯到两栖动物最后一种共同祖先——原始两侧对称动物以及其更古老的各种形态（详见第 6 章）。

最后，这套工具包的悠久历史表明，这些基因的创造不是进化的触发因素。两侧对称动物的工具包出现在寒武纪之前（详见第 6 章），哺乳动物的工具包出现在新生代第三纪发生的哺乳动物快速多样化之前，人类的工具包也一样，比类人猿和其他灵长类动物都更早出现（详见第 10 章）。很明显，基因本身不是进化背后的“推手”。基因工具包代表的是可能性，要将这份内蕴潜能变成现实还要加上来自生态的驱动。

## 关于复杂性与多样性

**动物设计与进化的大规模趋势有一个共同的基础，是由基因组“暗物质”的特性实现的。**

我在本书将大部分的篇幅放在动物的模块化设计，包括连续重复部件以及这些部件向更高特化程度进化的趋势（详见第 1 章）。模块化是构造复杂性以及进化多样性的关键。动物的复杂性体现在不同种类身体部件（细胞、器官、附肢）的数量上。随着时间的流逝，特定类群的重复部件特化以及新型部件的起源，使复杂性不断增长。对于节肢动物和脊椎动物，复杂性以某些类似方式增长。我们前面已经看到，以这两类动物为例，在连续重复结构上部署的不同 Hox 基因，将身体各结构的形态和功能做了区分。这些类群能够取得成功，就是因为调控 Hox 基因部署的系统具有足够的灵活性，确保个体结构可以在不影响其他结构的情况下独自完成进化。

至于这种独立性以及由此而来的复杂性与多样性是怎样形成的，最关键的深刻见解来自对基因开关特性的理解（详见第 5 章）。由于单个基因可以且确实接受多个独立开关调控，因此一个开关上发生的突变不仅不会影响其他开关，也不会影响由该开关所在的基因编码的蛋白质的功能。发生在开关上的进化改变不仅引起 Hox 基因区发生位移，成为各种动物在身体组织上出现大尺度差异的基础（详见第 6 章），而且造成不同动物在相同结构的外观上呈现精细尺度的差异（详见第 7 ～ 8 章），还带来了新图案元素的起源与改造（详见第 8 章）。创造“无尽”之形也就是多样性的关键在于具有调控作用的输入与开关的可能组合数量达到天文数字级别。开关整合了与三维空间、细胞和组织身份以及相对发育时间等项目相关的输入。在这些参数里，任何一项都可以通过添加、移除或微调开关接收的输入进行修改。此外，开关的数量可以在进化过程中增大或减小。即使只有一组数目有限的工具包蛋白质作用于开关，其组合数目呈指数增长的力量也是巨大的。

当然，这种力量的实现情况是由自然选择决定的。不是所有的可能路径都会得到探索，不是所有的花色图案都会制造出来。尽管如此，我们依然可以欣赏到大约 17 000 种现有蝴蝶缤纷的翅型花色；我们的哺乳动物伙伴从大小、外形到特征也是千变万化；还有海洋动物在身体和贝壳上呈现的几何图形，以及 30 多万种鞘翅目甲虫。有人估计，现有的数百万种动物，在过去漫长 5 亿年里进化出来的 10 亿或更多种类形态里只占 1% 左右。我们已经认识许多早已消失的不同类群，比如恐龙、三叶虫和许多怪异而神奇的寒武纪动物，还有人亚科的另外十几种成员。作用于大量基因开关的基因工具包通过强大的组合力量，造就了这种级别的复杂性和多样性。

## 关于创新特征

**现有基因和结构为创新提供了手段。**

从前面各章可以看到，昆虫、翼龙、鸟类或蝙蝠并没有进化出“翅”基因（详见第 7 章），蝴蝶没有进化出“眼斑”基因（详见第 8 章），人类没有进化出“双足直立行走”或“说话能力”的基因（详见第 10 章）。相反，所有这些类群体现的各种创新，从本质上看不外乎改造现有结构以及教老基因学会新技巧。

基因层面的创新，关键在于工具包基因的多功能性。工具包基因这种多功能性是通过一组组的基因开关作用在不同的时间与位置实现的。通过这种方式，一种蛋白质（比如 Dll 蛋白）可以在一个时间助力附肢形成，又在另一个时间促进眼斑发育。每次制造的蛋白质完全一样，之所以可以发挥不同的功能，就是因为它在各种不同的进程框架下作用于不同的开关。

从解剖结构层面看，多功能性和冗余性是理解动物身体各结构进化转变的关键。这一点在节肢动物身上尤为明显，在这里，一项功能一旦发生改变，比如只要将捕食功能转交给一组附肢里的其中一个就可以解放其他的附肢，使它们得以特化，用作行走、游泳或其他活动。通过类似的方式，水生节肢动物祖先的鳃分支经各种改造而分别变成了书鳃、书肺、管状气管、吐丝器和翅。

进化发育生物学揭示出被掩盖的形态或单看外观难以准确判断的形态之间存在连续性。通过揭示不同结构在发育上存在的相似性，进化发育生物学提出了一种全新的证据，远比单纯的形态学要客观得多。这些关于进化的深刻见解巩固了达尔文原创思想的一些方面，后者有些人觉得最难把握。

关于这些身体结构的来龙去脉也生动说明了“无尽之形”是怎样通过创造与扩张的循环不断进化出来的。新的结构使新的生活方式成为可能。昆虫的翅引发了蜻蜓和蜉蝣、蝴蝶和甲虫、跳蚤和飞蝇等物种的进化。同时，改造翅或身体构造的创新与扩张循环，比如飞蛾与蝴蝶的鳞片着色系统、鞘翅目甲虫的坚硬外壳、飞蝇具平衡作用的精致后翅，也反过来催化了这些类群的扩张。

为什么现有的身体部件和基因是更频繁的创新途径？这是概率问题。更有机会看到的是现有结构和基因发生变异，而不是全新的结构或基因出现，如此一来现有结构和基因的变异也更有机会由自然选择充分作用。正如弗朗索瓦·雅各布令人信服的解释，大自然的工作方式是担当修补匠，充分利用可用材料，并没有刻意成为工程师。进化出翅这件事根本不是从零开始打草稿做设计，而是通过改造鳃分支（比如昆虫）或前肢（多达 3 次）达成。进化的趋势反映出最可用的路径，因此也反映出最常用的路径。

进化发育生物学揭示了进化不仅可以并且确实在结构和生长模式以及单个基因的层面进行自我重复。如果进化采取了最有可能的路径，做法是用上现有的结构和基因，那么，一旦面临相似的选择压力，不同的物种就有可能遵循同一种路径做适应性改变。我们在甲壳纲动物摄食附肢的进化（详见第 6 章）、刺鱼的腹刺减少（详见第 7 章）以及其他一些脊椎动物出现肢退化现象等案例中都能看到这一点。我们还看到，黑化的皮毛或羽毛图案可能是由不同物种的同一基因发生突变引起的，这种突变甚至发生在这一基因的同一位置（详见第 9 章）。

一直有人在理解随机突变对进化进程的作用时感到吃力，这些自我重复的进化例子直接解答了他们的疑惑。比如，有些人觉得很难想象，“一种随机进程”怎么可以产生创新特征和复杂性。关键的区别在于，尽管通过突变产生遗传变异是一个完全随机的进程，但要理清这些变异，确定哪些可以持续存在、哪些必须丢弃，却是由一个强大的、选择性的非随机进程决定的。一个动物基因组里可能包含数亿或数十亿个碱基对，所有这些碱基对遭受随机复制错误或物理损伤影响而产生突变的可能性是相同的。但在所有可能产生的突变里，只有很小的一部分能以可行方式改变一种哺乳动物的皮毛或减少一种刺鱼的棘刺，同时不会造成灾难性的附带损害。对于数量巨大的动物种群，在漫漫时间长河里发生这类突变就是一个概率问题。等到这些突变当真发生，并且它们影响的性状获得肯定的选择，就会促使这些突变日复一日、一点一点地在整个种群扩散开来。

雅克·莫诺在他那颇具里程碑意义的著作《偶然性和必然性》的标题里，令人信服地描述了进化历程中随机性与选择的相互作用，这里借用了古希腊哲学家德谟克里特（Democritus）[①]的名言："宇宙中存在的一切都是偶然性与必然性的产物。"进化确实是一个偶然性问题，但在突变的随机性里，有一些数字和组合更符合生态要求，它们也会反复出现和被选择。

我们还在岩小囊鼠身上看到，同一物种的动物可以经由不同的路径达成相似的解决方案。而且，虽然翼龙、鸟类和蝙蝠不约而同地从前肢进化出翅膀，但它们各自采用的进化方式存在根本差别。相似的生态要求和机会选择了相似的适应性改变，但发育上的解决方案有时还是会在细节层面各有不同。

通过揭示变异背后的遗传与发育机制，进化发育生物学让我们能比较和对比不同类群的进化路径。蝴蝶的贝氏拟态、飞蛾的黑化，甚至雀喙大小和形状的进化，类似这样一些一度长期悬而未决的谜团，现在我们已经得到答案，应该很快就能详细解释自然选择的许多经典案例，深入了解变异到底是怎样产生并获得选择的。

## 关于微观进化与宏观进化

**物种之道同样适用于动物界。**

现代综合进化论的构造者断言，在种群与物种的个体层面运作的机制足以解

①原子论创始人。——译者注

释在漫长地质时期演变形成的巨大差异，从而将进化相关各学科联合起来。但假如真像一些人在 20 世纪不同时期提出的说法，形态改变是由非常罕见的特殊突变造成，比如单以某种特定方式改变一种同源基因，这一断言就不能成立。自现代综合进化论出现以来的半个多世纪里，“满怀希望的怪物”这一说法就像幽灵一样挥之不去，最终还是进化发育生物学用事实一举击败了它。

同源异形基因及其调控的性状的进化一直很重要，但其发生方式跟通常在种群里出现的各种突变和变异没什么区别。Hox 基因和其他工具包基因在超过 5 亿年的漫长岁月里得以一路保留至今，这一事实生动说明了一般而言保留这些蛋白质的压力跟保留任一类别的分子同样巨大。相反，从主控 Hox 基因的开关到不起眼的色素沉着酶基因的开关，往往就是各种开关的进化式小修小补构成了形态进化的基础。在那无比漫长的时间跨度上，工具包的连续性与身体各结构的连续性表明，我们用不着求助非常罕见或特殊的机制就能解释大规模的改变。从小规模变异到大规模进化这一外推已经被证明是合理的。按照进化论的说法，进化发育生物学揭示出宏观进化就是放大了的微观进化的产物。

## 进化发育生物学与进化论教学

不太了解历史，
不太了解生物学，
不太了解科学书籍。

——萨姆·库克（Sam Cooke）、赫布·阿尔珀特（Herb Alpert）与卢·阿德勒（Lou Adler），《精彩世界》（*Wonderful World*）

进化论教学面临两个挑战。第一，它是一个庞大且不断发展的主题，涵盖了多个学科。第二，尤以美国为主，一些宗教派别（有神论）极力反对。接下来我先讨论进化论可以为提升普通公众的认知带来怎样的新贡献，再讨论遭遇反对的问题。

总体而言，美国公众对进化论的普遍认知真是糟透了。比如，早年曾有机构对 21 个国家或地区的民众做过一项环境与科学常识调查，结果显示美国的受访者在人类进化这一问题上毫无疑问地排在倒数第一。其中一个问题是，“在你看来，以下说法有多正确？人类是从更早期的动物进化而来的”。该调查采用四点量表，回答 1 表示绝对正确，回答 2 表示可能正确，回答 3 表示可能不正确，回答 4 表示绝对错误，各国受访者的得分情况如表 11-1 所示：

**表 11-1　关于环境与科学常识的调查**

| 排名 | 国家或地区 | 平均值 |
|---|---|---|
| 1 | 东德 | 1.86 |
| 2 | 日本 | 1.89 |
| 3 | 捷克 | 2.04 |
| 4 | 西德 | 2.08 |
| 5 | 英国 | 2.18 |
| 6 | 保加利亚 | 2.28 |
| 7 | 挪威 | 2.43 |
| 8.5 | 加拿大 | 2.45 |
| 8.5 | 西班牙 | 2.45 |
| 10 | 匈牙利 | 2.50 |
| 11.5 | 意大利 | 2.51 |
| 11.5 | 斯洛文尼亚 | 2.51 |
| 13 | 新西兰 | 2.54 |
| 14 | 以色列 | 2.66 |
| 15 | 荷兰 | 2.67 |
| 16 | 爱尔兰 | 2.70 |
| 17 | 菲律宾 | 2.75 |
| 18 | 俄罗斯 | 2.80 |
| 19 | 北爱尔兰 | 2.99 |
| 20 | 波兰 | 3.06 |
| 21 | 美国 | 3.22 |

从积极的角度来看，美国公众对这方面的认知还有很大的提升空间。

1996 年，美国国家科学委员会（National Science Board）做过一项调查，有一个问题是“最早的人类与恐龙生活在同一时期”这一说法是否属实，总共有 52% 的美国受访者要么认为属实（32%），要么回答不知道（20%）。这一结果相当于给动画片《摩登原始人》（*The Flintstones*）打 2 分，给达尔文、托马斯·赫胥黎以及世界上最富有、最强大且科学技术最发达的国家的教育系统打 0 分。

我认为，这种无知就跟美国人不知道美国是怎样建成的、美国宪法都有什么内容或西方文明的根源在哪里一样令人感到愤慨。这些知识属于基本文化常识，在多个年级都有讲授和反复讨论。生物学和地球科学也是如此，并且进化论必须为这些学科提供基本框架。但统计数据令人震惊。

当下的局面很糟糕，加上其他一些体现科学与数学基本素养的数据，可能足够让多个部门共同担责。关于科学盲区这一普遍问题及其成因已经有很多著作在讨论，也有很多机构在研究，我并不打算在这里加入指责的行列。唯一的出路在教育。我更愿意聚焦探讨生物学家和他们在教学专业各层次的盟友可以做点什么来改善这种情况，尤以进化论为主。

首先，我们必须坚持，进化论不仅仅是生物学的一个课题，它还是整个生物学学科的基础。不谈进化的生物学就像不谈引力的物理学一样。单凭“测量”这一种做法我们不可能解释宇宙的结构、行星和月球的轨道或潮汐现象，同理，我们也不能设想，只要把成千上万个小事实汇编成册就能解释人类的生物学或地球的生物多样性。所有的概述课程和课本都必须将进化作为贯穿始终的核心主题。

其次，关于具体要教的科学内容，进化发育生物学可以贡献很多确凿的、令人信服的新内容。自现代综合进化论诞生以来，关于进化历程的说明大部分集中在微观进化机制上。数以百万计的生物学学生先后（通过群体遗传学）从他们的老师那儿听到“进化是基因频率[①]发生了变化”的观点。这是一个激动人心的主题吗？这一观点迫使我们先就基因的数学与抽象描述给出解释，不得不暂且远离蝴蝶和斑马，抑或南方古猿和尼安德特人。

但形态的进化历程才是“生命”这部大片的主要戏码，没有之一，既可以在化石记录里发现，也可以在生物物种的多样性中遇见。因此，让我们尝试在课堂上讲这个故事吧。与其说“基因频率发生了变化”，不如试试“形态的进化就是在发育环节发生了改变”。这固然是倒退回达尔文、托马斯·赫胥黎时代，那时胚胎学在所有进化论思想的发展进程中发挥核心作用。不过，用胚胎学的方法讲授进化论的优点也是多方面的。

第一，以一代之内从卵到成体的复杂性增加进程为起点，到领会这一进程发生的变化增量怎样在更漫长的时间跨度上渐渐被吸收，并由此形成越来越多样化的各种形态，这是一个小小的飞跃。

第二，我们现在对发育进程的受控方式有了非常牢靠的认识。我们有能力解释工具包蛋白怎样塑造形态，从工具包基因是所有动物共有的系统配置，说到只要改变使用工具包基因的方式就能在动物身上形成形态上的差异。“经（发育）改造的起源”这一原则变得显而易见。

第三，进化发育生物学视角在实践上还有一个巨大的优势，即它的可视化特性。我在第4章开篇引用了中国谚语“百闻不如一见”，这是正确的教学方法。若能将图像与文字结合，我们就能学到更多。我们可以向学生展示胚胎、Hox基因簇、条纹、斑点以及塑造动物形态的各种幕后神奇现象，进化论的概念很自

①种群中某特定等位基因的数目占该基因座全部等位基因总数的比率。——译者注

然地就会跟着“登场”。

这个方法还有第四个优点，就是使遗传学大大接近了古生物学提出的强有力证据。恐龙和三叶虫是生命进化的标志性产物，绝大多数人只要有机会接触到它们就会受到启发。将这些远古奇迹置于从寒武纪到现在的连续统一体，生命的历史也会因此变得更加易于感知。确实，如果每个学生都能在课堂上得到引导，有机会反复接触一些化石，世界也会变得更精彩。

让我提几个更具普遍性的建议。以自然选择为例，它通常会被描述为关乎适应性改变的“原来如此的故事”。比如雀喙因可食用食物类型发生变化而变化，飞蛾因周遭环境污染加剧而变得色泽更加暗沉，等等。但我不认为较小增量选择的力量，确切来说是经由成百上千或成千上万代积累以后呈现的力量，已经得到广泛讲授并获得普遍理解。耳熟能详的短语“适者生存”听上去更像在说角斗士比赛，当场就要见分晓，而不是由于微妙的选择力量作用在整体生存与繁殖力的微小差异之上。有利突变在种群里的扩散很容易就能模拟和说明，它强调了进化的时间维度。

最后，在大学层面，生命进化观应该和心理学 101 或西方文明课程一样被列为大学学位的基本课程。但与其要求学生背诵并重复堆积如山的可检验事实，我们更应该做的是强调进化历程的发现史、主要特征与思想，外加各种基本证据线。跟强迫学生记住分类单元的拉丁语学名相比，这么做可以更好地把知识教给公众，也让教师做好准备。我们正在做的就像不断向孩子们投去小石子，把他们彻底搞烦了，错失真正的重点。进化历程的精彩大片将重新引起学生的兴趣。

要提高进化论基本素养，除了教学内容和教学方法，还有另一大障碍，我将在下文进行回应。不过，哪怕不存在下面这种积极的对抗，我们也可以做得更好，而且我们必须做得更好。

## 进化论和神创论之争

如果你对一件事深信不疑，你就必须摆出立场，否则你就不配获得成功。

——歌德，《神殿入口》(*Propylaea*)[①]杂志

在《物种起源》第一版和第二版出版之间那段短暂的时间，达尔文决定在其著名的结尾段落插入三个英文单词，即“by the Creator”（经由造物主），将那个分句改写为“一开始经由造物主注入一种或几种形态的物质……”后来在给植物学家 J. D. 胡克（J. D. Hooker）的一封信里提到，他对自己这一做法感到后悔：“但我早就后悔自己会屈从公众意见，使用《摩西五经》(*Pentateuch*)的神创论术语，当时我真正想说的是这‘看上去像是’经由某种完全未知的进程而来。”

达尔文插入这几个单词的本意是要安抚批评者，使自己提出的进化论主张变得易于接受。这显然助长了人们对达尔文真实宗教观的猜测。对一些人来说，达尔文伸出的这个橄榄枝，加上达尔文从不轻言自己的信仰（只在私人通信和未发表的笔记中有过某种程度的透露），就是进化论和宗教达成调和与通融的基础。

大量的科学家和广泛谱系的宗教派别找到了这种和解。举个例子，1996 年，教皇约翰·保罗二世（John Paul Ⅱ）重申了天主教的立场，即人的身体是按自然进程进化的。他还指出，进化的证据已经大大增加，以至于它已经“不仅仅是一种假说”。尽管这位教皇的支持比他的各位前任来得更有力，却也跟天主教会的长期立场呼应。比如我在托莱多教会学校圣弗朗西斯·德·萨勒斯高中（St.

①雅典卫城装饰性入口。1798年，歌德以此为名创办杂志，持续了两年。——译者注

Francis de Sales High School）读书的时候就是从领受圣职的老师那儿第一次听说达尔文与进化论。作为世界上最大的宗教，基督教过往融合科学进步的速度是出了名的迟缓，教皇这次声明可能最终标志着对进化论的长期抗争出现转折点。尽管一些教派已经明确接受了生物进化的现实，但也还是按字面意思阅读《圣经》的原教旨主义者，即“神创论者”继续坚决反对进化论，积极推动立法阻挠公立学校讲授进化论。

歌德还说过，“没什么比主动的无知更糟糕”，科学与教育界必须扭转那些迷途者的行动计划。我想在这里清楚表明我的立场。我相信，要讲好进化与科学，最佳做法就是推广科学方法和科学知识，而不是攻击宗教观点。后者是一场适得其反的徒劳战斗。但我也相信，正如许多教派已经得出的结论，维护宗教的最佳做法在于促进和发展各自的教义和神学，而不是攻击科学，那绝对是一种失败策略。

约翰·邓普顿基金会（John Templeton Foundation）是一个对神学与科学之间的关系感兴趣的组织，其执行董事查尔斯·哈珀（Charles Harper）最近在科学期刊《自然》上写道：

> 随着科学知识不断增长，基于科学理解上的现存‘空白’而转投宗教的热情不可避免地会随这些空白一一得到填补而减退。抗拒进化学说的基督徒终有一天必须认真面对。

哈珀说得对。在这个得到前所未有的能力加持而开始深入理解胚胎、基因和基因组的时代，结合化石记录持续拓展，那些空白正在快速消失。

对这些差距抱有错误信念的一个例子来自生物化学家迈克尔·贝希（Michael Behe），他在1996年出版了《达尔文的黑匣子》（*Darwin's Black Box*）一书。作为一名公认的科学家，贝希这部著作被神创论者视为天赐宝物。贝希的主要主张，即活细胞是一种具有不可简化复杂性的实体，是空洞的。贝希断言生物学将在简化复杂现象为分子进程时遇到困难。他加入了一长串预言家的行列，他们的悲观预测在生命科学的持续革命中灰飞烟灭。

美国斯沃斯莫尔学院（Swarthmore College）的生物学家、发育生物学主要大学课本作者、胚胎学与进化生物学的杰出历史学家斯科特·吉尔伯特（Scott Gilbert）这样总结贝希的立场及其失败之处：

> 对神创论者来说，现代综合进化论与遗传学无法解释鱼怎样变成两栖动物、爬行动物怎样变成哺乳动物，抑或是类人猿怎样变成人类……贝希将这种难以通过遗传学解释新种类创造的现象归结为“达尔文的黑匣子”。当匣子打开时，他以为可以找到神的证据。但在达尔文的黑匣子里只有另一种遗传学：发育遗传学。

过去这二三十年来，发育遗传学一直在为复杂性的形成与多样性的演变提供新的视角。神创论者拒绝看到这一点。至于如此明显的证据遭到忽视或驳回，我实在无法理解。但我确实看懂了那些拿着一手要输的牌但又拒绝接受这一事实的人会有怎样孤注一掷的政治与修辞策略。具体到神创论者的案例，这就意味着要断言：

> 进化论只是一种理论而已，还有其他理论（神创论或智能设计论），公平起见，也应该得到平等对待。
>
> 或者，进化论是科学家长期维持的骗局，或根本就是拙劣的学说。例如，美国圣经科学协会（Bible-Science Association）理事伊恩·泰勒（Ian Taylor）在评论上述教皇声明时说：“随教皇声明而来的是罗马天主教会朝接受有史以来强加给人类的最大欺骗之一迈出了一步……诚实、专业的科学家，例如，迈克尔·贝希博士，已经非常有力地指出，举个例子，活细胞难以简化的复杂性使偶然性驱动的进化变得绝无可能。”
>
> 或者，科学家就进化的全部机制或不同力量的相对影响等问题经常出现意见分歧或不确定，又或是还不清楚生命史的所有细节，这种不确定性

就是怀疑的证据，因此进化论是一种虚弱的理论，不应安排在课堂讲授。

进化论是由不诚实的科学家长期维持的骗局？激动的神创论者似乎忘记了以下这一点，而我认为这应该属于他们奉行的指导原则之一：不可作假证陷害邻人。

与神创论者的持续斗争可能看上去让人感到恼火，但科学界现在有了更好的组织，做了更充分的准备，不过，针对无知的战斗并未取胜。相反，美国作家亨利·戴维·梭罗（Henry David Thoreau）早就提醒过我们，这将是一场漫长苦旅：

> 你这辈子恐怕很难让一个人信服他犯了一个错误，多数情况下你只能满足于“科学上的进展堪称举步维艰”这一反思。如果对方现在不信服，那么他的孙儿们可能会的。地质学家告诉我们，要花 100 年才能证明化石是生命遗迹，但要证明它们与《圣经》所说的诺亚大洪水（Noachian deluge）没有关系，还得再花 150 年。

推进进化论思想的努力并不仅仅发生在科学和科学家的圈子。比如乔治敦大学的约翰·霍特（John Haught）等神学家也写过大量的文章，讨论将科学的进化论观点纳入神学现代结构的必要性。霍特认为，支持进化论的科学证据是毋庸置疑的，他指出，由于《圣经》的文本“是在前科学时代写成的，因此它的主要含义没有办法用 20 世纪的科学习语展开”（以符合神创论的要求）。他解释说：

> 许多神学家仍然无法面对事实，即我们正处于达尔文之后而不是之前的世界，而这是一个不断进化的宇宙，看上去跟很久以前大多数宗教思想诞生和开始发展时期的世界有了很大的区别。因此，若要在当下的智识氛围里生存，神学就有必要从进化论角度做出新的表述。当我们在后达尔文时代思考上帝时，我们的想法不可能跟古罗马基督教哲学家奥古斯丁（Augustine）、中世纪基督教神学家托马斯·阿奎那（Tommaso

d'Aquino）或我们的祖父母和父母完全相同。今天，我们要从进化论角度重塑神学的全部。

霍特一直致力于在诸如受苦、自由与神创等神学议题上克服进化论的影响。达尔文也为这些议题绞尽了脑汁。霍特提出这样一种观点：不带进化的“神创”只会产生一个缺乏生气的贫瘠世界，全然没有“进化已然造就的戏剧性、多样性、冒险性和深刻美感。这个世界可能带有某种无精打采的和谐，但根本不会有进化实际上已经在几十亿年的历程中不断带来的创新、差异、危险、动荡与恢宏”。

这当然不是传统神学。但霍特给出的信息是合乎逻辑的：神学必须发展，否则就会变得无关紧要。一旦教会的主日学校以积极方式讨论化石、基因与胚胎，我们就知道这是一场全面革命。

## 无尽之形最濒危

更广泛地采用进化论视角的利害关系不仅限于哲学讨论。要用真正智慧的方式履行我们对自己所在星球的职责，为人类社会好好保全它，关键就在于正确认识我们这个星球从现代到远古的历史。

随着智人这一分支进化出现，我们的文化与技术已经并继续对生物多样性产生巨大的冲击。据估计，在农业开始以前，人口的规模可能在 1 000 万左右。到公元 1 年，人口达 3 亿，之后随着工业革命开始而急速增加，在 1800 年左右达到 10 亿。我们现在是 60 亿，预计在未来 50 年将攀升到 90 亿，也就是说，只用 1 万年时间就增长了 1 000 倍。[①]

---

①原书出版时间为2005年，目前世界总人口约80亿。——编者注

甚至在最近一次人口增长潮发生以前，人类及其文化就已经在人类定居的每个地方产生了戏剧性的效果。就我自己而言，关于人类这一物种造成的影响，最深刻的例子之一，发生在地球上我最喜欢的地方：澳大利亚北领地的卡卡杜国家公园（Kakadu National Park）。卡卡杜不仅拥有壮观的动植物多样性，还有人类连续栖居时间最长的证明。澳大利亚原住民在这里留下的岩画是全球最古老的岩画系列之一。在公园北部的乌比尔（Ubirr）就有多个天然画廊，里面有些画面可能出自距今 4 万～2 万年前，还有一些是较晚近时期的作品。比如主画廊顶部西面高处画了一头袋狼（见图 11-1），这是一种肉食性有袋目动物，也被称为范·迪门（Van Diemen）[①] 陆虎或塔斯马尼亚狼（Tasmanian wolf）。这种动物在很久以前就从北领地乃至澳大利亚本土全面消失，现在已经灭绝，最后一头来自塔斯马尼亚的袋狼于 1936 年在动物园里死去。在澳大利亚本土，很可能是跟随原住民移居当地的一种澳洲小野犬把袋狼逼上了绝路。依然留在卡卡杜的岩画提醒着我们，在那片非凡之地曾经有过怎样生生不息的一切，既有野生生物，也有人类成员。

**图 11-1　已灭绝的袋狼**

注：左图为原住民岩画，见于澳大利亚北领地阿纳姆地（Arnhem Land）西部，画面上可以看到一只袋狼，这种带条纹的有袋类肉食动物早已在这片大陆灭绝 。右图为塔斯马尼亚狼（袋狼）的速写，它们直到 20 世纪早期依然存活于塔斯马尼亚岛上。

资料来源：Dr. Christopher Chippendale, Cambridge University.

①荷兰航海家，最早发现塔斯曼岛的欧洲人，当地一度以他的姓氏命名。——译者注

相似的故事在世界各地的人类定居地上演。法国的洞穴岩画描绘了已灭绝的野牛和犀牛，新西兰不会飞的大型恐鸟在被毛利人消灭之后留下的唯一遗迹就是成堆的骨头，毛里求斯岛的渡渡鸟被水手们消灭之后留下的唯一记录就是一批速写（见图 11-2），最后的巨型地懒和长毛猛犸象死在古印第安人手下。回想达尔文出生之际，斑驴依然属于斑马四个在世物种或亚种之一（见图 11-3），等到他 73 岁去世时，这一物种已经在野外灭绝。

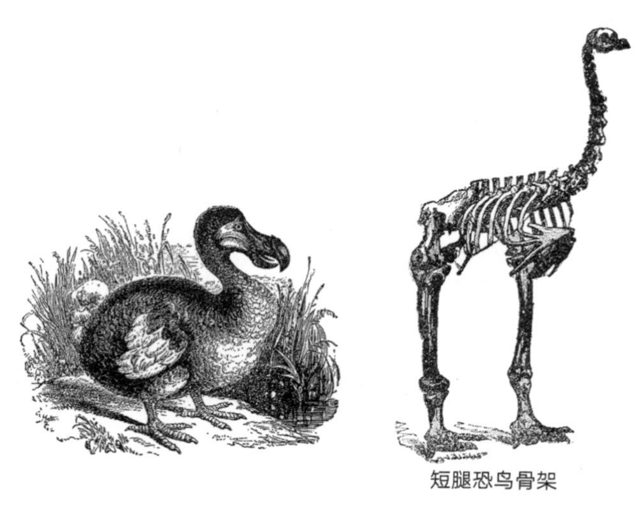


**图 11-2 渡渡鸟与大型恐鸟**

注：分别在毛里求斯与新西兰诸岛遭人类灭绝。

但是，跟眼下涌动的动物灭绝趋势相比，这些个体物种的消失事件可以说是相形见绌。大规模的生态环境破坏，水土质量退化，空气污染，还有热带雨林与珊瑚礁消失，正对全球生物多样性造成严重破坏。亚马孙河流域的蝴蝶和鹦鹉再也不像贝茨当年初见时那样千姿百态、难以计数，假如达尔文有机会重返加拉帕戈斯群岛，他也会发现这些岛屿的象征——从加拉帕戈斯象龟到大型地雀和尖嘴地雀，已经在部分岛屿灭绝。面对来自人类的无情攻击，大自然的形态再也谈不上无穷无尽，最美的存在如今也变得面目全非。

**图 11-3　斑驴**

注：斑驴这一斑马物种或亚种在 19 世纪后期灭绝。

我还不至于天真到以为只要有了科学就能解决我们这个世界的所有问题，但对科学的无知或否认科学事实的态度正给人类招来灭顶之灾。回想一下生物学第一次革命前夕托马斯·赫胥黎向英国皇家科学院发表的演讲。他问听众，他们的祖国英国在当时业已展开的那场宏伟而崇高的思想改革中将起什么作用：

> 英国会在这一进程中承担自己的使命吗？这要取决于各位，广大公众，怎样对待科学。请珍惜她、崇敬她，忠实而全面地遵循她的方法，运用在人类思想的所有分支；这个民族的未来就一定会比过去更伟大。如果听从了那些想要封杀并粉碎她的人，我害怕我们的孩子就要目睹英国的光辉像亚瑟王一样消失在迷雾里。

现在我们即将失去的不是英国或美国的光辉，而是大自然的光辉。多么可悲的讽刺，我们对生物学了解得越多，就越发现我们可以从中学习和享受的东西正急剧变得越来越少。这个全新的世纪要在历史上留下怎样的一笔，是珍惜和保护大自然，还是眼睁睁看着蝴蝶、斑马和更多的物种消失，像已经成为传说的袋狼、恐鸟和渡渡鸟一样？

# 致 谢

恰如所有作者都希望的那样，本书诚属爱的作品。但我肯定比大多数作者还要幸运，因为我有妻子杰米·卡罗尔（Jamie Carroll）帮忙，她不仅促成了这次写作，还大大减轻了我的写作负担。她的批判性眼光和鼓励促成了本书诞生，她的辛勤工作和艺术天赋浇灌它茁壮成长，她还耐心忍受了我无数次提问，全是“亲爱的，你对这句话、这段落、这章节或这标题、这图片等有什么看法”，而她诚恳的回答也帮本书读者免去许多困惑和苦恼。没有谁不奢望在创作过程中拥有慷慨的同伴、温暖的家园或是强烈的幽默感，以帮助克服不可避免的各种波折。

本书的创作得到了我可爱的家庭提供的多方面支持，他们对自然史满怀热爱，在各种丛林、沼泽、泥泞河流以及无数的博物馆里快乐徜徉。我的儿子威尔和帕特里克帮忙在野外寻找化石，在博物馆寻找关键动物，我的继子乔希·克莱斯（Josh Klaiss）创作了好几张重要图表。

感谢我的妹妹南希，我们一起研究和讨论达尔文、托马斯·赫胥黎、莱尔及其同时代者的生平将近10年，一直问询总体情况，与我就人类进化问题有过多番讨论；感谢我的兄弟彼得和吉姆，给了我极大的鼓励。

还要感谢我的母亲乔娜·卡罗尔（Joan Carroll）和已故父亲J.罗伯特·卡罗尔（J. Robert Carroll），他们鼓励每个孩子钻研自己感兴趣的任何题目，哪怕这意味着要在家里养蛇也在所不惜。

本书包含的图表是一项大工程。原创插画和图表分别由杰米、乔希和利安娜·奥尔兹（Leanne Olds）创作。利安娜还创作或重新绘制了大部分源自别处的素材。史蒂夫·帕多克（Steve Paddock）是我们研究团队的长期成员，他编排了彩版的图表。感激大家为每个画面付出的心血，我对成果感到非常兴奋。

还有许多图表是由世界各地的同行提供的，是他们实地或实验室研究的成果。爱因斯坦在《我的世界观》（*The World As I See It*）中的这段话非常接近我的心境：

> 我每天都会提醒自己上百遍，我的内在和外在生活都建立于他人劳动之上，他们可能还活着，也可能已故，因此我必须努力工作，希望我的付出与所得相匹配。
>
> ——选自《思想与见解》（*Ideas and Opinoins*）

我要向一个比爱因斯坦辛勤耕耘的领域还要更大、更多样化的社区表达深深的感激之情。因为有了包括古生物学家、遗传学家、胚胎学家和进化生物学家在内的庞大生物学家群体从个人到集体的努力，有机会写这本书变成我的一桩幸事。尽管有些巨人早于我的时代，但书中讨论的大多数发现都属于当代。我要感谢为本书提供数据的大量同事，感谢他们多年来分享自己的专业知识和想法。

这是一份了不起的工作。无论在哪里都会遇到才华与热情兼备的同行，他们秉持的工作信念与准则能让大多数其他行业感到羞愧。我尤其要感谢过去 20 多年里和我共事的合作者。许多学生、博士后和技术人员用他们的创造力和奉献精神推动我的实验室取得成功，我从他们身上学到的东西远比我教给他们的多得多。我在选择研究领域的时候也享有非比寻常的自由，这要感谢霍华德·休斯医学研究所（Howard Hughes Medical Institute）、美国国家科学基金会和密尔沃基基金会（Milwaukee Foudation）肖氏学者计划（Shaw Scholars program）的慷慨资助。

我有好几位杰出导师，他们在我的求学路上给了我自由和鼓励，是我成长为科学家的催化剂，在这本书里就能看到他们播下或浇灌的一些种子已经开出花朵。感谢来自圣路易斯华盛顿大学的西蒙·西尔弗（Simon Silver）、欧文·塞克斯顿（Owen Sexton）和詹姆斯·琼斯（James Jones），来自贝斯以色列女执事医院（Beth Israel Deaconess Hospital）的威廉·德沃尔夫（William DeWolfe）博士，我的博士导师 B. 戴维·斯托拉（B. David Stollar）博士，来自塔夫茨大学（Tufts University）的卡洛斯·索南夏因（Carlos Sonnenschein）与安娜·索托（Ana Soto），以及我的博士后导师、现任职于斯坦福大学的马修·斯科特（Matthew Scott）博士，感谢他们带给我的大好机会和智慧分享。

最后，我要感谢我在出版界的两位新导师，没有他们，整个项目就不可能孕育和成熟。我的经纪人、“四分钟演说家”拉斯·盖伦（Russ Galen）提供了极好的建议、精到的批评和巨大的鼓励。我的编辑杰克·雷普克（Jack Repcheck）不仅以他对进化发育生物学的高昂热情以及认定这属于必讲故事的信念启动了这个项目，还在写作全程协助我理顺热切的语言。

ENDLESS
FORMS MOST
BEAUTIFUL

# 延伸阅读

本书讨论的发现与想法是许多科学家的研究成果。考虑到这是一本面向大众的科普作品，我没有在正文列出每一项工作的每一位作者，也没有用脚注提及具体的论文，而是在这里附上参考书目与论文摘要，就具体课题的延伸阅读附上一些建议。多数情况下都会略去学报论文标题，此处提供的信息足够让有兴趣的读者找到原文。

## 引言　蝴蝶与斑马，动物形态变化的奥秘

关于达尔文、贝茨和华莱士的旅行，他们的灵感和记述可以在他们的自传以及大量的传记资料里看到。我主要参考达尔文的 *Voyage of the Beagle*、贝茨的 *Naturalist on the River Amazons*（London: John Murray, 1863）。关于这两位学者的主要经历，还参考了 A. Shoumatoff 给贝茨著作的 1988 年版写的导论（pp vii-xviii, Penguin Nature Library, 1988）。A. Desmond and J. Moore, *Darwin: The Life of a Tormented Evolutionist*（London: Michael Joseph, 1991）是了解达尔文一生深刻见解与事实的丰富来源。大部分传记都详细记述了贝茨与华莱士两人的友谊以及这份友谊怎样将他们带到亚马孙的故事。

很多作者都讨论过科学的审美维度。其中最突出的要数 Robert Root-Bernstein，我强烈推荐他非同凡响的佳作 *Discovering: Inventing and Solving Problems at the Frontiers of Scientific Knowledge*（Cambridge, Mass.: Harvard University Press, 1989）；"The Sciences And Arts Share a Common Creative Aesthetic," in *The Elusive Synthesis: Aesthetics and Science*，ed. A. Tauber, pp. 49-82（Netherlands: Kluwer Academic Publishers, 1996）。该书还有两篇文章值得在此分享，其中一位作者斯科特·吉尔伯特是发育生物学家、科学史学家，他与 Marion Taber 合作 "Looking at embryos: the visual and conceptual aesthetics of emerging form" 一文，展现出胚胎学的美学一面（pp. 125-51）。另一篇的作者是胚胎学家 Paul Weiss，他的文章先在学报上发表，题为 "Beauty and the Beast: Life and the Rule of Order", *Scientific Monthly* 81（1955）: 286-99，同样引人注目。

胚胎学在达尔文提出进化论思想的进程中发挥了核心作用，这一点在《物种起源》一书中显而易见。他在信里也多次提及，参见 F. Darwin, ed., *The Life and Letters of Charles Darwin*。托马斯·赫胥黎在他的著作《人类在自然界的位置》中也将胚胎和发育作为重要的进化证据进行了讨论。

现代综合论的主要内容在 Ronald A. Fisher 关于群体遗传学及进化的多部著作中均有讨论，包括 *The Genetical Theory of Natural* Selection（Oxford: Clarendon Press, 1930），另有 J. B. S. Haldane, *The Causes of Evolution*（London: Longman, Green 1932），与 Theodosius Dobzhansky, *Genetics and the Origin of Species*（New York: Columbia University Press, 1937）；关于分类学的著作，Ernst Mayr, *Systematics and the Origin of Species*（New York: Columbia University Press, 1942）；关于古生物学的著作，George Gaylord Simpson, *Tempo and Mode in Evolution*（New York: Columbia University Press, 1944）。朱利安·赫胥黎在他的 *Evolution: The Modern Synthesis*（London: Allen and Unwin, 1942）一书中均将遗传学、分类学、古生物学与植物学知识融为一体。

很多作者都分析过现代综合论的影响与不足，其中以斯蒂芬·杰伊·古尔德和奈尔斯·埃尔德雷奇最为突出。他们各自的著作以及两人的合著包括: N. Eldredge and S. J. Gould, "Punctuated Equilibria: An Alternative to Phyletic Gradualism" in *Models in Paleobiology*, ed. T. J. M. Schopf, pp. 82-115（San Francisco: Freeman, Cooper, 1972）; S. J. Gould and N. Eldredge, "Punctuated Equilibrium Comes of Age," *Nature* 366 (1993): 223-

27; N. Eldredge, *Unfinished Synthesis: Biological Hierarchies and Modern Evolutionary Thought*（Oxford: Oxford University Press，1986）; S. J. Gould, *The Structure of Evolutionary Theory*（Cambridge, Mass.: Harvard University Press, 2002）。古尔德第一次对胚胎学与进化之间的关系进行分析，参见他的标志性作品 *Ontogeny and Phylogeny*（Cambridge, Mass.: Belknap Press, 1977）。

比古尔德再早一个世纪，鲁德亚德·吉卜林就出版了 *Just So Stories*（New York: Doubleday, 1902）。网上可以找到这些故事的多个版本。

供生物学专家与学生使用的一系列著作记载了进化发育生物学的诞生过程。第一本就是 Rudy A. Raff and Thomas C. Kaufman, *Embryos, Genes, and Evolution: The developmental-genetic basis of evolutionary change*（New York: Macmillan, 1983），为后续数十年引出丰硕研究成果的许多问题与方向做了铺垫。较近期的书籍包括 R. A. Raff, *The Shape of Life*（Chicago: The University of Chicago Press, 1996）; J. Gerhart and M. Kirschner, *Cells, Embryos, and Evolution*（Medford, Mass.: Blackwell Science, 1997）; E. H. Davidson, *Genomic Regulatory Systems: Development and Evolution*（San Diego: Academic Press, 2001）; A. Wilkins, *The Evolution of Developmental Pathways*（Sunderland, Mass.: Sinauer Associates, 2001）；以及我和我之前两位学生 Jen Grenier 和 Scott Weatherbee 合著的教科书：*From DNA to Diversity: Molecular Genetics and the Evolution of Animal Design*, 2nd ed.（Medford, Mass.: Blackwell Science, 2005）。

## 第 1 章　动物构造的现代形态与古老设计

Mark Renz, *Fossiling in Florida: A Guide for Diggers and Divers*（Gainesville: University Press of Florida, 1999）对佛罗里达州化石动物群做了精彩介绍，包括如何找到这些化石。Mark 组织找化石的郊游活动，我很感谢他教我和我的家人在佛罗里达州的河里找化石，还帮我们辨认找到的各种宝贝。

关于结构的模块化与序列重复性的想法是借鉴 W. Bateson, *Materials for the Study of Variation*（London: Macmillan, 1894）一书发展而来的。威利斯顿定律的解释参见 S. W.

Williston, *Water Reptiles of the Past and Present*（Chicago: University of Chicago Press, 1914）。关于模块化、同源性以及系列同源性等概念及其重要性，较近期文章可参见 G. P. Wagner, *American Zoologist* 36（1996）: 36-43; G. P. Wagner, *Evolution* 43（1989）: 1157-71。

## 第 2 章　突变体与主控基因

发现环巴胺以及加州藜芦与独眼畸形诱导之间关联的经过，参见 R. F. Keeler and W. Binns, *Teratology* 1（1968）: 5-10。

研究蝾螈或青蛙胚胎以及小鸡四肢上的组织者作用的经典实验，在任何一本现代版发育生物学教科书中都能找到。这里列出两本：Scott F. Gilbert, *Developmental Biology*, 7th ed.（Sunderland, Mass.: Sinauer Associates, 2003）; L. Wolpert et al., *Principles of Development*, 2nd ed.（Oxford: Oxford University Press，2002）。H. Spemann 与他的学生 Hide Mangold 合作的实验参见 H. Spemann, *Embryonic Development and Induction*（New Haven: Yale University Press, 1938）; J. W. Saunders 与 M. T. Gesseling 合作的实验，参见 R. Fleischmajer and R. E. Bilingham, eds., *Epithelial Mesenchymal Interactions*（Baltimore: Williams and Wilkins, Baltimore, 1968）, pp. 78-97。研究蝴蝶翅眼斑组织者的实验，最早见于 H. F. Nijhou, *Developmental Biology* 80（1980）: 267-74。

"满怀希望的怪物"这个说法最早见于 Richard Goldschmidt, *The Material Basis of Evolution*（New Haven: Yale University Press, 1940）。参见古尔德为该书重印版写的引言（1982，pp. viii-xlii），以及他以这一术语为题写的文章"Helpful Monsters" in *Hen's Teeth and Horse's Toes*（New York: W. W. Norton, 1983）, pp.187-98。

至于多指症的医学描述及其相关统计数据，我主要借鉴 W. F. Bakker et al., in the *Electronic Journal of Hand Surgery*（November 11, 1997）; L. G. Biesecker, *American Journal of Medical Genetics* 112（2002）: 279-283。至于在传闻逸事中提到的多指症患者案例，有关安东尼奥·阿方塞卡的信息可以通过查阅资料查到，其他历史人物的信息可参见维基百科，一个土耳其人的多指症情形也可以通过查阅资料查到。说到人类发育异常情形的各种案例，A. M. Leroi, *Mutants: On Genetic Variety and the Human Body*（New York: Viking Press, 2003）提供了一份精彩参考。

讨论同源异形突变体的文献很多。需要简短描述的读者可参见我在前面列举的发育生物学教科书以及古尔德关于“满怀希望的怪物”的文章。围绕果蝇发育过程的更详尽探讨，可参见 Peter Lawrence, *The Making of a Fly*（Cambridge, Mass.: Blackwell Science, 1992）。

## 第 3 章　从大肠杆菌到大象

分子生物学的起源，由 DNA 的结构到基因编码的破译，再到雅各布与莫诺从大肠杆菌中发现乳糖代谢控制的底层逻辑，这整个故事可参见 Horace Freeland Judson, *The Eighth Day of Creation: The Makers of the Revolution in Biology*（New York: Simon and Schuster, 1979）以及附带新序言的新版（New York: Cold Spring Harbor Laboratory Press，1996）。这是所有科学论文中写得最好、研究最透彻的作品之一。

在大多数本科水平的生物学教科书里都能找到遗传信息编码与解码过程的解释，并且在网上用关键词 DNA、RNA 和蛋白质等一搜就能看到无数图文并茂的简短提要。遗传学和分子生物学的大多数教科书都会详细讨论 β－半乳糖苷酶的合成调控，也可以参见论文汇编：J. H. Miller and W. S. Reznikoff, eds., *The Operon*（Cold Spring Harbor, N.Y.: Cold Spring Harbor Laboratory Press, 1978）。

正文引述的莫诺和雅各布的著作分别是莫诺的 *Chance and Necessity*（New York: Alfred A.Knopf, 1971）和雅各布的 *The Logic of Life*（New York: Pantheon, 1974），以及 *The Statue Within: An Autobiography*（New York: Basic Books, 1988）。雅各布近些年还写了 *Of Flies, Mice, and Men: On the Revolution in Modern Biology by One of the Scientists Who Helped Make It*（Cambridge, Mass.: Harvard University Press, 1998），介绍遗传学以及发育生物学的研究进展，里面也讲到了同源异形框的故事。

关于触角足复合物与双胸复合物遗传学的关键论文，参见 E. Lewis, *Nature* 276（1978）: 565-70; B. Wakimoto and T. Kaufman, *Developmental Biology* 81（1981）: 51-

64。同源异形框是由好几位研究人员在两个不同的实验室分别独立发现的，其中一个实验室在印第安纳大学，由Thom Kaufman带领，另一个实验室在巴塞尔大学，由沃尔特·格林带领。关于这一发现的历程，参见 Peter Lawrence, *The Making of the Fly*（Medford, Mass.: Blackwell Science, 1992）; W. Gehring, *Master Control Genes in Development and Evolution: The Homeobox Story*（New Haven: Yale University Press , 1999）; W. McGinnis, *Genetics* 137（1994）: 607-11。本章参考的一手文献包括 M. P. Scott and A. J. Weiner, *Proceedings of the National Academy of Science, USA* 81（1984）: 4115-19，and W. McGinnis et al., *Nature* 308（1984）: 428-33。关于同源异形结构域与广为人知的细菌与酵母调控蛋白的关系的报告参见 A. S. Laughon and M.P. Scott, *Nature* 310（1984）: 25-31。关于在其他动物身上发现同源异形框的报告参见 W. McGinnis et al., *Cell* 37（1984）: 403-8。乔纳森·斯莱克将同源异形框与罗塞塔石碑做类比的文章参见 *Nature* 310（1984）: 364-65。古尔德关于同源异形框重要性的一篇评论参见 *Natural History* 94（1985）:12-23。

发现 Hox 基因聚合成簇的特性以及它们沿脊椎动物体轴表达的报告参见 D. Duboule and P. Dollé, *EMBO Journal* 8（1989）: 1497-1505，and A. Graham, N. Papalapov, and Krumlauf, *Cell* 57（1989）: 367-78。

关于黑腹果蝇的无眼基因跟分别出现在小鼠与人类身上的小眼基因与无虹膜基因之间的同源性，参见 R. Quiring et al., *Science* 265（1994）: 785-789，关于无眼基因与小眼基因的产物能在果蝇其他部位诱导眼部组织生成的能力，可参见 G. Halder, P. Callaerts, and W. Gehring, *Science* 267（1994）: 1788-92。古尔德就这项工作写过评论，参见 *Natural History* 103（1994）: 12-20。Richard Dawkins 也有一篇文章生动阐释了眼睛的进化:"The Forty-Fold Path to Enlightenment", *Climbing Mount Improbable*（New York: W.W. Norton, 1996）, pp 138-197。

关于 Dll 基因及其同源物在各种附肢形成过程中的运用，参见 Panganiban et al., *Proceedings of the National Academy of Science, USA* 94（1997）: 5162-66。R. Bodmer 和 T.V. Venkatregh 合作了一篇文章讨论 tinman 与 NK-2 这两类同源异形框基因对构造果蝇与脊椎动物心脏的重要性，参见 *Developmental Genetics* 22（1998）: 181-86。

恩斯特·迈尔关于进化距离的观点可参见他的著作 *Animal Species and Evolution*（Cambridge, Mass.: Harvard University Press, 1963），p.609。古尔德的看法参见他的著作

*The Structure of Evolutionary Theory*（Cambridge, Mass.: Harvard University Press, 2002），p.1065。

关于 Nusslein-Volhard 和 Wieschaus 对塑造了果蝇胚胎模样的基因的开创性搜索工作，可参见 *Nature* 287（1980）: 795-801。多年以后黑腹果蝇的 Hedgehog 基因才被分离出来，随后不久就发现了这一基因在脊椎动物身上的同源物。Sonic hedgehog 蛋白能在小鸡四肢上模拟 ZPA 活性的报告，参见 Riddle et al., *Cell* 75（1993）: 1401-16。Sonic hedgehog 基因发生突变与人类多指症之间关系的报告，参见 Lettice et al., *Proceedings of the National Academy of Science, USA* 99（2002）: 7548-53。

Sonic hedgehog 基因发生突变对独眼畸形有诱导作用的报告，参见 C. Chiang et al., *Nature* 383（1996）: 407-13。这一观察加上某些癌症与信号通路上其他基因的变异存在关联的发现，引出了将环巴胺作为潜在化疗药物的测试，详见 J. Taipale et al., *Nature*（2000）: 1005-9 and A. E. Bale, *Nature* 406（2000）: 944-45。

## 第 4 章　制造新生命，需要组装 25 000 个基因

这一标题里的文字游戏受斯科特·吉尔伯特与马里昂·泰伯合著文章记载的逸事启发，参见 "Looking at Embryos: The Visual and Conceptual Aesthetics of Emerging Forms", in *The Elusive Synthesis: Science and Aesthetics*, ed. A. Tauberg, pp. 125-51（Netherlands: Kluwer Academic Publishers, 1996）。他们在文中提到 1992 年的 *Encyclopedia of the Mouse Genome* 带了通栏副标题 "The Complete Mouse（some assembly required）"。保罗·韦斯也是从吉尔伯特和泰伯那儿听说"把那只小鸡找回来"的逸事。

关于胚胎学与图谱制作之间的类比，参见 Stephen S. Hall, *Mapping the Next Millenium: The Discovery of New Geographics*（New York: Random House, 1992）, pp. 193-214。霍尔在书中讲述了图谱制作这一环节在科学上的关键作用，他关于遗传学、胚胎学以及基因学的论述十分到位、令人信服。

关于胚胎的发育过程，两本面向大众的科普著作也做了图文并茂的介绍，作者都是伟大的发育生物学家。其中，Lewis Wolpert, *Triumph of the Embryo*（New York: Oxford

University Press, 1991）简明扼要勾勒出构造胚胎与不同部件的关键步骤。Enrico Coen, *Art of the Genes: How Organisms Copy Themselves*（Oxford: Oxford University Press, 1998）采用一种将胚胎学与艺术紧密结合的独特视角，形象描述了各种体型式样怎样从编码到最终成形。

所有发育生物学教科书都会谈到细胞的命运图谱，包括我早先引述的书目（详见第 2 章）。关于命运图谱的目标、策略与新的方法论，有一篇精彩的较近期评议参见 J. D. W. Clarke and C. Tickle, *Nature Cell Biology* 1（1999）: E103-9。图 4–1 和图 4–2 中青蛙与果蝇的命运图谱是由包括以上文献的资料简化而成的，其中还有 Volker Hartenstein 制作并作为补充图谱集收录于 M. Bate and A. Martinez-Arias, eds., *The Development of Drosophila melanogaster*（Cold Spring Harbor, N.Y.：Cold Spring Harbor Laboratory Press, 1993）的命运图谱。

关于工具包基因表达的描述取材于我所在实验室所做的工作，许多一手文献报告、供图是由同事提供的信息，以及教科书资料。我引用的发育生物学教科书也包含了其中的大部分信息，并且十分详尽。P. Lawrence, *The Making of the Fly*（Cambridge, Mass.: Blackwell Science, 1992）涵盖了关于基因在果蝇胚胎上表达的很多细节；S. B. Carroll, Jen Grenier, and Scott Weatherbee, *From DNA to Diversity: Molecular Genetics and the Evolution of Animal Design,* 2nd ed.（Medford, Mass.: Blackwell Science, 2005）也描述了构造果蝇与脊椎动物涉及的步骤。就特定主题进行深入探讨的部分评议文章包括：关于早期脊椎动物胚胎，E. M. De Robertis et al., *Nature Reviews Genetics* 1（2000）: 171-81；关于脊椎动物节段形成，O. Pourquie, *Science* 301（2003）: 328-30；关于脊椎动物各肢构造，F. Moriani and G. R. Martin, *Nature* 423（2003）: 319-25；关于后脑形成，C. B. Moens and V. E. Prince, *Developmental Dynamics* 224（2002）: 1-17。

关于侧向抑制的描述是从无数例子中提炼出来的，其中包括短毛和羽芽的分布情况。H. Meinhardt 和 A. Gierer 对这一概念有过详细讨论，也对无数例子做过评议，他们合著的文章参见 *BioEssays* 22(2000): 753-60。在两位作者的个人网站上可以看到关于周期性、间隔性模式生成过程的一些极好的教程指南与动画演示。

雅各布的“Evolution and Tinkering”引述了佩兰的话，这篇论文刊载于 *Science* 196（1977）: 1161-66。佩兰因在胶体与布朗运动方面的研究工作获 1926 年诺贝尔物理学奖。

他写过一本很受欢迎的著作，书名为 *Les Atomes*（1913），雅各布的引述就是取自这里。

### 第 5 章　基因组暗物质：工具包操作指令

我是从两本书里第一次接触到“暗物质”这个说法的，一是 Brian Greene, *The Elegant Universe*（New York: W. W. Norton, 1999），作者用引人入胜的手法从微观到宏观讲述了宇宙的结构；二是 Martin Rees, *Just Six Numbers : The Deep Forces that Shape the Universe*（New York: Basic Books, 2001）。更多文章可参见 Dennis Overbye, “From light to Darkness: Astronomy’s New Universe,” *New York Times*, April 10, 2001；Vera Rubin, *Scientific American Presents* 9 no. 1（1998）: 106-10。

有好几本教科书都着重详细讲解基因开关的特性。比如，Mark Ptashne, *A Genetic Switch,* 2nd ed.（Cambridge, Mass.: Blackwell Science, 1992）属于经典之作，简短、图文并茂且由浅入深地进行讲解，聚焦于噬菌体的基因开关，也列举了来自更复杂生物的例子。Eric H. Davidson, *Genomic Regulatory Systems: Development and Evolution*（San Diego: Academic Press, 2001）属于高级版著作，解释了动物基因那些更复杂开关的逻辑与运作。

对人类基因组里的“垃圾”DNA 数量以及基因组里具调控功能部分的比例估算，都是基于人类基因组序列研究以及将其与其他物种（尤其是小鼠）进行的比较，参见小鼠基因组测序协会的描述，收录于 *Nature* 420（2002）: 520-62。

关于控制细胞簇、条带分布的基因开关的运作，关键参考文献包括：D. Stanojevic, S. Small, and M. Levine, *Science* 254（1991）:1385-87; S. Small, A. Blair, and M. Levine, *EMBO Journal* 11（1992）: 4047-57; G. Vachon et al., *Cell* 71（1992）:437-50; J. Jiang and M. Levine, *Cell* 72（1993）: 741-52; S. Gray, P. Szymanski, and M. Levine, *Genes and Development* 8（1994）: 1829-38; S. Gray and M. Levine, *Genes and Development* 10（1996）: 700-710; P. Szymanski and M. Levine, *EMBO Journal* 14（1995）:2229-38; and J. Cowden and M. Levine, *Developmental Biology* 262（2003）: 335-49。关于特定工具包基因决定的特征序列，主要取材于前面这些文献以及以下三篇文献：S. Jun et al., *Proceedings of the National Academy of Sciences, USA* 95（1998）: 13720-725; S. Knirr M. Frasch, *Developmental Biology* 238（2001）: 13-26; S. C. Ekker et al., *EMBO Journal* 13（1994）: 3551-60。

关于表达图式的类计算机模型案例讨论，参见 S. Kauffman, *The Origins of Order*（Oxford: Oxford University Press, 1993）; P. Ball, *The Self-Made Tapestry: Pattern Formation in Nature*（Oxford: Oxford University Press, 1999）。对比这两本书里关于果蝇发育的分析很有意思。考夫曼的讨论更长、更复杂，但没有同时考虑发现控制单个条带形成的开关这一进展（这些开关是在他这本书出版前两年左右发现的）。Ball 通过描述开关如何将模糊的图式转化成更清晰的图式，使他的著述变得简要且清晰明了。尽管如此，当时关于基因开关在图式形成过程中发挥的核心重要性的理解还没达到计算建模的水平，S. Wolfram, *A New Kind of Science*（Champaign, Ill.: Wolfram Media, 2002）就是一例。这一徘徊不去的误解误导人们以为在计算机屏幕上生成各种图式的那些简单规则，就是生物学上生成图式的规则。

关于 BMP5 基因那些基因开关的信息，主要参考我与斯坦福大学的 David Kingsley 的私人通信以及 R. J. Di Leone et al., *Proceedings of the National Academy of Sciences, USA* 97（2000）: 1612-17。说到 Hox 蛋白以及其他工具包蛋白如何区别动物身体各模块的逻辑，其总括介绍可参见 S. D. Weatherbee and S. B. Carroll, *Cell* 97（1999）: 283-86。

## 第 6 章　动物进化大爆发

专门或部分谈到"寒武纪生命大爆发"的科普著作，有好几本都值得推荐。S. J. Gould, *Wonderful Life: The Burgess Shale and the Nature of History*（New York: W.W. Norton, 1989）是将这一寒武纪奇观带到广大读者面前的第一本书。Simon Conway Morris, *The Crucible of Creation: The Burgess Shale and the Rise of Animals*（New York: Oxford University Press, 1998）从莫里斯作为最精于研究伯吉斯页岩化石的古生物学家之一的视角讲述了这个故事，并且莫里斯的解读以及兼顾其他寒武纪考古地点的讨论也更与时俱进。Andrew H. Knoll, *Life on a Young Planet: The First Three Billion Years of Evolution on*

*Earth*（Princeton: Princeton University Press, 2003）涵盖了目前已知的直到寒武纪时期的整段生命史，将地质学、地球化学与古生物学融为一体，精彩纷呈。Derek E. G. Briggs, Douglas H. Erwin, Frederick J. Collier, *The Fossils of the Burgess Shale*（Washington, D.C.: Smithsonian Institution Press, 1994）是一份很实用的伯吉斯化石目录。

对"原始两侧对称动物"这一名称的描写参见 E. M. De Robertis and Y. Sasai, *Nature* 380（1996）: 37-40。与原始两侧对称动物有关的其他一些推荐文章包括：De Robertis, *Nature* 387（1997）: 25-36；C. B. Kimmel, *Trends in Genetics* 12（1996）: 329-31；N. Shubin, C. Tabin, and S. Carroll, *Nature* 388（1997）: 639-48；D. Arendt and J. Witbrodt, *Philosophical Transactions of the Royal Society of London* B 350（2001）: 1545-63；D. Arendt, U. Technau, J. Wittbrodt, *Nature* 409（2001）:81-85；A. H. Knoll, S. B. Carroll, *Science* 284（1999）: 2129-37；D. H. Erwin, E. H. Davidson, *Development* 129（2002）: 3021-32；A. Peel and M. Akam, *Current Biology* 18（2003）: R708-10。

达尔文关于人类祖先的说法，引自他 1860 年 1 月 10 日写给莱尔的信，收录于 *The Life and Letters of Charles Darwin*, ed. F. Darwin, vol. 2（London: John Murray, 1887）。

至于叶足动物的进化背景，我主要参考了 G. E. Budd, *Lethaia* 29（1996）: 1-14，以及我与瑞典乌普萨斯大学的 Graham Budd 博士的私人通信。

书中提到的刘易斯模型假设，参见 E. B. Lewis, *Nature* 276（1978）: 565-70。对有爪动物身上的 Hox 基因的描述，参见 J. K. Grenier et al., *Current Biology* 7（1997）: 547-53。关于节肢动物身上 Hox 区位移的文献有很多，并且数量一直在增长，本书主要参考文献包括：M. Averof and M. Akam, *Nature* 376（1995）: 420-23；S. B. Carroll, *Nature* 376（1995）: 479-85；M. Averof and N. H. Patel, *Nature* 388（1997）: 682-87；C. L. Hughes and T. C. Kaufman, *Development* 129(2002): 1225-38；N. C. Hughes, *BioEssays* 28(2003): 386-395。

对耳材村海口鱼的细节描述参见 D. G. Shu et al., *Nature* 421（2003）: 526-29。对头索动物的 Hox 基因的分析参见 J. Garcia-Fernandez and P. W. Holland, *Nature* 370（1994）: 563-66；对七鳃鳗与盲鳗的 Hox 基因分析参见 H. Ecriva et al., *Molecular and Biological Evolution* 19（2002）: 1440-50, C. Fried, S. J. Prohaska, P. F. Stadler, *Journal of Experimental Zoology Part B Molecular and Developmental Evolution* 299（2003）: 18-25；

对鲨鱼的分析参见 C.-B. Kim et al., *Proceedings of the National Academy of Sciences, USA* 97（2000）: 1055-60。围绕脊椎动物创新的讨论参见 S. M. Shimeld and P. W. Holland, *Proceedings of the National Academy of Sciences, USA* 97（2000）: 4449-52; G. P. Wagner, C. Amemiya, and F. Ruddle, *Proceedings of the National Academy of Sciences, USA* 100（2003）: 14603-606。关于不同脊椎动物的 Hox 基因表达，详细讨论参见 A. C. Burke et al., *Development* 121（1995）: 333-46; M. J. Cohn and C. Tickle, *Nature* 399（1999）: 474-79。关于脊椎动物一个 Hox 基因开关的进化，参见 H.G. Belting, C. Shashikant, and F. H. Ruddle, *Proceedings of the National Academy of Sciences, USA* 95（1998）: 2355-60。

关于生态学在寒武纪时期的作用的讨论，参见安迪·诺尔的 *Life on a Young Planet*。

## 第 7 章　小爆发，翅膀与其他革命性创造

刀叉与回形针的历史参见 A. B. Duthie, *Journal of Memetics-Evolutionary Models of Information Transmission* 8（2003）; H. Petroski, *The Evolution of Useful Things*（New York: Vintage Books, 1992）。达尔文关于多功能性与冗余性的重要性的讨论，参见《物种起源》第 6 章“Difficulties of the Theory”。

二枝型附肢的结构与重要性的深入探讨参见 Gould, *Wonderful Life:The Burgess Shale and the Nature of History*（New York: W. W. Norton, 1989），关于它们的起源情形的讨论，参见 G. E. Budd, *Lethaia* 29（1996）: 1-14; N. Shubin, C. Tabin, and S. Carroll, *Nature* 388（1997）: 639-48。关于构造肢体的 Dll 基因在节肢动物与有爪动物身上的表达，参见 G. Panganiban et al., *Science* 270（1995）: 1363-66; Panganiban et al., *Proceedings of the National Academy of Sciences, USA* 94（1997）: 5162-66。

昆虫的翅自一种水生祖先物种的鳃分支进化而来的证据，参见 M. Averoff and S. M. Cohen, *Nature* 385（1997）: 627-30。昆虫翅数目的进化情形，参见 S. B. Carroll, S. D. Weatherbee and J. A. Langeland, *Nature* 375（1995）: 58-61，相关化石证据部分参考了 J. Kukalova-Peck, *Journal of Morphology* 156（1978）: 53-126。

蜘蛛的吐丝器、书肺以及管状气管自一种祖先物种的鳃分支进化而来的证据出自 W.

G. M. Damen, T. Saridaki, and M. Averof, *Current Biology* 12（2002）: 1711-16。蜘蛛不同Hox 区的报告参见 W. G. M. Damen et al., *Proceedings of the National Academy of Sciences, USA* 95（1998）:10665-670, and A. Abzhanov, A. Popadic, and T. C. Kaurman, *Evolution and Development* 1（1999）: 77-89。昆虫后翅在 Ultrabithorax 蛋白控制下发生进化，具体参见 S. D. Weatherbee et al., *Current Biology* 11（1999）: 109-15。

关于脊椎动物的肢的进化故事，包括由水栖到陆栖以及再度由陆栖到水栖的适应性改变，详细讨论参见Carl Zimmer, *At the Water's Edge: Macroevolution and the Transformation of Life*（New York: The Free Press, 1998）。关于 Sauripteris、棘螈、图拉螈以及其他化石的描述，参见 E. B. Daeschler and N. Shubin, *Nature* 391（1998）: 133, M. I. Coates, J. E. Jeffrey, and M. Rut, *Evolution and Development* 4（2002）: 390-401。与 Hox 基因有关的远端肢体末梢进化故事，详细描述可参见以下几篇文章：P. Sardino, F. van der Hoeven, and D. Duboule, *Nature* 375（1995）: 678-81；N. Shubin, C. Tabin, and S. Carroll, *Nature* 388（1997）: 639-48；M. Kmita et al., *Nature* 420（2002）: 145-50。

脊椎动物翅不同形态的进化是 Pat Shipman, *Taking Wing: Archeopteryx and the Evolution of Bird Flight*（New York: Simon and Schuster, 1998）一书的重点。蛇类无肢特征的基本发育原理参见 M. J. Cohn, C. Tickle, *Nature* 399（1999）: 474-79。三刺鱼棘刺减少的进化历程描述参见 M. D. Shapiro et al., *Nature* 428（2004）: 717-23，三刺鱼极高精度化石记录的描述参见 M. A. Bell, J. V. Baumgartner, and E. C. Olsen, *Paleobiology* 11（1985）: 258-71。

## 第 8 章　蝴蝶的斑点是如何形成的

本章的开篇引语尽管常被引用，却不是出自莫诺。这里要解释一下。莫诺在他的法语原版 *Le Hasard et la Nécessité*（Paris: Edition du Seuil，1970）一书中写道："*Hasard capté, conserve, reproduit per la machinerie de l'invariance et ainsi converti en ordre, régle, nécessité*"（p. 128）。他的英译者 Austryn Wainhouse 选择将"*hasard capté*"译为"randomness caught on the wing"，但更直接的字面译法是"Chance (or randomness) captured"，意为

"撞上的偶然性（或随机性）"。斯图尔特·考夫曼在他的*At Home in the Universe*（New York: Oxford University Press, 1995）一书中首先将莫诺的话引述为"chance caught on the wing"（p. 71），并随后引申为"Evolution is chance caught on the wing"，意为"进化是翅膀撞上的偶然性"（p. 97）。这句话很精彩，值得引述，但不管莫诺还是他的译者都没有这么写过。

关于贝茨的藏品的统计数据，参见他本人的杰作*Naturalist on the River Amazons*（London: John Murray, 1863）。本章引述的贝茨写给达尔文的信在1861年3月28日送达。达尔文对贝茨关于拟态的论文的热情评议是在1862年11月20日写的，收录于*The Life and Letters of Charles Darwin*, ed. F. Darwin, vol 2（London: John Murray, 1887）。达尔文对贝茨著作的赞赏收录于*Natural History Review* 3（1863）。关于蝴蝶的引述内容全部出自*Naturalist on the River Amazons*。关于纳博科夫的更多信息，可参见K. Johnson, S. Coates, *Nabokov's Blues: The Scientific Odyssey of a Literacy Genius*（Cambridge, Mass.: Zoland, 1999）。

对蝴蝶翅型花色生长模式最全面的分析，参见H. Frederik Nijhout, *The Development and Evolution of Butterfly Wing Patterns*（Washington D.C.: Smithsonian Institution Press, 1991），这也解释了我介绍的蝴蝶翅型花色图案与多样性的大部分背景。与鳞片发育有关的工具箱基因参见R. Galant et al., *Current Biology* 8（1998）: 807-13。

Dll基因在发育中的蝴蝶翅上表达眼斑这一发现，参见S. B. Carroll et al., *Science* 265（1994）: 109-14; and S. B. Carroll, *Natural History* February 1997，pp. 28-37。对比了Dll基因在很多不同物种中的表达的报告参见P. M. Brakefield et al., *Nature* 384（1996）: 236-42。标记眼斑外围圆环的工具包基因的报告参见C. R. Brunetti et al., *Current Biology* 11（2001）: 1578-85。

减少眼斑数目对蝴蝶藏身于枯叶堆所起的作用，相关讨论参见A. Lytinen et al., *Proceedings of the Royal Society of London* B 271（2004）: 279-83。布雷克菲尔德等人研究和报告了Dll基因在不同温度下培育的蝴蝶身上的表达，参见前文提到的篇目。关于带斑点突变体的描述参见P. M. Brakefield, V. French, *Acta Biotheoretica* 41（1993）: 447-68。通过人工选择进化形成眼斑大小各异的蝴蝶分支的实验参见A. F. Monteiro, P. M. Brakefield, and V. French, *Evolution* 48（1994）: 1147-57。有研究者就当前蝴蝶翅型花色生长模式进化的一些研究做了总体概述，参见P. Beldade, P. M. Bradefield, *Nature Reviews*

*Genetics* 3（2002）: 442-52。

关于北美大黄凤蝶的拟态现象的描述参见 J. M. Scriber, R. H. Hagen, and R. C. Lederhouse, *Evolution* 50（1996）: 222-36。另有大量文献讨论了袖蝶属蝴蝶的拟态现象，参见 J. Mallet and M. Joron, *Annual Rev. Ecol. Syst.*30（1999）: 201-33。

## 第 9 章　大自然中黑色的演变

Hugh B. Cott 的更多文章可参见 *The Royal Engineers Journal* 52（1938）: 501-17, *Looking at Animals: A Zoologist in Africa*（New York: Charles Scribner Sons, 1975）。

关于黑化现象的广泛讨论，参见 M. Majerus, *Melanism: Evolution in Action*（Oxford: Oxford University Press, 1988）。关于桦尺蛾工业黑化现象的内容主要参考了 B. N. Grant, *Evolution* 53（1999）: 980-84; J. Mallet, *Genetics Society News* 50（2003）: 34-38，后者与 J. Hopper 的著作 *Of Moths and Men: Intrigue, Tragedy, and the Peppered Moth*（New York: Fourth Estate, 2002）相呼应。

关于哺乳动物的黑化现象，有一篇极好的评议参见 M. E. N. Majerus, N. I. Mundy, *Trends in Genetics* 19（2003）: 585-88。本章参考的一手文献包括：关于美洲豹与细腰猫，参见 E. Eizirik et al., *Current Biology* 13（2003）: 448-53；关于蕉森莺，参见 E. Theron et al., *Current Biology* 11（2001）: 550-57；关于岩小囊鼠，参见 M. Nachman et al., *Proceedings of the National Academy of Science, USA* 100（2003）: 5268-73；关于科默德熊，参见 K. Ritland et al., *Current Biology* 11（2001）: 1468-72。关于美国西南部沙漠岩小囊鼠的田野调查，参见 L. Dice, P.M. Blossom, *Studies of Mammalian Ecology in Southwestern North American with Special Attention for the Colors of Desert Mammals*（Washington D. C.: Carnegie Institution of Washington，1937）, pub. no. 485，以及 L. R. Dice, *Contributions from the Laboratory of Vertebrate Biology*（University of Michigan）34 (1947) : 1-20。

关于斑马的文章和分析，参见 Stephen Jay Gould, *Hen's Teeth and Horse's Toes*（New York: W.W. Norton, 1983; pp. 355-65，pp. 366-75），以及 J. L. Bard, *Journal of Zoology* (London) 183（1977）: 527-39。

关于有利突变在一个种群里扩散所需的时间或是让不利突变从一个种群里退场的可能性的普遍公式，几乎每一本种群遗传学教科书都有讲授，例如 W. H. Li, *Molecular Evolution*（Sunderland, Mass.: Sinauer Associates, 1997）。

## 第 10 章　美丽心智，智人的演变

关于达尔文观察猩猩时的反应的描述，参见 A. Desmond J. Moore, *The Life of a Tormented Evolutionists*（New York: Warner, 1991）。维多利亚女王提到珍妮的日记参见 R. A. Keynes, *Annie's Box*（London: Fourth Estate, 2001）。艾里希·弗洛姆的引言出自他的 *Man for Himself*（New York: Rinehart, 1947）。

对人类进化的物质与遗传历史概述，参见 J. Klein, N. Takahata, *Where Do We Come From? The Molecular Evidence for Human Descent*（Berlin: Springer-Verlag, 2002）。就其中一些主题的相关讨论参见 S. B. Carroll，*Nature* 422（2003）: 849-57。

发现第一个尼安德特人的故事参见 R. McKie, *Dawn of Man: The Story of Human Evolution*（London: Dorling Kindersley, 2000），第一个有意义的解读见于托马斯·赫胥黎的《人类在自然界的位置》。*The Atheneum* 杂志对赫胥黎这部著作的评议发表于 1863 年 2 月 28 日。关于最古老的智人样本的介绍可参见 T. D. White, *Nature* 423（2003）: 742-47。

图 10-3 与表 10-1 的数据来自多份文献。我得到了多位古生物学家的指导，他们对目前能清晰划分的人亚科物种数目及其身份持有不同观点。我选了其中一种较保守而非照单全收的方式。至于其他一些不同观点，可参见 B. Wood, *Nature* 418（2002）:133-35, 以及 T. White, *Science* 299（2003）: 1994-96。

关于莱托利遗址的脚印，更多信息可参见 N. Agnew, *Scientific American* 279（1998）: 51-54。关于化石脑容量的数据取自以下文献：R. B. Ruff, E. Trinkhaus, and T. Holliday, *Nature* 387（1997）:173-76；G.　Conroy et.al., *American Journal of Physical Anthropology* 13（2000）: 111-18；P. Brunet et.al., *Nature* 418（2002）: 145-51；以及 B. Wood, *Science* 284（1999）: 65-71。关于灵长目动物与人类大脑的结构、进化、行为以及气候变迁等

多方面信息的文献可参见 J. M. Allman, *Evolving Brains*（New York: Scientific American Library, 1999）。关于大脑进化的镶嵌式模式的描述参见以下文献：R.A. Barton，P. Harvey, *Nature* 408（2000）: 1055-58；W. de Winter，C. E. Oxnard，*Nature* 409（2001）: 710-14a；以及 D. A. Clark、P. P. Mitra, and S. S. H. Wang，*Nature* 411（2001）:189-93。

对尼安德特人 DNA 的第一篇研究论文可参见 M. Krings et al., *Cell* 90（1997）: 19-302；D. Serre et.al.，*Public Library of Science/Biology* 2（2004）: 0313-0317。

爱默生·皮尤的引言出自他的著作 *The Biological Origin of Human Values*（New York: Basic Books, 1977）。

关于类人猿大脑解剖结构不对称性的证据的探讨参见 C. Cantalupo，W. D. Hopkins，*Nature* 414（2001）: 505；持强烈反对意见的论文参见 C. C. Sherwood et al.，*The Anatomical Record Part A* 271（2003）: 276-85。对逆位患者的研究参见 D. Kennedy et al.，*Neurology* 53（1999）: 1260-65, 以及 S. Tanaka et al.，*Neuropsychologia* 37（1999）: 869-74。

关于人类 DNA 序列进化的数学问题参考了人类基因组完整序列以及用于比较的黑猩猩数据，参见 S. B. Carroll，*Nature* 422（2003）: 849-57。与小鼠进行的比较参考了“小鼠基因组测序协会”，*Nature* 420（2002）: 520-62，以及 Dr. Eric Lander 于 2004 年 1 月提出的最新进展，报告地点在科罗拉多州布雷肯里奇。

人类与黑猩猩之间区别的经典说法见于 M.-C. King，A. C. Wilson，*Science* 188（1975）: 107-16。其他一些早期观点包括 E. Zuckerkandl，L. Pauling，*Evolving Genes and Proteins*, ed；V. Bryson，J. H. Vogel, pp. 97-166（New York: Academic Press, 1965）；R. J. Britten，E. H. Davidson，*Quarterly Review of Biology* 46（1971）: 111-38。

关于肌球蛋白基因的一种变异与人类颚部肌肉退化存在关联的报告参见 H. Stedman et al., *Nature* 428（2004）: 415-18。

FOXP2 基因与一种说话能力及语言失调症存在关联的发现，参见 C. S. L. Lai et al., *Nature* 413（2001）: 519-23；患有这一失调症的患者的影像学资料参见 F. Liégeois et al.，*Nature Neuroscience* 6（2003）: 1230-36；关于 FOXP2 序列的分子学进化，参见 W. Enard et al.，*Nature* 418（2002）: 869-72；关于 FOXP2 在人脑的表达参见 C. S. Lai et al.，*Brain* 126（2003）: 2455-62；关于 FOXP2 在大鼠和小鼠大脑的表达参见 K.

Takahashi et al.，*Journal of Neuroscience Research* 73（2003）: 61-72，以及 R. J. Ferland et at.，*Journal of Comprehensive Neurology* 460（2003）: 266-79。

更多关于基因、体验与人类行为的信息，可参见 M. Ridley, *Nature via Nurture: Genes, Experience, and What Makes Us Human*（New York: Harper Collins, 2003）。

## 第 11 章　无尽之形最美

《物种起源》中一些段落的早期版本见于 *The Foundations of the Origin of Species: Two Essays Written in 1842 and 1844 by Charles Darwin*（Cambridge: Cambridge University Press, 1909）。

关于进化历程往往会在不同层面自我重复这一趋势，更多看法可参见 Simon Conway Morris, *Life's Solution: Inevitable Humans in a Lonely Universe*（Cambridge: Cambridge University Press, 2003）。

关于公众理解进化的调研数据参见 G. Bishop，*The Public Perspective* 9（1998）: 39-44。关于进化论教育现状的更多信息，参见美国国家科学教育中心官网信息。

关于《物种起源》不同版本间的多处改动，详情可参见 Morse Peckham ed, *The Origin of Species by Charles Darwin: A Variorum Text*（Philadelphia: University of Pennsylvania Press, 1959）。当时教皇关于进化论的声明以及其他人的反应的讨论参见 E. C. Scott, *The Quarterly Review of Biology* 72（1997）: 401-6。相关评论参见 Charles Harper, *Nature* 411（2001）: 239-40。关于结合发育遗传学来讲授进化论的观点，以及对 M. Behe, *Darwin's Black Box: The Biochemical Challenge to Evolution*（New York: Free Press, 1996）的批评，参见 Scott Gilbert, *Nature Reviews Genetics* 4（2003）: 735-471。

梭罗关于漫长苦旅的说法参见他的 *A Week on the Concord and Merrimack Rivers* (1849)。相关观点可参见 John F. Haught, *Science and Religion: From Conflict to Conversation*（New York: Paulist Press, 1995）。

人口增长的数据及历史来自美国人口资料局官网。

关于袋狼的故事参见 D. Owen, *Thylacine: The Tragic Tale of the Tasmanian Tiger*（Crows

Nest, NSW: Allen and Unwin, 2003）。关于物种灭绝，进一步的丰富信息可参见 E. O. Wilson, F. M. Peter, eds, *Biodiversity*（Washington D.C.: National Academy Press, 1988），以及 E. O. Wilson，*The Diversity of Life*（New York: Penguin, 1992）。

托马斯·赫胥黎 1860 年 2 月在英国皇家研究院的致辞参见 A. Desmond, J. Moore, *Darwin: The Life of a Tormented Evolutionist*（New Warner, 1991），p.489。

# 未来，属于终身学习者

我们正在亲历前所未有的变革——互联网改变了信息传递的方式，指数级技术快速发展并颠覆商业世界，人工智能正在侵占越来越多的人类领地。

面对这些变化，我们需要问自己：未来需要什么样的人才？

答案是，成为终身学习者。终身学习意味着具备全面的知识结构、强大的逻辑思考能力和敏锐的感知力。这是一套能够在不断变化中随时重建、更新认知体系的能力。阅读，无疑是帮助我们整合这些能力的最佳途径。

在充满不确定性的时代，答案并不总是简单地出现在书本之中。“读万卷书”不仅要亲自阅读、广泛阅读，也需要我们深入探索好书的内部世界，让知识不再局限于书本之中。

## 湛庐阅读 App：与最聪明的人共同进化

我们现在推出全新的湛庐阅读 App，它将成为您在书本之外，践行终身学习的场所。

- 不用考虑“读什么”。这里汇集了湛庐所有纸质书、电子书、有声书和各种阅读服务。
- 可以学习“怎么读”。我们提供包括课程、精读班和讲书在内的全方位阅读解决方案。
- 谁来领读？您能最先了解到作者、译者、专家等大咖的前沿洞见，他们是高质量思想的源泉。
- 与谁共读？您将加入到优秀的读者和终身学习者的行列，他们对阅读和学习具有持久的热情和源源不断的动力。

在湛庐阅读App首页，编辑为您精选了经典书目和优质音视频内容，每天早、中、晚更新，满足您不间断的阅读需求。

【特别专题】【主题书单】【人物特写】等原创专栏，提供专业、深度的解读和选书参考，回应社会议题，是您了解湛庐近千位重要作者思想的独家渠道。

在每本图书的详情页，您将通过深度导读栏目【专家视点】【深度访谈】和【书评】读懂、读透一本好书。

通过这个不设限的学习平台，您在任何时间、任何地点都能获得有价值的思想，并通过阅读实现终身学习。我们邀您共建一个与最聪明的人共同进化的社区，使其成为先进思想交汇的聚集地，这正是我们的使命和价值所在。

**图书在版编目（CIP）数据**

浙江省版权局
著作权合同登记号
图字：11-2022-188号

无尽之形最美 /（美）肖恩·B.卡罗尔（Sean B. Carroll）著；王尔山，魏闻骐译. -- 杭州：浙江教育出版社，2023.10

ISBN 978-7-5722-6630-0

Ⅰ.①无… Ⅱ.①肖… ②王… ③魏… Ⅲ.①个体发育—进化论 Ⅳ.① Q112

中国国家版本馆CIP数据核字（2023）第177914号

**上架指导：生命科学 / 科普读物**



**无尽之形最美**
WUJIN ZHI XING ZUI MEI
[美] 肖恩·B. 卡罗尔（Sean B. Carrol） 著
王尔山 魏闻骐　译

---

**责任编辑：**沈久凌　傅美贤
**美术编辑：**韩　波
**责任校对：**李　剑
**责任印务：**陈　沁
**封面设计：**ablackcover.com

**出版发行：**浙江教育出版社（杭州市天目山路40号）
**印　　刷：**唐山富达印务有限公司

| | | | |
|---|---|---|---|
| **开　　本：** | 710mm ×965mm 1/16 | **插　　页：** | 9 |
| **印　　张：** | 21 | **字　　数：** | 329千字 |
| **版　　次：** | 2023年10月第1版 | **印　　次：** | 2023年10月第1次印刷 |
| **书　　号：** | ISBN 978-7-5722-6630-0 | **定　　价：** | 99.90元 |

---

如发现印装质量问题，影响阅读，请致电010-56676359联系调换。